METAR

VERONA_VILLAFRANCA   VRN/LIPX
SALIPX 091715Z 11011KT 9999 SCT030 BKN070 04/M09 Q1024=

AVIANO   AVB/LIPA
SALIPA 091655Z 09005KT 9999 SCT080 SCT210 00/M06 Q1025 RMK BKN
  BLU=

TREVISO_ISTRANA   ;/LIPS
SALIPS 091655Z 07006KT 8000 BKN080 02/M05 Q1025 RMK BKN BLU=

TORINO_CASELLE   TRN/LIMF
SALIMF 091720Z 04004KT 9999 SCT030 OVC050 02/M05 Q1024=

UDINE_RIVOLTO   ;/LIPI
SALIPI 091655Z 09021G31KT 9999 BKN080 01/M10 Q1025 RMK BKN BLU=

MILANO_MALPENSA   MXP/LIMC
SALIMC 091720Z 00000KT 8000 SCT040 BKN070 03/M05 Q1024
  NOSIG=

BERGAMO_ORIO_AL_SERIO   BGY/LIME
SALIME 091650Z 00000KT 6000 -SN OVC030 02/M05 Q1025=

MILANO_LINATE   LIN/LIML
SALIML 091720Z VRB03KT 9999 FEW040 BKN080 03/M04 Q1024 NOSIG=

VICENZA   VIC/LIPT
SALIPT 091655Z 11004KT 9999 BKN080 03/M05 Q1024 RMK BKN BLU=

TREVISO_S_ANGELO   TSF/LIPH
SALIPH 091715Z 02005KT CAVOK 01/M08 Q1025=

VENEZIA_TESSERA   VCE/LIPZ
SALIPZ 091720Z 05009KT CAVOK 01/M09 Q1024=

RONCHI_DEI_LEGIONARI   TRS/LIPQ
SALIPQ 091720Z 09016KT 9999 SCT080 00/M10 Q1026=

FORECAST

VERONA_VILLAFRANCA   VRN/LIPX
FCLIPX 091700Z 091803 10015KT 9999 SCT050 BKN

AVIANO   AVB/LIPA
FCLIPA 091700Z 091803 10008KT 9999 SCT050 BKN090=

TORINO_CASELLE   TRN/LIMF
FCLIMF 091700Z 091803 05006KT 7000 BKN030 BKN070 PROB30 TEMPO 1802
  -SN SCT010 BKN020 OVC060=

UDINE_RIVOLTO   ;/LIPI
FCLIPI 091700Z 091803 09020KT 8000 SCT050 BKN050 TEMPO 09022G32KT=

Josef Struber

Flugwetterkunde

Umschlagfoto: Im Holding über Quito, Ecuador.
Vorsatz: Cumuluswolken aus der Sicht des Piloten.
Nachsatz: Beginnendes Aufklaren nach Durchzug einer Gewitterfront.
(Fotos: Herbert Weishaupt)

ISBN 3-7059-0175-3
1. Auflage 2004
© Copyright by Herbert Weishaupt Verlag, A-8342 Gnas,
Tel.: 03151-8487, Fax: 03151-84874.
e-mail: verlag@weishaupt.at
e-bookshop: www.weishaupt.at
Sämtliche Rechte der Verbreitung – in jeglicher Form und Technik –
sind vorbehalten.
Druck und Bindung: Druckerei Theiss GmbH, A-9431 St. Stefan.
Printed in Austria.

Josef Struber

Flugwetterkunde

Vom PPL zum ATPL
nach JAR-FCL-Kriterien

Weishaupt Verlag

INHALT

EINLEITUNG 13

KAPITEL I: DIE ATMOSPHÄRE 050 01 00 00 14
1. DER AUFBAU DER ATMOSPHÄRE 050 01 01 00 15
   1.1 Thermische Struktur 15
       Troposphäre 16
       Tropopause 16
       Stratosphäre 16
       Mesosphäre 17
       Ionosphäre 17
       Exosphäre 17
   1.2 Die Zusammensetzung der trockenen Luft 17
       Hauptkomponenten 17
       Beimengungen 17
       Mischungsverhältnis der Gase 18
       Kohlendioxid 18
       Ozon 19
2. ENERGIETRANSPORTE IN DER ATMOSPHÄRE 050 01 02 00 19
   2.1 Strahlung 19
       Kurzwellige Sonnenstrahlung 19
       Langwellige Erdstrahlung 21
   2.2 Erwärmung der Atmosphäre 21
       Direkte Wärmeleitung 21
       Turbulenz 21
       Vertikaler Transport – thermische Konvektion 22
       Horizontaler Transport – thermische Advektion 22
3. DIE LUFTTEMPERATUR 050 01 02 00 22
   Definition 22
   Wind chill 22
   Einheiten 23
   Temperaturmessung 23
   3.1 Temperaturschichtung der Troposphäre 24
       Mittlerer vertikaler Temperaturgradient 24
       Inversionen 24
       Bodeninversionen 24
       Höheninversionen 25
       Beispiel einer Inversionswetterlage (Kaltluftseen) 25
   3.2 Globale, regionale und lokale Einflüsse auf die Lufttemperatur ... 26
       Land-Seeverteilung 26
       Untergrund und Bewuchs 26
       Einfallswinkel der Sonnenstrahlung 26
       Langwellige Abstrahlung 27
       Wolken und Luftfeuchtigkeit 27
       Wind / Durchmischung 27
       Topographische Lage 27
4. DER LUFTDRUCK 050 01 03 00 28
   Definition 28
   Einheiten 28
   4.1 Messung des Luftdrucks 28
       Quecksilberbarometer 28
       Aneriod- oder Dosenbarometer 28
       Piezo – Elektronische Drucksensoren 29

Inhalt

	Korrekturen bei der Luftdruckmessung	29
4.2	Vertikaler Verlauf des Luftdrucks	30
	Barometrische Höhenstufe	30
4.3	Reduktion des Luftdrucks	30
	Reduktion auf Meeresniveau nach der ICAO-Standardatmosphäre	30
	Reduktion auf Meeresniveau mit aktueller Temperatur und Feuchte	31
4.4	Die Standardatmosphäre 050 01 05 00	31
4.5	Altimetrie 050 01 06 00	31
	Definition Q-Gruppen	31
	Definition der Höhenangaben	32
	Abweichungen der angezeigten von der tatschächlichen Flughöhe	33
	Transition Level, Transition Altitude	34
5.	DIE LUFTDICHTE 050 01 04 00	35
	Die Dichtehöhe	35
	Luftdichte und Flugzeugleistung	35
6.	DIE LUFTFEUCHTIGKEIT 050 03 01 00	35
6.1	Die Zustandsänderung des Wassers 050 03 02 00	35
	Verdunstung	36
	Kondensation	36
	Gefrieren	36
	Sublimation	36
	Latente Wärme	37
	Kreislauf des Wassers	37
6.2	Maße und Einheiten der Luftfeuchte 050 03 01 00	37
	Mischungsverhältnis [g/kg]	37
	Der Taupunkt [° C]	38
	Die relative Feuchte [%]	38
	Die absolute Feuchte [g/m³]	39
	Die spezifische Feuchte [g/kg]	39
	Der Dampfdruck [hPa]	39
	Feuchtemessgeräte	39
6.3	Adiabatische Zustandsänderung in der Atmosphäre 050 03 03 00	40
	Vertikale Bewegungsvorgänge in der Atmosphäre	40
	Stabilitätskriterien der Atmosphäre	40
	Inversionen, Vertikalbewegung und Wolkenbildung	41

KAPITEL II: WOLKEN UND NEBEL 050 04 00 00 42

1.	WOLKEN 050 04 01 00	43
1.1	Wolkenarten	44
	Quellwolken (Cumuliforme Wolken)	44
	Schichtwolken (Stratiforme Wolken)	44
1.2	Wolkenklassifikation nach Untergrenzen	44
1.3	Aggregatzustand von Wolken	44
1.4	Inversionen und Wolken	45
1.5	Einfluss der Wolken auf Vereisung, Turbulenz und Flugsicht	46
	Hohe Wolken (CI, CC, CS)	46
	Mittelhohe Wolken (AC, AS)	46
	Tiefe Schichtwolken (ST, SC, NS)	47
	Tiefe Quellwolken (CU, TCU, CB)	47
1.6	Wolken als Wetterindikator	48
	Starke Labilität (Gewitterboten)	48
	Warmfrontvorbote	48
	Föhn (Leewellen)	49
1.7	Bestimmung der Wolkenuntergrenze	49
	Der Wolkenhöhenmesser	49
	Der Wolkenscheinwerfer	50

2. NEBEL UND DUNST 050 04 02 00 50
   Sichtdefinition des Nebels 50
   Sichtdefinition des Dunstes 50
   2.1 Arten des Dunstes 50
   Trockener Dunst (HAZE, HZ) 50
   Feuchter Dunst (MIST, BR) 50
   „Diesige Luft" 51
   Günstige Voraussetzungen zur Nebel- und Dunstbildung 51
   2.2 Nebelarten 51
   Strahlungsnebel 51
   Advektionsnebel 52
   Mischungsnebel 52
   Verdunstungsnebel 52
   Frontnebel 53
   Orographischer Nebel 53

KAPITEL III: NIEDERSCHLAG 050 05 00 00 54
1. DIE NIEDERSCHLAGSBILDUNG 050 05 01 00 55
   Kondensation an Kondensationskeimen 55
   Koaleszenz 55
   Koagulation 55
   Kondensation an Tröpfchen 55
   Bergeron-Findeisen Effekt 56
   Vergraupelung 56
   Schneeflocken 56
   Abgesetzter Niederschlag 56
2. NIEDERSCHLAGSARTEN 050 05 02 00 57
   Nieseln oder Sprühregen (DZ) 57
   Regen (RA) 57
   Schnee (SN) 57
   Schneegriesel (SG) 58
   Eiskörner (PL) 58
   Graupel (GS) 58
   Hagel (GR) 58
   Eisnadeln (IC) 58
   Gefrierender Niederschlag (FZDZ, FZRA) 59
3. NIEDERSCHLAGSMESSGERÄT (OMBROMETER) 59
4. DIE NIEDERSCHLAGSFORMEN UND IHRE SYMBOLIK 59

KAPITEL IV: GLOBALE STRÖMUNGEN 050 02 00 00, 050 07 00 00 60
1. ALLGEMEINE ZIRKULATION 050 02 03 00 61
   1.1 Die globalen atmosphärischen Strömungen im klimatologischen Mittel 61
   Die Hadley-Zelle (thermische Zirkulation) 62
   Die Ferrel-Zelle 62
   Die polare Zelle 62
   1.2 Der Druckgradient 63
   1.3 Die Coriolisbeschleunigung 63
2. GLOBALE DRUCKSYSTEME 050 07 00 00 64
   2.1 Mittlere Bodendruckverteilung 050 07 01 00 64
   Mittlere Bodendruckverteilung im Januar 64
   Mittlere Bodendruckverteilung im Juli 65
   2.2 Antizyklonen (Hochdruckgebiete) 050 07 02 00 65
   2.3 Zyklonen (Tiefdruckgebiete) 050 07 02 00 66

INHALT

KAPITEL V: LUFTMASSEN UND FRONTEN 050 06 00 00 ... 68
1. LUFTMASSEN 050 06 01 00 ... 69
   - 1.1 Luftmassenklassifikation ... 69
     - Tropische Luftmassen ... 69
     - Polare Luftmassen ... 70
     - Arktische Luftmassen ... 70
2. DIE GLOBALEN FRONTALZONEN 050 06 02 00 ... 70
   - 2.1 Die Polarfront ... 70
   - 2.2 Die Arktikfront ... 71
   - 2.3 Die Subtropikfront ... 71
3. DIE POLARFRONTTHEORIE 050 06 02 00 ... 71
   - 3.1 Die Warmfront (WF) ... 72
   - 3.2 Der Warmsektor ... 73
   - 3.3 Die Kaltfront (KF) ... 73
     - Typ der Katafront ... 74
     - Typ der Anafront ... 74
   - 3.4 Die Rückseite ... 74
   - 3.5 Die Okklusion ... 74
     - Die Kaltfrontokklusion ... 75
     - Die Warmfrontokklusion ... 75
   - 3.6 Idealisierter Wetterverlauf bei Durchzug eines Tiefdruckgebietes ... 76
     - Darstellung des Luftdruckes und der Fronten in der Bodenwetterkarte ... 76
4. WETTERLAGEN IN DEN MITTLEREN BREITEN 050 08 03 00 ... 77
   - 4.1 Strömungslagen in Europa, Großwetterlagen ... 77
     - Höhenkarte ... 77
     - Westwetterlage ... 78
     - Nordwetterlage ... 78
     - Ostwetterlage ... 79
     - Südwestwetterlage ... 79
     - $\underline{V}$ b-Wetterlage ... 79
     - Kaltlufttropfen und Höhentief ... 79
     - Rückseitenwetter ... 79

KAPITEL VI: KLIMATOLOGIE 050 08 00 00 ... 80
1. KLIMATOLOGIE 050 08 01/02/03 00 ... 81
   - 1.1 Einige wichtige Klimafaktoren ... 81
   - 1.2 Tropisches Klima ... 83
     - Gefahren für die Fliegerei ... 83
     - Innertropische Konvergenzzone (ITC) ... 83
   - 1.3 Weitere Klimazonen ... 84
     - Arktisches oder Schneeklima ... 84
     - Wüstenklima bzw. Subtropenklima ... 85
     - Mittelmeerklima ... 85

KAPITEL VII: DER WIND 050 02 00 00 ... 86
1. DER WIND 050 02 01 00 ... 87
   - 1.1 Der geostrophische Wind ... 88
   - 1.2 Der Gradientwind ... 88
   - 1.3 Die Reibung ... 88
2. WINDSYSTEME DER GROSSRÄUMIGEN ZIRKULATION 050 08 02 00 ... 90
   - 2.1 Passat, „trade winds" ... 90
   - 2.2 Easterly Waves ... 90
   - 2.3 Rossbreiten, „horse latitudes" ... 90
   - 2.4 Westwindband (Drift) der mittleren Breiten ... 90
   - 2.5 Roaring Forties und Steaming Fifties ... 91

3.	JETSTREAMS (STRAHLSTRÖME) 050 02 07 00	91
	3.1 Der äquatoriale Jetstream	92
	3.2 Der Subtropen-Jetstream	92
	3.3 Der Polarfront-Jetstream	92
4.	JAHRESZEITLICHE WINDSYSTEME 050 08 02 00	93
	4.1 Die Monsune	93
5.	LOKALWINDSYSTEME (OROGRAPHISCH INDUZIERT) 050 08 04 00	94
	5.1 Der „Föhn" (Südföhn)	95
	Gefahren und Wetter bei Föhn	96
	5.2 Der „Chinook"	97
	5.3 Der „Mistral"	97
	5.4 Die „Bora"	97
	5.5 „Scirocco", „Ghibli" und „Chamsin"	98
	5.6 „Etesien" oder „Meltemi"	98
6.	THERMISCHE ZIRKULATIONSSYSTEME 050 02 06 00	98
	6.1 Das Land-Seewindsystem	98
	6.2 Das Berg-Talwindsystem	99
7.	TROPISCHE WIRBELSTÜRME (HURRIKANE) 050 07 04 00	99
	Hurrikan-Skala von Saffir-Simpson (1970)	100
	Tornado-Skala von Fujita-Pearson und Torro-Skala	101

KAPITEL VIII: GEFAHREN IN DER FLIEGEREI 050 09 00 00 102

1.	DIE VEREISUNG 050 09 01 00	103
	1.1 Vereisungsfaktoren	103
	Auffangwirkungsgrad (droplet catch)	103
	Temperatur der Flugzeugoberfläche	104
	Lufttemperatur	104
	Luftfeuchte	105
	Tropfengrößenverteilung	105
	Einfluss des Aufwindes	106
	Flüssigwassergehalt (LWC = liquid water content)	106
	1.2 Vereisungsarten	106
	Klareis (clear ice)	106
	Raueis (rime ice)	106
	Mischeis (mixed ice)	107
	Reif (frost)	107
	Raureif (hoar frost)	107
	1.3 Intensität, Gefahren, Vermeidung	107
	Intensität	107
	Gefahren	108
	Vereisung in Fronten	109
	1.4 Maßnahmen gegen die Vereisung	109
	Mechanische Mittel	109
	Thermische Enteiser (Heißluft, heiße Flüssigkeiten, Elektrizität)	110
	Infrarot-Enteiser	110
	Chemische Enteiser	110
2.	DIE TURBULENZ 050 09 02 00	111
	2.1 Die Turbulenz-Intensitäten	111
	Leichte Turbulenz	111
	Mäßige Turbulenz	112
	Schwere Turbulenz	112
	Extreme Turbulenz	112
	2.2 Beispiele von Turbulenzzonen	112
	2.3 CAT (Clear Air Turbulence)	113
3.	WINDSCHERUNGEN (WS) 050 09 03 00	114
	3.1 Vertikale Windscherungen (VWS)	114

INHALT

	3.2 Horizontale Windscherungen (HWS)	115
	3.3 Auswirkungen der Windscherung im Flug	115
4.	DAS GEWITTER 050 09 04 00	116
	4.1 Voraussetzung für die Gewitterbildung	116
	4.2 Die drei Phasen einer idealisierten Gewitterentwicklung (single cell)	116
	Aufbaustadium (initial state)	116
	Reifestadium (mature state)	117
	Abbaustadium (dissipating state)	117
	Die Superzelle (super cell)	117
	4.3. Gewitter und Blitzschlag	118
	Die Blitzentladung	118
	4.4 Luftmassengewitter (air mass thunderstorms)	119
	4.5 Frontgewitter (frontal thunderstorms)	119
	4.6. Gefahren durch Gewitter	120
	Regen	120
	Hagel	120
	Vereisung	120
	Turbulenz	120
	Blitze	120
	Tornado	120
	Böen am Boden	120
	Sicht / Untergrenzen	120
	Macro- und Microburst	120
	Vermeidung von Gewitterflügen	121
	4.7 Downburst	121
	Flugverlauf im Microburst	121
5.	TROMBEN 050 09 05 00	122
	5.1 Großtromben (Tornados)	122
	5.2 Kleintromben (dust devils)	123
6.	WEITERE GEFAHREN IN DER FLIEGEREI 050 09 06/07 00	123
	6.1 Einfluss von Inversionen auf die Triebwerksleistung	123
	6.2 Einfluss der Stratosphäre	123
7.	GEFAHREN IM GEBIRGE 050 09 08 00	124
	7.1 Turbulenz, Vereisung	124
	7.2 Fronten	124
8.	SICHTBEEINTRÄCHTIGENDE WETTERERSCHEINUNGEN 050 09 09 00	125
	Dunst	125
	Rauch (FU), Staub (DU), Sand (SA)	125
	Sandsturm (SS) und Sandfegen (DRSA)	125
	Schneefegen (DRSN) und Schneetreiben (BLSN)	126
	Niederschlag und Sicht	126

KAPITEL IX: WETTERSCHLÜSSEL – WETTERBEOBACHTUNG   050 10 00 00   128

1.	DAS METAR 050 10 01 00	129
	Metar oder SA (Surface Actual)	129
	Ortskennung	129
	Datum/Zeit-Gruppe	129
	Auto	130
	Bodenwind	130
	Meteorologische Sicht (Bodensicht)	130
	Pistensichtweite (Runway Visual Range, RVR)	130
	Aufbau der RVR-Meldung	131
	Gegenwärtiges Wetter	131
	Wolken	132
	Hauptwolkenuntergrenze (Ceiling)	133
	Temperatur / Taupunkt	133

	Höhenmessereinstellwert (QNH)	133
	Nachwettererscheinung	134
	Informationen über Windscherung	134
	Pistenzustandsgruppe	134
	Cavok	136
	Metar-Beispiele	136
2.	MET REPORT 050 10 01 00	138
	2.1 Bodenwind (magnetisch Nord)	138
	2.2 Meteorologische Sicht	138
	2.3 Pistensichtweite	138
	2.4 Wettererscheinung	139
	2.5 Wolken	139
	2.6 Temperatur / Taupunkt	139
	2.7 Luftdruck	140
	2.8 Klartextzusätze	140
	2.9. Radar-Wettermeldung (RAREP)	141
	2.10 Beispiele für MET REP	141
3.	VORHERSAGEN UND WARNUNGEN 050 10 03 00	142
	3.1 Trendvorhersage (Trend)	142
	3.2 TAF – Terminal Aerodrome Forecast	143
	TAF oder FC (Forecast)	143
	Location Indicator	143
	Datum und Erstellungszeit	143
	Datum und Gültigkeitszeitraum	143
	Ausgangswetterlage	144
	Änderungsgruppe(n)	144
	Wetterkurzbeschreibungen	145
	TAF-Beispiele	145
	LONG-TAF	147
	3.3 Warnungen in der Zivilluftfahrt	148
	SIGMET (WS = Warning Sigmet)	148
	AIRMET (WA = Warning Airmet)	150
	Warnzusätze im MET REP	151
	Flugplatz-Wetterwarnungen MET WARN (WO)	152
	SPECIAL AIREP	153
	Der Pilotenbericht (PIREP)	153
4.	WETTERKARTEN FÜR DIE LUFTFAHRT 050 10 02 00	154
	4.1 SIG-Charts	154
	Erläuterungen zur SIG-Chart	156
	4.2 Höhenvorhersagen: Wind- und Temperaturkarten	157
	4.3 GAFOR – General Aviation Forecast	158
	4.4 GAMET	160
	4.5 GAFOR – Deutschland	160
	4.6 ALPFOR	162

KAPITEL X: SATELLITEN- UND RADARMETEOROLOGIE 050 10 01 03 164

1.	POLARUMLAUFENDE SATELLITEN	165
2.	GEOSTATIONÄRE SATELLITEN	166
3.	SICHTBARER SPEKTRALBEREICH (VIS)	167
4.	INFRAROTER SPEKTRALBEREICH (IR)	168
5.	DER WASSERDAMPF-KANAL (WV)	169
	Zusammenfassung Satellitenbilder	170
6.	DAS WETTERRADAR 050 10 01 04	170
	6.1. Interpretation von Radarbildern	171
	Gebräuchliche Farbabstufung der Niederschlagsintensität (Reflexivität)	171

INHALT

	Reichweite des Radars	171
	Einschränkungen	172
7.	RADIOSONDEN 050 10 01 02	173
8.	SNOWTAM 050 10 03 01	174
9.	BLITZORTUNG	175

ANHANG 176
Weitere Lokalwindsysteme aus aller Welt 177

Isolinien	183
Wetterrekorde	184
Weitere Extremwerte	185
Erdbeben-Skala	186
Fallgeschwindigkeit von Niederschlägen	186
Symbole	187
Decoding of significant present and forecast weather	188
CAVOK (Cloud and visibility ok)	189
Color-Code for military airports	189
Runway state group	189
Abbreviations	190

Register und Abkürzungen 191

EINLEITUNG

Die Anregungen zu diesem Buch kamen vom Leiter der Flugausbildung der Austrian (ehemals AUA) und des Ausbildungsverantwortlichen der Fliegerschule des Österreichischen Bundesheeres. Fehlte doch bisher ein nach internationalen Ausbildungsrichtlinien strukturierter meteorologischer Leitfaden für Flugzeugführer.

Alle nach JAR-FCL 1, Subpart J notwendigen Lerninhalte – vom PPL über CPL-IFR bis zum ATPL – sind in diesem Band zusammengefasst. Die Reihung der Themen erfolgt nach meteorologischen und lerndidaktischen Gesichtspunkten. Bei allen übergeordneten Themenbereichen sind die JAR-FCL Referenznummern angegeben. So eignet sich dieser Band für eine grundlegende, schrittweise Ausbildung und als übersichtliches Nachschlagewerk.

Der Verfasser – langjähriger Wetterberater am Fliegerhorst Hinterstoisser in Zeltweg, Lehrer an der militärischen Fliegerschule und an der Österreichischen Luftfahrtschule – hat besonderen Wert auf eine verständliche Formulierung der manchmal schwierigen und untereinander verwobenen Wissensbereiche gelegt.

Somit ist dieses Buch nicht nur ein Lernbehelf und Nachschlagewerk für Piloten, Techniker, Flugsicherungs- und Wetterdienstpersonal, sondern richtet sich an alle Wetterinteressierten, denn die Lehrinhalte werden durch viel Hintergrundinformation und interessante Fakten (Wetterextreme, Wetterrekorde, regionale Wettersysteme) ergänzt.

An dieser Stelle ein herzliches Dankeschön an den Meteorologen Mag. Peter Parson für seine Mitarbeit und die fachliche Unterstützung.

Josef Struber
Zeltweg, im Frühjahr 2004

KAPITEL I:

DIE ATMOSPHÄRE

050 01 00 00

1. DER AUFBAU DER ATMOSPHÄRE

050 01 01 00

1.1 THERMISCHE STRUKTUR

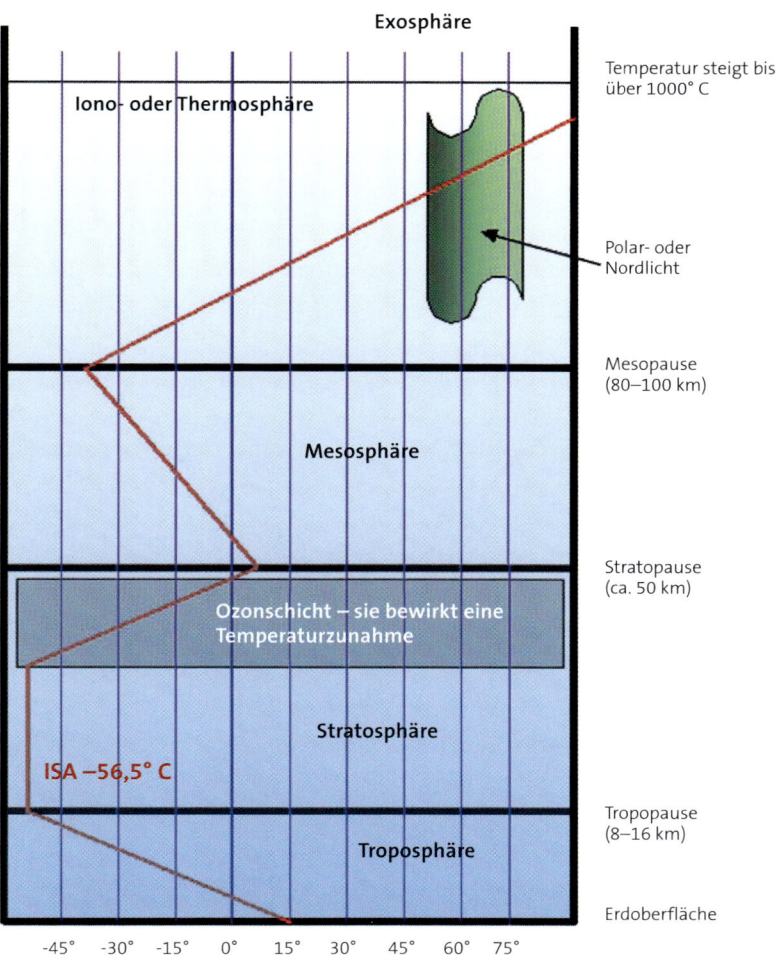

Schematische Darstellung der Temperaturstruktur der Atmosphäre.

TROPOSPHÄRE

In dieser untersten Atmosphärenschicht spielt sich das gesamte Wettergeschehen ab. Sie ist eine Zone ständiger Energieumwälzungen und reicht in den mittleren Breiten bis in eine Höhe von ca. 36.000 ft (11 km). Luftdruck und -dichte nehmen mit zunehmender Höhe ab, während sich die Werte von Temperatur und Feuchte nur im Mittel nach oben hin verringern. Im Einzelfall kann die Feuchte oder die Lufttemperatur in einzelnen Schichten mit der Höhe zunehmen. Die bodennahe Grundschicht der Troposphäre – genannt atmosphärische Grenzschicht oder PBL (von engl. Planetary Boundary Layer) wird stark vom Erdboden her beeinflusst. Je nach Rauigkeit der Erdoberfläche ist die Grenzschicht unterschiedlich hoch, im Mittel zwischen 1500 bis 3000 ft. Nach oben wird die Troposphäre durch die Tropopause begrenzt. Um einheitliche Werte für die Eichung von Instrumenten und die Festlegung von Leistungsdaten von Flugzeugen zu haben, hat die ICAO (International Civil Aviation Organisation) die ICAO-Normalatmosphäre bzw. ICAO-Standardatmosphäre (kurz ISA) definiert, welche den mittleren Zustand der (trockenen) Troposphäre beschreibt (s. Seite 31).

TROPOPAUSE

Die Tropopause bildet eine Sperrschicht zur Stratosphäre, weil in diesem Niveau die Temperatur wieder zu steigen beginnt. Daraus ergibt sich eine starke Stabilität, welche jedes weitere Ansteigen der Luft weitgehend verhindert. Die Tropopause liegt in den mittleren Breiten in ca. 11 km Höhe bei einer Temperatur von -55 bis -65° C, sie kann jedoch je nach Wetterlage und Jahreszeit zwischen 6 und 13 km Höhe variieren und dementsprechend wärmer oder kälter sein. Über einem typischen Hochdruckgebiet ist die Tropopause hoch und kalt, über einem ausgereiften Tiefdruckgebiet hingegen tief und „warm". Die Tropopause zeigt zwischen den verschiedenen Luftmassen Bruchstellen (im Bereich der Polarfront und der Subtropikfront). Dort ändert sich die Tropopausenhöhe sprunghaft, so dass Lücken zwischen Troposphäre und Stratosphäre entstehen. In diesen Bereichen verlaufen auch die Jetstreams (weiteres zum Jet s. Seite 91).

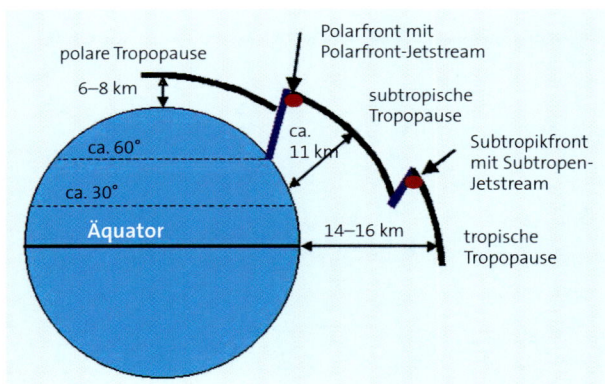

Schematische Darstellung der Tropopause mit ihren Diskontinuitäten im Bereich der Frontalzonen.

STRATOSPHÄRE

Der Druck nimmt in der Stratosphäre weiter bis auf 1 hPa in etwa 50 km Höhe ab. Aufgrund des fehlenden Wasserdampfes gibt es kaum Wolken (Perlmutt-Wolken). In den oberen Schichten der Stratosphäre steigt die Temperatur wieder um ca. 50° C an. Ursache ist die Ozonschicht, in welcher Sonnenstrahlung absorbiert wird. Die Stratosphäre wird nach außen von der Stratopause begrenzt.

1. Der Aufbau der Atmosphäre

MESOSPHÄRE
In dieser Schicht erfolgt eine weitere Temperatur- und Druckabnahme (auf 0,01 hPa und -70 °C). Es treten zeitweise recht hohe „Windgeschwindigkeiten" auf, wobei Werte nahe der Schallgeschwindigkeit (330 m/sec) gemessen wurden. Die Mesosphäre wird in ca. 80 km Höhe von der MESOPAUSE abgeschlossen.

IONOSPHÄRE
Die Ionosphäre wird auch Thermosphäre genannt. Der Druck nimmt bis in 100 km Höhe auf 0,001 hPa ab. In dieser Schicht werden die Stickstoff- und Sauerstoffatome durch die kurzwellige Strahlung ionisiert, wodurch die Luft elektrisch leitend wird. Es gibt mehrere Schichten mit hoher elektrischer Leitfähigkeit, welche von großer Bedeutung für den Funkverkehr (KW/MW) sind. Für das Wetter ist die Ionosphäre allerdings unwichtig.

EXOSPHÄRE
Als Exosphäre wird jene Übergangszone bezeichnet, in welcher die Atmosphäre der Erde in den interplanetaren Raum übergeht.

1.2 DIE ZUSAMMENSETZUNG DER TROCKENEN LUFT

HAUPTKOMPONENTEN
Die Lufthülle der Erde ist ein Gasgemisch und besteht im Wesentlichen aus Stickstoff und Sauerstoff.

Die anderen Gase machen rund 1 Prozent aus. Dazu gehören Kohlendioxid, Neon, Krypton, Xenon, Wasserstoff etc.

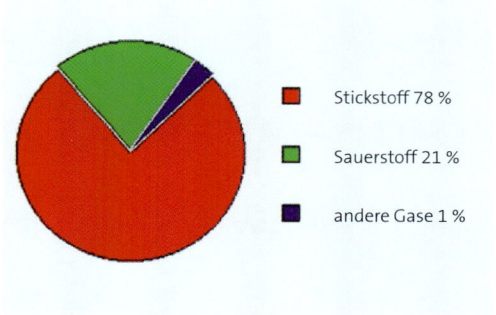

Zusammensetzung der trockenen Luft.

BEIMENGUNGEN
Wasserdampf ist unsichtbares, gasförmiges Wasser und tritt in der Atmosphäre mit variabler Konzentration zwischen 0,1–4 % auf. Wie viel Wasserdampf Luft aufzunehmen imstande ist, hängt von ihrer Temperatur ab. Deshalb nimmt der Wasserdampfgehalt mit der Höhe normalerweise rasch ab. Wasserdampf ist bei gleichem Druck und Volumen leichter als trockene Luft. Wasserdampf ist neben Kohlendioxid und Methan das wichtigste treibhausrelevante Gas.

Verunreinigungen: Staub, Ruß, Abgase, Salzkristalle, usw. können hygroskopisch (= wasseranziehend) sein. Als Kondensationskeime sind sie wichtig für die Bildung von Wassertropfen oder Eiskristallen.

I. DIE ATMOSPHÄRE

MISCHUNGSVERHÄLTNIS DER GASE

Der geologische Ursprung unserer Atmosphäre geht auf Ausgasungsprozesse bei der Verfestigung der Erdkruste zurück. Ihre Zusammensetzung ist seit klimatologisch relevanter Zeit im Wesentlichen unverändert. Bis in 100 km Höhe ist das Mischungsverhältnis der Hauptbestandteile konstant, weshalb dieser Bereich auch als Homosphäre bezeichnet wird.

GASE (mit konstanter Konzentration)	chem. Bezeichnung
Stickstoff	N_2
Sauerstoff	O_2
Argon	A
Neon	Ne
Helium	He
Krypton	Kr
Wasserstoff	H_2
Xenon	Xe

TREIBHAUSGASE (mit vom Menschen verursachter, zunehmender Konzentration)	chem. Bezeichnung
Kohlendioxid	CO_2
Methan	CH_4
Distickstoffoxid (Lachgas)	N_2O
CFC-11	CCl_3F
CFC-12	CCl_3F_2

Spurengase in der Atmosphäre (Auswahl).

KOHLENDIOXID

Das Kohlendioxid der Atmosphäre ist für die einfallende kurzwellige Sonnenstrahlung durchsichtig, absorbiert aber die langwellige Abstrahlung der Erdoberfläche. Es entsteht ein Energieüberschuss, der als „natürlicher Treibhauseffekt" bezeichnet wird und ohne welchen die mittlere Lufttemperatur der Erde in zwei Meter Höhe nicht +15 Grad, sondern rund 30 Grad weniger betragen würde.

Der weltweit starke Anstieg von CO_2 in den letzten 150 Jahren ist auf das Verbrennen von Erdöl, Erdgas, Kohle und auf das Abbrennen der tropischen Regenwälder zurückzuführen. Dieser vom Menschen verursachte Anstieg führt zu einer Verstärkung des Treibhauseffektes mit weitreichenden, wenn auch letztlich nicht genau vorhersagbaren Konsequenzen für das Klima der Erde.

Der mittlere Kohlendioxidgehalt der Atmosphäre hat zwischen den Jahren 1959 und 2000 von 316 auf 369 ppm (parts per million) zugenommen (Messung am Mauna Loa, 4170 m, Hawaii). Der CO_2-Gehalt vor der Industrialisierung (1750) wird auf etwa 280 ppm geschätzt.

CFC-11 und CFC-12 sind Kurzbezeichnungen für Halogenkohlenwasserstoffe, die beispielsweise durch Kühlmittel freigesetzt werden.

OZON

Unterhalb von 120 km Höhe werden die Sauerstoffmoleküle (O_2) durch ultraviolettes Sonnenlicht in Sauerstoffatome (O) zerlegt. Die Atome lagern sich sofort wieder an den molekularen Sauerstoff an und bilden so das dreiatomige Ozon (O_3). Ozon hat zwar nur eine sehr kurze Lebensdauer, setzt aber bei seinem Zerfall wieder Sauerstoffatome frei, die sofort wieder neues Ozon bilden. Der Ozonkreislauf „vernichtet" also die lebensfeindliche UVA- und UVB-Strahlung und erwärmt die obere Stratosphäre durch die Absorption des ultravioletten Anteils des Sonnenlichts. Allerdings wird das stratosphärische Ozon von Fluor-Chlor-Kohlenwasserstoffen (FCKW) angegriffen. Damit erhöht sich die schädliche UV-Strahlung am Boden. FCKW sind an sich sehr stabile chemische Verbindungen. „Stabil" heißt, dass sie keine Verbindung mit anderen Stoffen eingehen. Aber FCKW werden in großer Höhe von der UV-Strahlung „gesprengt", wodurch äußerst aggressive Fluor- und Chlormoleküle oder -atome freigesetzt werden. Aggressiv heißt, dass diese Stoffe sofort Verbindung mit anderen Substanzen eingehen, darunter auch mit dem atomaren Sauerstoff, der somit nicht mehr zur O_3-Bildung zur Verfügung steht.

Das stratosphärische („gute") Ozon sollte nicht mit dem troposphärischen („bösen") Ozon verwechselt werden. Letzteres entsteht hauptsächlich durch Industrie- und Autoabgase zusammen mit hohen Lufttemperaturen und starker Sonnenstrahlung. Es schädigt Pflanzen und Menschen, besonders die Atmungsorgane.

Schematischer Kreislauf des stratosphärischen Ozons.

2. ENERGIETRANSPORTE IN DER ATMOSPHÄRE

050 01 02 00

2.1 STRAHLUNG

KURZWELLIGE SONNENSTRAHLUNG

Die Erdachse steht nicht im rechten Winkel zur Umlaufbahn, sondern ist geneigt. Somit ändert sich der Einfallswinkel der Sonnenstrahlung mit der Position der Erde auf ihrer Umlaufbahn. Die Folge sind regelmäßige Schwankungen der eintreffenden Sonnenenergie –

I. DIE ATMOSPHÄRE

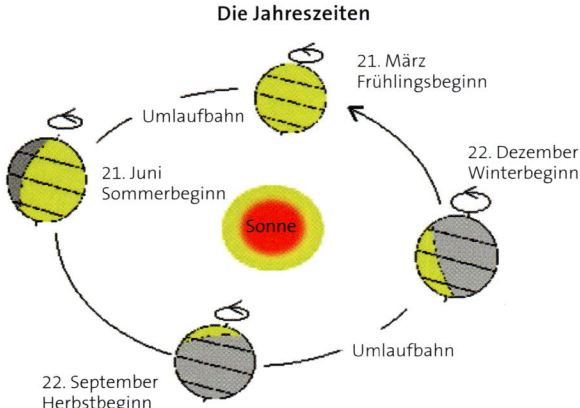

Die Jahreszeiten

Erdbahn um die Sonne oder Ekliptik. Der mittlere Abstand Erde – Sonne beträgt 150 Mio. km. Der Winkel zwischen der Erdachse und der Normalen auf die Erdbahnebene wird als Schiefe der Ekliptik bezeichnet und beträgt etwa 23,5 Grad. Langzeitig betrachtet schwankt dieser Winkel und wird zusammen mit anderen astronomischen Schwankungen als Auslöser für Langzeit-Klimaschwankungen verantwortlich gemacht.

die Jahreszeiten. Die Strahlungsenergie, die auf der Erde eintrifft, ist im mehrjährigen Mittel ziemlich konstant und beträgt am Oberrand der Atmosphäre etwa 1367 W/m^2. Die Oberflächentemperatur der Sonne liegt bei 6000°. Dementsprechend wird der Großteil der Strahlungsenergie im Wellenlängenbereich zwischen 300 und 4000 nm (1 Nanometer = 1 Milliardstel Meter) geliefert, das Maximum liegt bei 480 nm (grün-blau). In der Atmosphäre erfolgt eine Abschwächung der Strahlung durch Reflexion, Absorption und durch diffuse Himmelsstreuung.

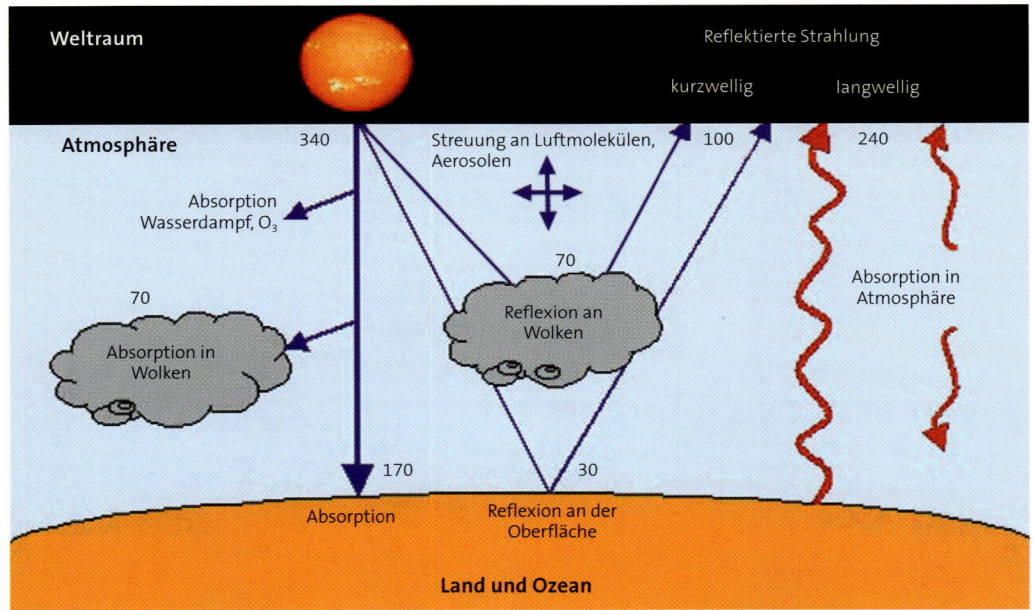

Strahlungsschema (dargestellt sind nur die wichtigsten Komponenten und ihre mittlere Größenordnung in W/m^2)

2. Energietransporte in der Atmosphäre

Reflexion: Ein Teil (etwa ein Drittel) der kurzwelligen Sonnenstrahlung wird an festen oder flüssigen Bestandteilen in Luft (meist Wolken) reflektiert und erreicht deshalb nicht den Erdboden. Die Reflexivität des Gesamtsystems Erde-Atmosphäre wird auch „planetare Albedo" genannt.

Streuung: Die kurzwellige Sonnenstrahlung wird aber auch an den Luftmolekülen und an kleinen Partikeln in der Luft abgelenkt oder „gestreut". Die Streuung ist im kurzwelligen (blauen) Licht stärker, weshalb der Himmel blau erscheint. Bei niedrigem Sonnenstand wird der Weg des Sonnenlichts durch die Atmosphäre sehr lang und fast das gesamte blaue Licht wird herausgestreut. Die Sonne erscheint gelblich bis rötlich.

Absorption: Ein Teil der kurzwelligen Sonneneinstrahlung wird von den Gasen der Atmosphäre absorbiert, insbesondere vom Ozon. Die absorbierte Sonnenenergie regt die Moleküle an und erwärmt das Gas. Die maßgebliche Erwärmung der Troposphäre erfolgt aber natürlich vom Untergrund her.

LANGWELLIGE ERDSTRAHLUNG
Der Erdboden absorbiert die kurzwellige Einstrahlung und erwärmt sich dabei. Diese Energie gibt er über langwellige Ausstrahlung wieder ab, die allerdings in der Atmosphäre (in erster Linie vom Kohlendioxid und vom Wasserdampf) teilweise absorbiert und nur zum Teil in das Weltall abgestrahlt wird. Dieser Energieüberschuss wird als Glashauseffekt bezeichnet. Auch Wolken absorbieren die Erdstrahlung erheblich und sorgen so dafür, dass es in einer bewölkten Nacht nur wenig abkühlt.

2.2 ERWÄRMUNG DER ATMOSPHÄRE

Die Luft der Troposphäre erwärmt sich nicht direkt durch die Sonnenstrahlung, sondern über die „Heizflächen" der Meere und Kontinente durch verschiedene Transportmechanismen:

DIREKTE WÄRMELEITUNG
Der molekulare Wärmetransport sorgt nur für die Erwärmung der bodennahen Luftschicht, die direkten Kontakt mit dem Erdboden hat.

TURBULENZ
Turbulenz gibt es in vielen Größenordnungen, von kleinsten Wirbeln im Bereich von Millimetern bis zur über mehrere Kilometer reichenden Konvektion. Sie sorgt für die Durchmischung der Troposphäre bis ins Tropopausenniveau. Bodennaher Wind und die damit verbundene Turbulenz verhindert z. B. die Bildung eines nächtlichen Kaltluftsees. Besonders turbulente Strömung kann man an Fronten und Gewitterlinien finden oder beim Überströmen von Hindernissen (Föhn) und bei starker vertikaler / horizontaler Windscherung (beispielsweise im Jet-Bereich).

VERTIKALER TRANSPORT – THERMISCHE KONVEKTION
Je nach Untergrund erwärmt sich die bodennahe Luft recht unterschiedlich (Wald, Wasser etc.). Durch lokal höhere Temperaturen verringert sich die Luftdichte, ein Luftpaket beginnt, weil es leichter ist als die Umgebungsluft, zu steigen – Thermik setzt ein. Die aufsteigende Luftbewegung führt zu absinkenden Kompensationsströmungen, die über kühleren Oberflächen stattfinden. Es können Zirkulationen entstehen, die sich zu regionalen Windsystemen weiterentwickeln (Land-Seewind, Berg-Talwind).

HORIZONTALER TRANSPORT – THERMISCHE ADVEKTION
So bezeichnet man den Wärmetransport in horizontaler Richtung. In diese Kategorie fallen großräumige Luftmassenwechsel ebenso wie kleinräumigere Verlagerungen von unterschiedlich temperierten, bodennahen Schichten.

3. DIE LUFTTEMPERATUR

050 01 02 00

DEFINITION
Die Lufttemperatur ist der Ausdruck der Molekularbewegung in der Luft (die kinetische Energie der Luftmoleküle), also ein Maß für den Energiegehalt der Luft. Ein im Schatten aufgehängtes Thermometer wird von dieser Molekularbewegung getroffen. Wird hingegen das Thermometer der direkten Sonnenstrahlung ausgesetzt, absorbiert das Messgerät einen Teil der direkten Strahlung und erwärmt sich dabei weit mehr als die Luft. Ein Thermometer in der Sonne zeigt also immer zu hohe (oft sogar weit überhöhte) Werte an.

WIND CHILL
Die Lufttemperatur darf nicht mit dem menschlichen Wärmeempfinden gleichgesetzt werden. Letzteres hängt von weiteren meteorologischen Größen (Wind, Feuchte), aber auch anderen Parametern (körperlicher Zustand, Bekleidung) ab. Die im anglo-amerikanischen Raum gebräuchliche „wind chill temperature" berücksichtigt den Einfluss von Lufttemperatur und Windgeschwindigkeit auf das persönliche Wärmeempfinden. Eine Temperatur von 0° C fühlt sich bei einer Windgeschwindigkeit von 20 km/h an wie -9° C bei Windstille.

Berechnung:
$$WCT = 0.045 (5.2735 \times W - 0.5 + 10.45 - 0.2778 \times W)(T - 33.0) + 330$$

WCT = Wind Chill Temperatur
W = Windgeschwindigkeit in km/h
T = Lufttemperatur in ° C

3. Die Lufttemperatur

EINHEITEN

Einheit	Gefrierpunkt des Wassers	Siedepunkt des Wassers
CELSIUS (C)	0° C	+100° C
FAHRENHEIT (F)	+32° F	+212° F
KELVIN (K)	+273° K	+373° K
REAUMUR (R)	0° R	+80°

Temperatureinheiten. Die Werte gelten für den mittleren Luftdruck auf Meeresniveau (1013 hPa).

° **C:** Anders Celsius (1701–1744, schwedischer Astronom) führte diese Temperaturskala um 1742 ein und legte für den mittleren Luftdruck auf Meeresniveau (1013.25 hPa) zwei Fixpunkte fest: 0° Celsius (Siedepunkt des Wassers) und 100° Celsius (Schmelzpunkt des Eises). Ernst C. von Linné drehte die Skala später um, so dass heute der Schmelzpunkt mit 0° Celsius und der Siedepunkt mit 100° Celsius definiert sind.

° **F:** Die Fahrenheit-Skala wird noch in Großbritannien und in den USA verwendet. Sie wurde 1714 von D. G. Fahrenheit eingeführt. Als unteren Fixpunkt (0° F) wählte Fahrenheit die tiefste bis damals gemessene Temperatur in Danzig (sein Geburtsort), als oberen Fixpunkt die Körpertemperatur des Menschen (100° F = 37,8° C).

° **R:** Bei der von R. A. Ferchault de Réaumur 1730 eingeführten Temperaturskala wurde der Siedepunkt des Wassers auf 80° R und der Schmelzpunkt des Eises auf 0° R gesetzt.

° **K:** Die vom britischen Physiker William Lord Kelvin of Largs festgelegte Temperaturskala bezieht sich auf den absoluten Nullpunkt. Dieser ist definiert als diejenige Temperatur, bei welcher die mittlere Bewegungsenergie aller Gasmoleküle null beträgt (-273,15° C). Kelvin ist eine SI-Einheit (international gültige Grundeinheit).

TEMPERATURMESSUNG
Für die Messung der Lufttemperatur macht man sich verschiedene physikalische Eigenschaften zunutze:
- Längen- und Volumenänderung z. B. Quecksilberthermometer (bis -38,9° C) oder Alkohol- bzw. Toluolthermometer (bis -100° C), Bimetallthermometer
- Elektrische Spannungsdifferenz an der Kontaktstelle zweier Metalle
- Elektrischer Widerstand

Die Lufttemperatur wird prinzipiell im Schatten, in einer durchlüfteten Wetterhütte in 2 Meter Höhe gemessen, die sich im Idealfall in unverbautem Gelände innerhalb eines begrünten Klimagartens befindet.

3.1 TEMPERATURSCHICHTUNG DER TROPOSPHÄRE

MITTLERER VERTIKALER TEMPERATURGRADIENT

Wie wir schon beim Aufbau der Atmosphäre gesehen haben, nimmt im Normalfall die Temperatur der Troposphäre mit zunehmender Höhe ab, und zwar im Mittel um etwa 0,65°/100 m oder um 2°/1000 ft.

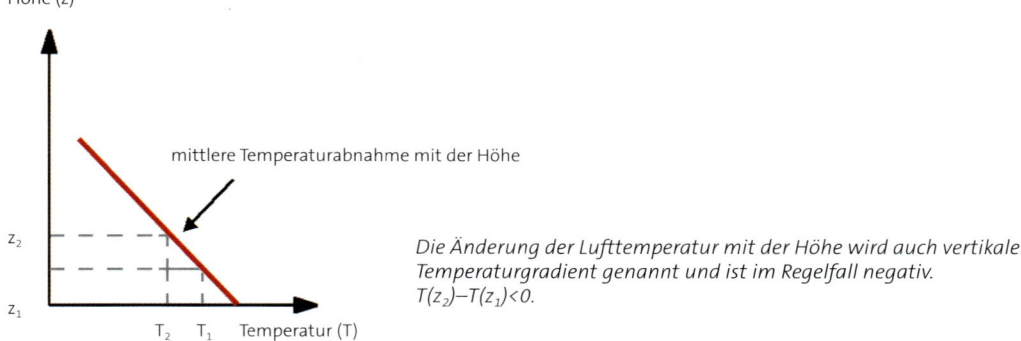

Die Änderung der Lufttemperatur mit der Höhe wird auch vertikaler Temperaturgradient genannt und ist im Regelfall negativ.
$T(z_2)-T(z_1)<0$.

INVERSIONEN

Es gibt in der Atmosphäre häufig Schichten, in denen die Temperatur nach oben zunimmt. Diese „umgekehrte" Schichtung heißt Temperaturumkehr oder Inversion.

BODENINVERSIONEN

Bodennahe Inversionen treten am häufigsten in der kühlen Jahreszeit auf, denn in den langen Nächten kühlt zuerst der Boden ab (Wärmeabstrahlung) und in der Folge auch die darüber liegenden, untersten Luftschichten.

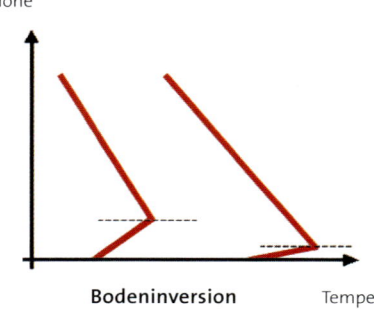

Verschiedene Bodeninversionen. Besonders im Winterhalbjahr sind in inneralpinen Tälern und Becken, die von der großräumigen Windzirkulation geschützt sind, aber auch im Flachland bei sehr ruhigen Hochdrucklagen sind enorme vertikale Temperaturunterschiede möglich. Innerhalb weniger hundert Meter sind Temperaturanstiege um 10 Grad und mehr keine Seltenheit.

3. Die Lufttemperatur

HÖHENINVERSIONEN

<u>Aufgleitinversionen:</u> entstehen durch Aufgleiten von warmer Luft auf darunter liegende Kaltluft. Im Bereich der Inversion findet man oft hohe Luftfeuchtigkeit und Wolken.

<u>Absinkinversionen:</u> entstehen in Hochdruckgebieten durch das Absinken (= Erwärmung) der Luft. Daher ist die Luft oberhalb der Absinkinversion meist stabil geschichtet und trocken.

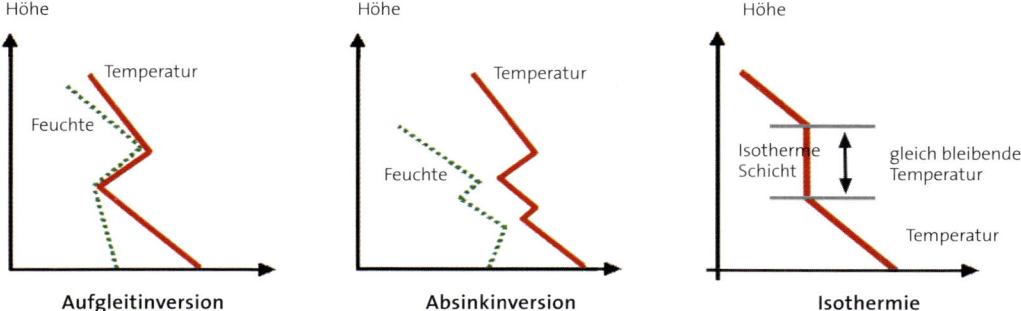

Aufgleit- oder Absinkinversionen entstehen durch großräumige (synoptische) Wetterabläufe. Erstere sind zum Beispiel die Auswirkungen einer nahenden Warmfront, letztere typisch für steigenden Hochdruckeinfluss nach einem Kaltfrontdurchgang. Die Sonderform der Isothermie (gleichbleibende Temperatur mit zunehmender Höhe) kommt eher selten vor, ist aber sehr stabil.

BEISPIEL EINER INVERSIONSWETTERLAGE (KALTLUFTSEEN)

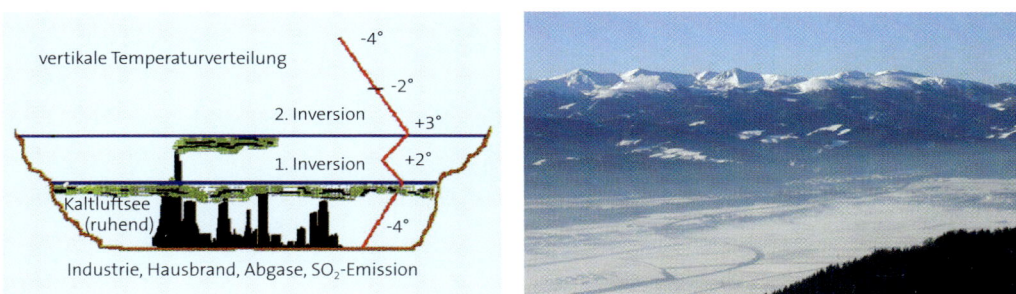

Abb. links: Typische Inversionslage. Meist behindern mehrere thermische Sperrschichten den vertikalen Austausch. Luftverunreinigungen durch Hausbrand, Industrie und Verkehr können nur auf ein begrenztes Volumen verteilt werden, wodurch die Konzentration an Schadstoffen kontinuierlich zunimmt (Smog). Die horizontale Sicht und die Schrägsicht verschlechtern sich. Die schlechteste Sicht befindet sich oft knapp unter der Inversion (Dunsthorizont). Auch die Nebelbildung wird durch das reiche Angebot an Kondensationskeimen und den Ausstoß von Wasserdampf begünstigt. Mit hohen Schloten und heißen Abgasen versucht man, die Inversionen zu durchstoßen.
Foto rechts: Typische Inversionslage in einem inneralpinen Becken.

3.2. GLOBALE, REGIONALE UND LOKALE EINFLÜSSE AUF DIE LUFTTEMPERATUR

LAND-SEEVERTEILUNG
Die Temperatur der Luft hängt besonders in den unteren Schichten von der Art des Untergrundes ab. Die feste Landoberfläche (eis- und schneefrei) erwärmt sich schneller als die Oberfläche von Gewässern, kühlt aber auch schneller ab. Deshalb sind die tages- und jahreszeitlichen Temperaturschwankungen über den Kontinenten am größten.

UNTERGRUND UND BEWUCHS
Infolge des unterschiedlichen Reflexions-, Wärmeleitungs- und Emissionsvermögen verschiedener Oberflächen entstehen unterschiedlich temperierte Bodenflächen und bodennahe Luftschichten. Zwei Meter über einer Schneedecke kann die Lufttemperatur kaum über +10° C steigen. Umgekehrt ist Schnee ein nahezu perfekter Strahler im langwelligen Bereich, weshalb die Luft bei klarer Nacht über Schnee am kältesten wird. Feuchter oder nasser Boden dämpft hingegen die nächtliche Abkühlung, aber auch die Erwärmung tagsüber (wegen der Verdunstung). Starker Bewuchs (Wald) wirkt ebenfalls dämpfend auf den Temperaturverlauf.

EINFALLSWINKEL DER SONNENSTRAHLUNG
Ein lotrecht auf eine Referenzfläche einfallendes Strahlungsbündel erbringt maximale Energiedichte. Fällt ein Strahlungsbündel desselben Durchmessers schräg ein, wird diese Strahlungsenergie auf eine größere Fläche verteilt – die Energiedichte nimmt ab. Daher ist der „Strahlungsgenuss" ganz wesentlich von der geografischen Breite, von der Jahreszeit, von der Geländeneigung und -exposition abhängig. Die Tageshöchsttemperatur wird im Normalfall kurz nach Mittag (Sonnenhöchststand) erreicht.

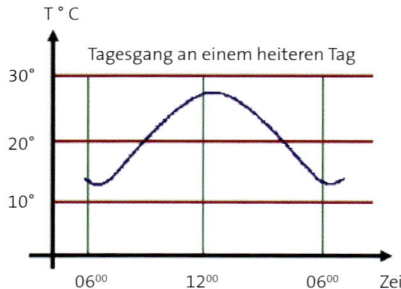 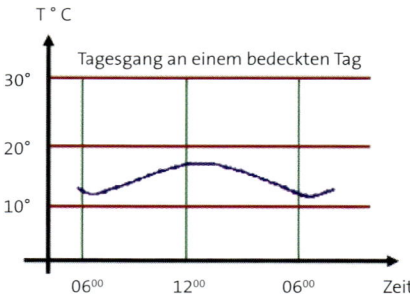

Unterschiedliche Temperaturverläufe in Abhängigkeit von der Bewölkung.

3. Die Lufttemperatur

LANGWELLIGE ABSTRAHLUNG
Am Abend und in der Nacht fehlt der Input der Sonne, es gibt nur den energetischen Output über die langwellige Ausstrahlung in den Weltraum. Damit sinkt die Lufttemperatur bis zum Sonnenaufgang, sofern nicht andere Faktoren (Wolken) die langwellige Abstrahlung verhindern oder ausgleichen (Advektion).

WOLKEN UND LUFTFEUCHTIGKEIT
Die Lufttemperatur ist auch sehr stark von der Bewölkung abhängig. Einerseits behindern Wolken die kurzwellige Sonneneinstrahlung, andererseits verringern sie auch die langwellige Ausstrahlung der Erde. Je dicker und tiefer die Wolkenschicht, desto geringer sind die Temperaturunterschiede zwischen Tag und Nacht. Um die nächtliche Ausstrahlung im Winter zu dämpfen, genügen schon 5 bis 6 Achtel dichter Cirrus. Nebel oder Hochnebel sind ebenfalls ein guter Schutz vor tiefen Temperaturen.

WIND / DURCHMISCHUNG
Die Windverhältnisse haben einen großen Einfluss auf die bodennahe Lufttemperatur. Der Wind durchmischt die bodennahen Schichten, womit eine starke Abkühlung oder Erwärmung vor Ort vermieden wird. Aber mit dem Wind können auch wärmere oder kühlere Luftmassen herangeführt werden (Warm- und Kaltluftadvektion).

TOPOGRAPHISCHE LAGE
Die Lufttemperatur hängt auch ganz wesentlich davon ab, inwieweit ein Ort durch seine Lage der großräumigen Luftströmung ausgesetzt ist. An Berghängen sind Inversionen seltener als über Tälern, und die Luft über engen Tälern erwärmt sich infolge des eingeschränkten Volumens und zusätzlicher Heizflächen stärker als Luft über flachen Landschaften. Schließlich spielt auch die Seehöhe eine Rolle für die Temperatur.

Bild einer Wetterhütte mit unterschiedlichen Thermometern und einem Thermo-Hydrographen. Wetterhütten sind genormt und in 2 m Höhe angebracht.

4. DER LUFTDRUCK

050 01 03 00

DEFINITION
Der Luftdruck ist das Gewicht einer Luftsäule auf ihrer Grundfläche. Da Luft ein Gas ist, wirkt dieser Druck in alle Richtungen.

EINHEITEN
Heute wird der Luftdruck in der Meteorologie einheitlich in Hektopascal (1 hPa = 100 Pascal) angegeben, wobei gilt: 1 Pascal = 1 Newton pro Quadratmeter, 1 hPa = 100 N/m². Die alte Einheit Millibar (mb) ist zum Teil noch gebräuchlich und hat dieselben Werte. In der Fliegerei sind auch noch ältere Einheiten in Verwendung: Millimeter Quecksilbersäule (Torr), im englischen Sprachraum auch noch Zoll bzw. Inches HG.
Als Normalluftdruck bezeichnet man den mittleren Luftdruck in Meeresniveau (MSL, NN). Er beträgt 1013,25 hPa = 760 Torr = 29,92 Inches.
Umrechnungen:
1 hPa = 3/4 Torr oder 1 Torr = 4/3 hPa.
1013 hPa = 1,033 kp/ cm² (entspricht einer physikalischen Atmosphäre: 1 Atm).

4.1 MESSUNG DES LUFTDRUCKS

QUECKSILBERBAROMETER
Das Quecksilberbarometer war lange Zeit das klassische Messverfahren an Wetterstationen und wird immer noch zur Eichung anderer Messsysteme verwendet. Das Quecksilber befindet sich in einem Glasbehälter, der an einem Ende offen und am anderen Ende geschlossen und luftentleert (evakuiert) ist. Am „offenen" Ende wirkt der Luftdruck und drückt das Quecksilber gegen seine Schwerkraft gegen das geschlossene (und luftleere) Ende. Je höher der Luftdruck, desto weiter wird die Quecksilbersäule nach oben gedrückt.

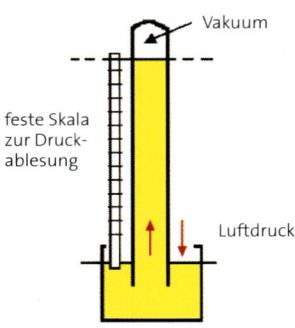

Funktionsweise des Quecksilberbarometers. Infolge der Konstruktion kann der Luftdruck nur in eine Richtung, gegen das Gewicht der Quecksilbersäule, wirken (rote Pfeile).

ANERIOD- ODER DOSENBAROMETER
messen den Luftdruck mittels nahezu luftleerer Dosen, welche sich unter dem wechselnden Luftdruck ausdehnen oder zusammenziehen. Über ein Gestänge wird der Druck auf eine Skala übertragen.
Diese Technik wird vor allem für Höhenmesser verwendet, wobei jedem Druckwert gemäß ICAO-Standardatmosphäre (ISA) eine bestimmte Höhe zugeordnet wird. Die wirkliche Luftschichtung weicht eigentlich immer von jener der ISA ab, deshalb stimmt die angezeigte Höhe mit der tatsächlichen selten überein (s. Seite 33).

4. Der Luftdruck

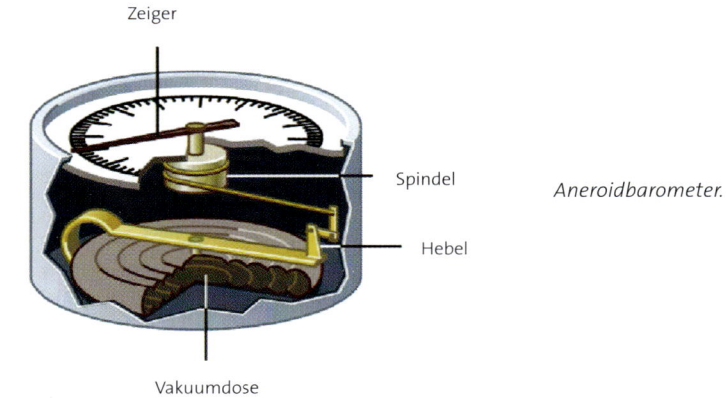

Aneroidbarometer.

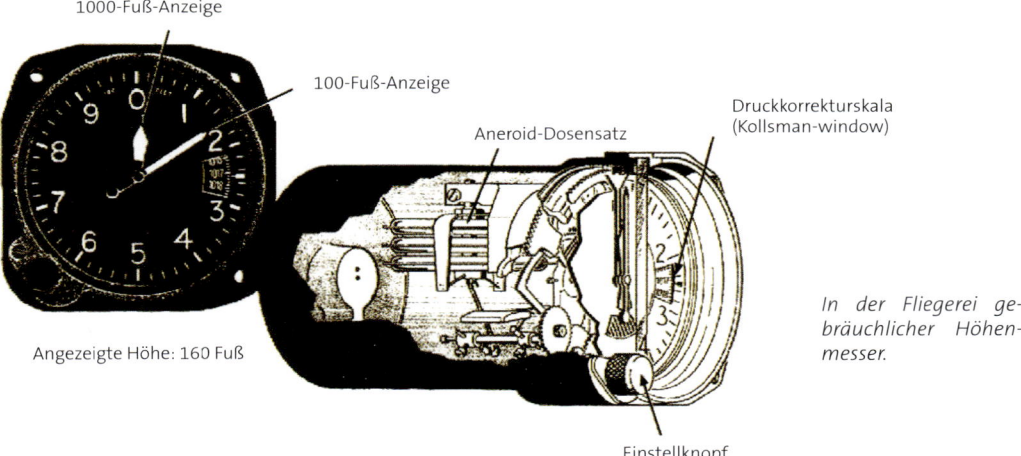

In der Fliegerei gebräuchlicher Höhenmesser.

PIEZO – ELEKTRONISCHE DRUCKSENSOREN
In neuerer Zeit hat sich eine elektronische Messmethode durchgesetzt, die ohne Mechanik auskommt und sehr hohe Genauigkeit liefert, weil sie auf kleinste Druckschwankungen reagiert. Hier wird im Prinzip die Wechselwirkung zwischen der elektrischen Ladung an der Oberfläche eines Körpers (beispielsweise in einem Quarz) mit seiner inneren Spannung genützt (Armbanduhren mit Höhenmesser).

KORREKTUREN BEI DER LUFTDRUCKMESSUNG
Alle Körper verändern bei Temperaturänderung ihr Volumen. So auch das Quecksilber oder die Dosen eines Barometers. Dieser Einfluss wird durch technische Maßnahmen (temperaturkompensierte Messgeräte) als auch durch rechnerische Korrekturen so weit wie möglich eliminiert. Bei Präzisions-Quecksilberbarometern muss bei der Eichung zusätzlich die unterschiedliche Anziehungskraft der Erde berücksichtigt werden.

4.2 VERTIKALER VERLAUF DES LUFTDRUCKS

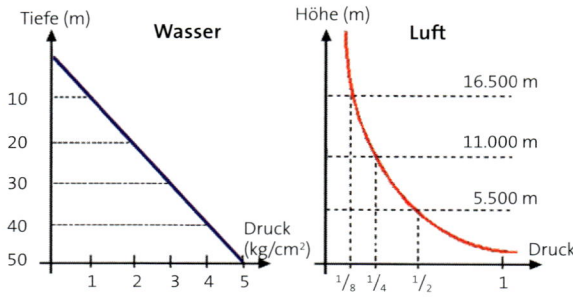

Vertikalschnitte von Wasser und Luft. Wasser ist fast inkompressibel und hat in jeder Tiefe (fast) dieselbe Dichte. Daher nimmt der Wasserdruck gleichmäßig mit der Tiefe zu. Die Luft hingegen ist ein kompressibles Medium, was bedeutet, dass sie unter ihrem eigenen Gewicht zusammengedrückt wird. Daher ändert sich der Druck in der Höhe weniger stark als in Bodennähe. Man spricht in diesem Fall von einem exponentiellen Druckverlauf. Genau beschrieben wird dieser durch die barometrische Höhenformel.

BAROMETRISCHE HÖHENSTUFEN

Die barometrische Höhenstufe ist jene Höhendifferenz, die einem Druckunterschied von 1 hPa entspricht, und ist daher je nach Höhe unterschiedlich groß. Sie wurden eingeführt, um dem Piloten eine angenäherte Höhe anzuzeigen und die Höhenänderung darzustellen. In der Realität weicht die angezeigte von der tatsächlichen Höhe ab (s. Seite 33).

auf Meereshöhe (MSL)	8 m (30 ft)
in 5.500 m (18.000 ft) Höhe	16 m (60 ft)
in 11.000 m (36.000 ft) Höhe	32 m (120 ft)
in 16.500 m (54.000 ft) Höhe	64 m (240 ft)

4.3 REDUKTION DES LUFTDRUCKS

Bei gleichem Luftdruck zeigen verschieden hoch gelegene Wetterstationen verschiedenen Stationsdruck an. Dieser unerwünschte Höheneffekt wird rechnerisch ausgeglichen, indem der an den Stationen gemessene Luftdruck auf eine bestimmte Höhe (z. B. MSL) reduziert wird: Zum Stationsdruck wird der Druck, den die fiktive Luftsäule zwischen Station und Meeresniveau erzeugt, addiert. Es gibt mehrere Reduktionsmethoden mit unterschiedlichen Annahmen bezüglich der Temperaturschichtung der fiktiven Luftsäule.

REDUKTION AUF MEERESNIVEAU NACH DER ICAO-STANDARD-ATMOSPHÄRE

Der gemessene Platzluftdruck wird nach dem Temperaturverlauf der ICAO-Standardatmosphäre (ISA) auf Meeresniveau reduziert. Dabei entstehen immer dann Fehler, wenn die aktuelle Atmosphärenschichtung stark von der ISA abweicht (und die Station relativ hoch liegt).

4. Der Luftdruck

REDUKTION AUF MEERESNIVEAU MIT AKTUELLER TEMPERATUR UND FEUCHTE

Hierbei wird der Luftdruck nach der aktuellen Lufttemperatur und -feuchte auf Meeresniveau reduziert. So wird die aktuelle Wettersituation berücksichtigt. Diese Reduktion wird zur Analyse von Bodenwetterkarten verwendet. Allerdings gibt es auch dabei Fehlerquellen, denn ganz gleich, mit welchen Mitteln reduziert wird, die Temperaturschichtung der „gedachten Atmosphäre" zwischen der Seehöhe einer Station und dem Meeresniveau bleibt immer eine Annahme.

4.4 DIE STANDARDATMOSPHÄRE

050 01 05 00

Luftdruck in Meeresniveau	1013,25 hPa (29,92 inch)
Lufttemperatur in MSL	+15° Celsius
Temperaturabnahme mit der Höhe	0,65° / 100 m oder 2° / 1000 ft
Höhe der Tropopause	11 km (36.000 ft)
Temperatur der Tropopause	-56,5° C
Relative Luftfeuchte	0 % (kein Wasserdampf in der ISA!)
Dichte der Luft in NN	1,225 kg/m³

Die Werte der ICAO-Standardatmosphäre (ISA).

4.5 ALTIMETRIE

050 01 06 00

DEFINITION Q-GRUPPEN

Die Q-Gruppen regeln die Einstellung des Höhenmessers. Der Höhenmesser ist nach ISA geeicht.

QFE: Der aktuelle Luftdruck am Flugplatzbezugspunkt korrigiert nach ISA. Der auf QFE eingestellte Höhenmesser zeigt die Höhe über dem Flugplatz und nach der Landung die Höhe 0.

QNH: Wird als Basiswert für Höhen über MSL verwendet. Hierbei wird der Stationsdruck nach der Standardatmosphäre auf das Meeresniveau zurückgerechnet. Der Höhenmesser zeigt in diesem Fall die Höhe über MSL (altitude) bzw. die Flugplatzhöhe (elevation) nach der Landung.

QNE: Der Höhenmesser wird auf 1013,25 hPa eingestellt. Der QNE-Wert findet Anwendung beim Fliegen nach Flugflächen (flight levels) und bei sehr hoch gelegenen Flugplätzen. Die Umstellung QNH / QNE erfolgt zwischen der „transition altitude" und dem „transition level".

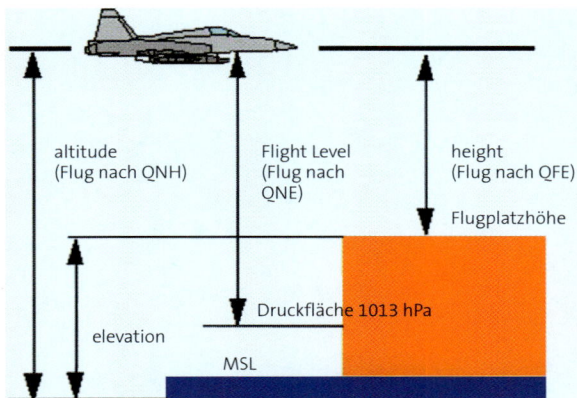

Höhendefinitionen und Q-Gruppen. Height (h) = altitude minus elevation (e), Elevation (e) = altitude minus height (h).

OFF: Hier wird der Stationsdruck mit der aktuellen Lufttemperatur (Einbeziehung der Luftfeuchte) berechnet und auf Meeresniveau reduziert. Dieser Q-Wert diente früher zur Grobhöhenmessereinstellung und wird jetzt nur mehr für Bodenwetterkarten verwendet.

DEFINITION DER HÖHENANGABEN

Pressure Altitude: Die pressure altitude (Druckhöhe) ist jene Höhe, die bei herrschendem Luftdruck der Standardatmosphäre (ISA) entspricht. Daher wird bei Standardeinstellung des Höhenmessers auf 1013 hPa immer die Druckhöhe angezeigt.

Density Alititude: Sie ist jene Höhe in der Standardatmosphäre, die der in Flughöhe herrschenden Luftdichte entspricht. Temperaturabweichungen werden mit 120 ft pro Grad berücksichtigt. In Warmluft steigt die density altitude (Dichtehöhe), in Kaltluft ist sie niedriger als die Druckhöhe.

True Alititude: Die true altitude (wahre Höhe) ist die Höhe über MSL laut temperaturkorrigiertem QNH-Wert.

Absolute Alititude: Die absolute Höhe entspricht der tatsächlichen Höhe über dem überflogenen Gelände.

Height: Die Höhe über Flugplatzniveau wird am Höhenmesser bei eingestelltem QFE angezeigt.

Alititude: Höhe des Flugzeuges über dem Meeresniveau bei eingestelltem QNH am Höhenmesser.

Flight Level: Höhe des Flugzeuges über einer Druckfläche von 1013.25 hPa, sprich bei eingestelltem QNE.

Elevation: Flugplatzhöhe über MSL.

4. Der Luftdruck

ABWEICHUNGEN DER ANGEZEIGTEN VON DER TATSÄCHLICHEN FLUGHÖHE

Der Höhenmesser ist nach der ISA geeicht. In der Natur weicht die atmosphärische Schichtung so gut wie immer von der Standardatmosphäre ab. Das führt zu Fehlern in der Höhenmessung.

<u>Höhenmessfehler durch Temperaturabweichungen:</u> In warmer Luft zeigt der nach Standardatmosphäre eingestellte Höhenmesser eine zu geringe Höhe, die absolute Flughöhe ist höher. In kalter Luft hingegen zeigt der nach Standardatmosphäre eingestellte Höhenmesser eine zu große Höhe, die absolute Flughöhe ist tiefer.

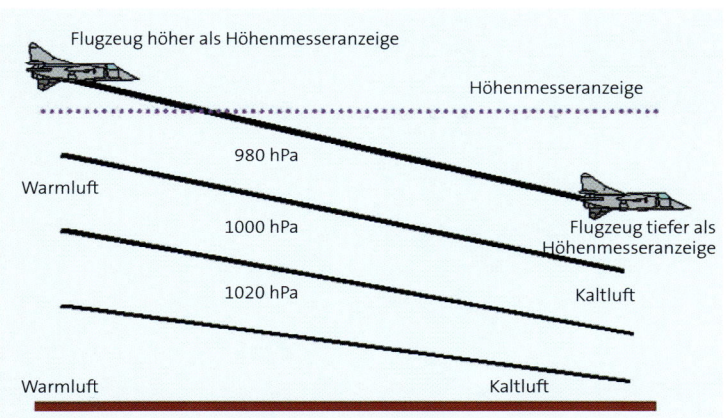

In Warmluft nimmt der Druck mit der Höhe langsamer ab als in Kaltluft. Deshalb liegen die Flugflächen in warmer Luft weiter auseinander als in kalter Luft. Bei einem gemessenen Druckwert befindet man sich in einer Warmluftmasse höher als nach Standardatmosphäre, in kalter Luft hingegen tiefer. In diesem Beispiel ist der Luftdruck am Boden überall gleich.

<u>Merksatz: Im Winter sind die Berge höher!</u>

<u>Höhenmessfehler durch Druckabweichungen:</u>

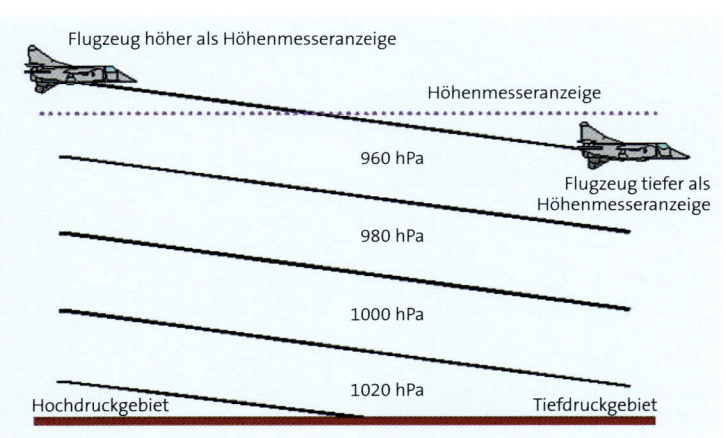

Bei Flügen von Hoch- in Tiefdruckgebiete neigen sich die Flächen gleichen Luftdruckes gegen den Boden. Im Hoch befindet man sich bei gleicher Druckanzeige also höher als im Tief.

<u>Merksatz: Vom Hoch ins Tief geht's schief!</u>

Höhenmessfehler durch Strömungseffekte:

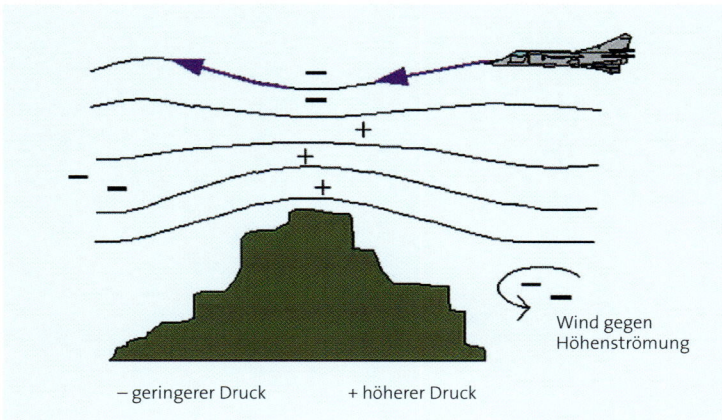

Starker Wind über Bergkämmen bewirkt Druckänderungen wegen der entstehenden Beschleunigungen. Auch in starken Quellwolken (TCU, CB) kommt es zu dynamisch bedingten Fehlanzeigen (Auf- und Abwinde).

Höhenmessfehler durch Eich- und Instrumentenfehler:
Eine weitere Quelle für fehlerhafte Höhenangaben können schlecht geeichte oder schadhafte Instrumente darstellen.

TRANSITION LEVEL, TRANSITION ALTITUDE

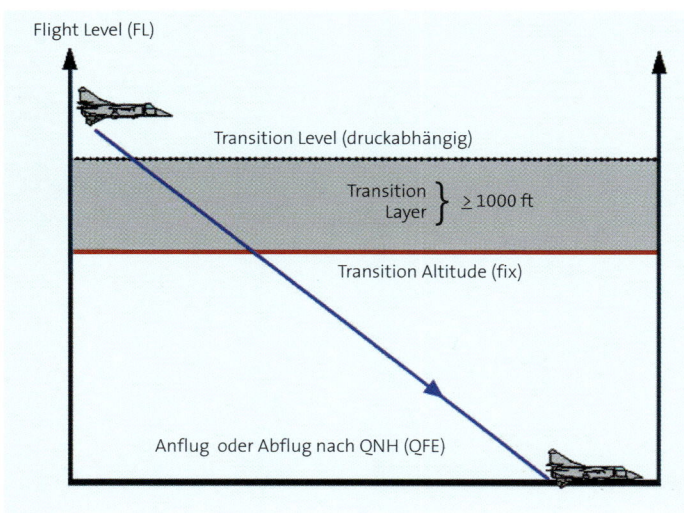

Für jeden Flugplatz wird eine fixe Übergangshöhe (transition altitude) festgelegt. Unterhalb dieser Höhe werden alle Flugzeuge mit „altitudes" (QNH) kontrolliert. Unter Einhaltung der Sicherheitshöhen soll diese möglichst niedrig sein, um im Luftraum möglichst viele FL unterzubringen. Die Übergangsflugebene (transition level) ist die niedrigste verfügbare FL. Sie wird vom Flughafenkontrolldienst in Abhängigkeit vom Bodendruck festgelegt, so dass die Übergangsschicht nicht unter 1000 ft absinkt. Nach der Landung zeigt ein auf QNH eingestellter Höhenmesser die Höhe über MSL. Ein nach QFE eingestellter Höhenmesser zeigt nach der Landung die Höhe 0 an.

5. DIE LUFTDICHTE

050 01 04 00

DIE DICHTEHÖHE

Die Dichte der Luft ist schwierig zu messen und unterliegt im Vergleich zum Luftdruck und zur Lufttemperatur nur minimalen relativen Schwankungen. Deshalb wird in der Meteorologie die Luftdichte üblicherweise aus Temperatur und Druck der Luft berechnet. Für technische Anwendungen gibt es die Dichtehöhe (Density altitude), ein Zahlenwert, der als Bezugsgröße für die Angabe von Flugzeugleistungen dient (also keine Flughöhe, sondern eine Leistungshöhe). Die Dichtehöhe wird mit mittels Navigationsrechner oder Tabellen bestimmt.

LUFTDICHTE UND FLUGZEUGLEISTUNG

Bei warmer Luft ist die Dichte niedrig. Kommt zusätzlich tiefer Luftdruck dazu, verlängert sich die Startstrecke beträchtlich, und die Steigrate nimmt ab. Die Dichte verhält sich ähnlich dem Luftdruck und nimmt in Bodennähe rasch, in der Höhe dagegen langsamer ab. 90 % der Atmosphärenmasse liegen unter 20 km Höhe. Bereits in 5,5 km Höhe hat man 50 % der Masse der Lufthülle unter sich (Luftdruck in mittleren Breiten und bei Normalwetter um 500 hPa). Die Luftdichte halbiert sich nach oben etwa alle 18.000 ft.
Auch die Luftfeuchtigkeit wirkt sich geringfügig auf die Dichte aus. Wasserdampf ist leichter als trockene Luft, feuchte Luft weniger dicht als trockene.

Die Luftdichte beeinflusst folgende Leistungsparameter:
- Start- und Landestrecke
- Abfluggewicht
- Steiggeschwindigkeit
- Reichweite
- Gipfelhöhe

6. DIE LUFTFEUCHTIGKEIT

050 03 01 00

6.1 DIE ZUSTANDSÄNDERUNG DES WASSERS

050 03 02 00

Wasser kommt in der Atmosphäre in drei Aggregatzuständen vor:
- fest (Eis, Graupel, Schnee, Hagel, Wolken etc.)
- flüssig (Regen, Nieseln, Tau, Wolken etc.)
- gasförmig (unsichtbarer Wasserdampf)

Die Übergänge von einem Aggregatzustand zum anderen lauten:

fest	–>	flüssig	=	schmelzen
flüssig	–>	gasförmig	=	verdunsten
gasförmig	–>	flüssig	=	kondensieren
flüssig	–>	fest	=	gefrieren
gasförmig	–>	fest	=	sublimieren
fest	–>	gasförmig	=	sublimieren

VERDUNSTUNG

Für die Verdunstung wird Wärmeenergie benötigt, die der Umgebung entzogen wird. Bei der Verdunstung findet also ein Energietransport von der Umgebung in den Wasserdampf statt („Verdunstungskälte"). Diese Energie wird als latente (gebundene) Wärme bezeichnet. Ein Anwendungsbeispiel sind Weinkühler aus Ton. Der Ton nimmt die Flüssigkeit in seine Poren auf, wo sie allmählich verdunstet. Die für den Verdunstungsvorgang notwendige Energie wird zum Teil dem Wein entzogen, er bleibt kühler als die Umgebungsluft.

KONDENSATION

Wenn Luft unter einen bestimmten Grenzwert (Taupunkt) abgekühlt wird, tritt Sättigung und bei Existenz von Kondensationskernen (Ruß, Staub, etc.) Kondensation ein. Die Wasserdampfmoleküle legen sich an Kondensationskernen an, es bilden sich winzig kleine Wassertröpfchen. Fehlen sie, kann Luft bis zu 4-fach übersättigt werden. Sichtbare Kondensationsprodukte sind Tau, Wolken, Nebel und feuchter Dunst. Die bei der vorangegangenen Verdunstung aufgewendete Energie (2257 Joule / g) wird bei der Kondensation wieder frei und als „Kondensationswärme" bezeichnet.

GEFRIEREN

Der Übergang vom flüssigen in den festen Aggregatzustand findet bei Temperaturen unter 0° C statt, wobei auch hier Kerne (Eiskeime) vorhanden sein müssen. Bei reinem Wasser erfolgt der Gefriervorgang nur beim zufälligen Zusammenstoßen von Wassertröpfchen. Flüssiges Wasser kann je nach Reinheitsgrad bis ca. -40° C existieren. Vor allem in Wolken kommt unterkühltes Wasser vor und stellt ein großes Gefahrenmoment (Vereisung) in der Fliegerei dar.

SUBLIMATION

Bezeichnet den direkten Übergang des Wassers vom festen in den gasförmigen Aggregatzustand und umgekehrt. Beispiele für die Sublimation: Verdunstung von Eis beim Trocknen gefrorener Wäsche oder Reifbildung.

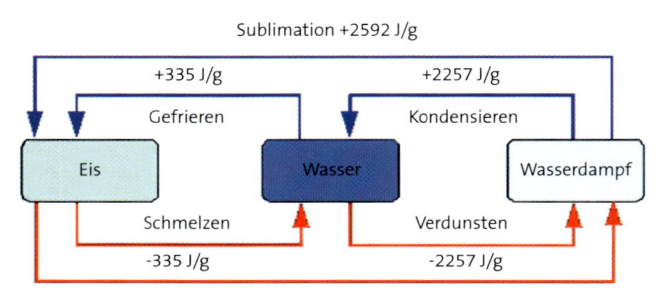

Sublimation +2592 J/g

+335 J/g — Gefrieren — Eis
+2257 J/g — Kondensieren — Wasser — Wasserdampf
Schmelzen -335 J/g
Verdunsten -2257 J/g

Sublimation -2592 J/g

6. Die Luftfeuchtigkeit

LATENTE WÄRME
Ändert sich der Aggregatzustand von Wasser, wird entweder Wärme an die Umgebung freigesetzt oder von der Umgebung abgezogen. Diese Wärme wird als latente Wärme bezeichnet. Die latente Wärme ist an den Wasserdampf gebunden. Fällt der Wasserdampf zum Beispiel als Regen aus einem Luftvolumen, wird diesem Luftpaket Wärme entzogen, es ändert seine Charakteristik.

KREISLAUF DES WASSERS
Der Wasserdampf wird der Atmosphäre durch Verdunstung zugeführt. Diese Verdunstung erfolgt hauptsächlich an der Oberfläche der Meere (vor allem auf den tropischen Ozeanen), aber auch über Seen, fließenden Gewässern, an Pflanzen und natürlich auch an von Niederschlag benetzten Flächen. Der Wasserdampf kommt in Form von Niederschlag wieder auf die Erde zurück und bildet so einen Wasserkreislauf. Die Luftfeuchtigkeit ist ein wesentliches Wetterelement. Der Wasserdampfgehalt in der Luft ist Voraussetzung für die Existenz von Wolken, Nebel und Niederschlag. In der Stratosphäre gibt es fast keinen Wasserdampf mehr (Relative Luftfeuchtigkeit um 1 %) und deshalb auch praktisch keine Wolken.

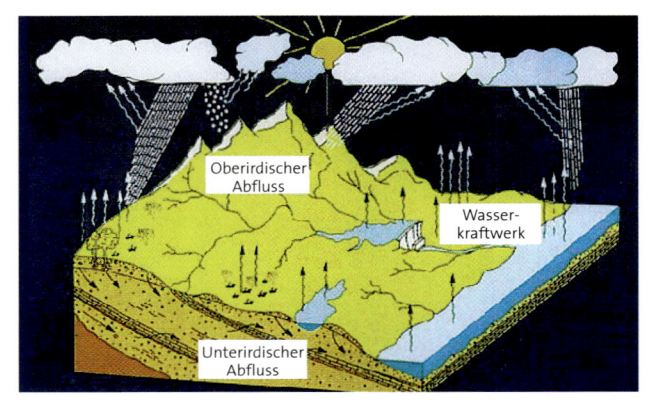

Der Kreislauf des Wassers.

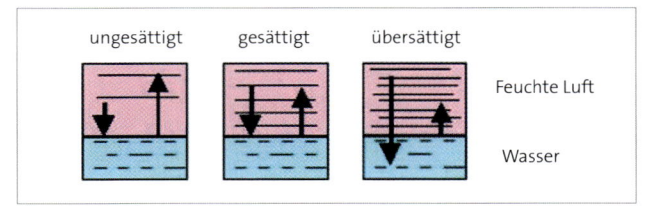

Prinzipiell findet an jeder Wasseroberfläche Verdunstung und Kondensation statt. Ob die Verdunstung oder die Kondensation überwiegt, hängt vom Sättigungsgrad der darüber liegenden Luft ab. Bei ungesättigter Luft überwiegt die Verdunstungsrate, in übersättigter Luft die Kondensationsrate. Liegt gesättigte Luft über einer Wasseroberfläche, stellt sich bald ein Gleichgewicht zwischen Verdunstung und Kondensation ein.

6.2. MASSE UND EINHEITEN DER LUFTFEUCHTE
050 03 01 00

MISCHUNGSVERHÄLTNIS [g/kg]
Das Mischungsverhältnis wird in Gramm Wasserdampf pro Kilogramm trockener Luft (g/kg) angegeben. Diese Größe unterscheidet sich praktisch nicht von der spezifischen Feuchte. Das Mischungsverhältnis wird meist aus dem Quotienten von Luftdruck und Dampfdruck (Teildruck des Wasserdampfes) berechnet.

DER TAUPUNKT [° C]

Der Taupunkt ist jene Temperatur, auf die feuchte Luft abgekühlt werden muss, damit Sättigung und in weiterer Folge Kondensation eintritt. In Wettermeldungen wie METAR, werden immer Lufttemperatur (T) und Taupunkt (DP für engl. duepoint) angegeben. Die Differenz zwischen beiden, genannt „spread", ist ein Maß für die Luftfeuchtigkeit. Je kleiner der spread, desto höher ist die relative Feuchte der Luft und um so größer ist beispielsweise die Gefahr von Nebelbildung.
Beispiel: T = 5° C, DP = -10° C → spread = 15° C.
Die Luft muss also um 15° C auf -10° C abgekühlt werden, damit sie gesättigt ist.

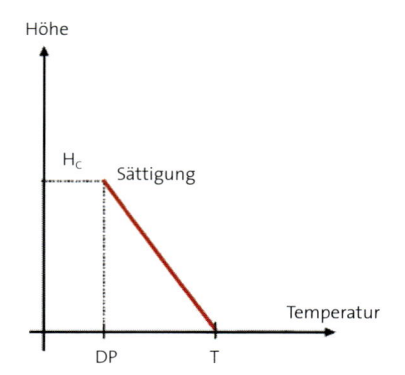

Wird ein Luftpaket (thermisch oder durch ein Hindernis in der Strömung) gehoben, kühlt es sich adiabatisch (ohne Wärmeaustausch mit der Umgebung) ab. Ab einem bestimmten Niveau ist der Taupunkt erreicht, und es kann zur Kondensation (Wolkenbildung) kommen. Dieses Niveau wird H_C, „height of condensation", genannt.

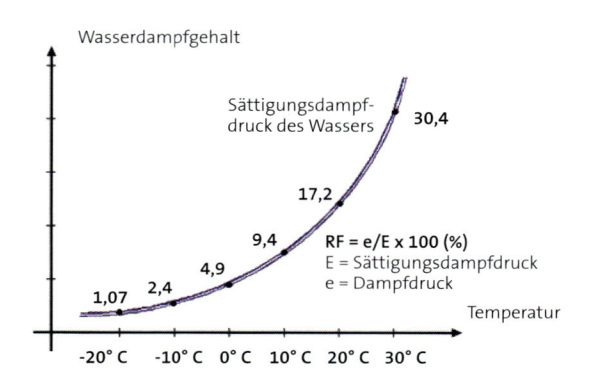

Maximaler Wasserdampfgehalt der Luft in Abhängigkeit von der Temperatur bei Normaldruck (1013 hPa). Der maximale Teildruck des Wasserdampfes steigt mit der Temperatur, weil die kinetische Energie der Luftmoleküle mit der Temperatur zunimmt.

DIE RELATIVE FEUCHTE [%]

ist das Verhältnis des tatsächlich vorhandenen Wasserdampfes zum maximal möglichen Wasserdampfgehalt. Der maximale Wasserdampfgehalt „Sättigungsdampfdruck" hängt praktisch nur von der Lufttemperatur ab und in nur geringem Maße vom Luftdruck.
Bei einem durchschnittlichen Tagesgang der Lufttemperatur ist die relative Luftfeuchtigkeit am Morgen und am Abend hoch, in der Mittagszeit aber relativ niedrig. Denn zu Mittag sind die Lufttemperatur und der Sättigungsdampfdruck am höchsten. Deshalb ist die Gefahr von Sichteinschränkungen durch Dunst und Nebel in den Nachtstunden höher als tagsüber. Der Flugzeugführer sollte ein Augenmerk auf die Differenz zwischen Temperatur und Taupunkt (Gefahr von Nebel- und Dunstbildung) legen. Bei einem spread von 1° C oder weniger liegt die relative Luftfeuchtigkeit meist über 90 %.

6. Die Luftfeuchtigkeit

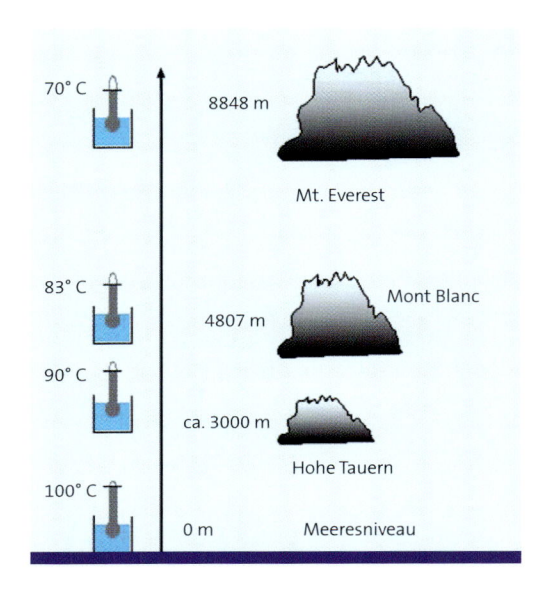

Abnahme der Siedetemperatur von Wasser in Abhängigkeit von der Höhe.

DIE ABSOLUTE FEUCHTE [g/m³]
ist jene Menge Wasserdampf [g], die in einem Kubikmeter trockener Luft enthalten ist.

DIE SPEZIFISCHE FEUCHTE [g/kg]
ist die in einem kg trockener Luft enthaltene Wasserdampfmenge [g].

DER DAMPFDRUCK [hPa]
ist der Teildruck (Partialdruck) des gesamten Luftdruckes, der vom Wasserdampf hervorgerufen wird.

FEUCHTEMESSGERÄTE

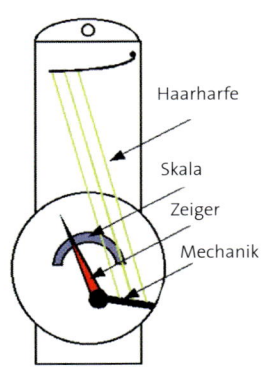

Haarhygrometer. Bei zunehmender Luftfeuchtigkeit dehnt sich menschliches Haar aus, bei abnehmender verkürzt es sich (Gesamtlängenänderung um 2–3 %). Über eine Mechanik wird die relative Luftfeuchtigkeit angezeigt. Für bestimmte Zwecke wird heute auch synthetisches Haar verwendet.

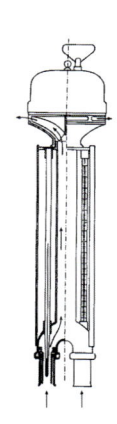

„Aspirationspsychrometer von Assmann". Ein Ventilator bläst die Luft an zwei strahlungsgeschützten Thermometern vorbei. Das „feuchte Thermometer" wird am Gefäß benetzt und kühlt sich durch die Verdunstung mit der Zeit auf die so genannte Feuchttemperatur ab. Über Tabellen (Psychrometertafeln) können der Taupunkt und die Feuchte ermittelt werden.

6. 3. ADIABATISCHE ZUSTANDSÄNDERUNG IN DER ATMOSPHÄRE

050 03 03 00

Adiabtisch heißt ohne Energieaustausch mit der Umgebung. Wird ein Luftvolumen gehoben, dehnt es sich aus, da der umgebende Luftdruck geringer wird. Dabei wird das Luftpaket kühler und seine relative Feuchte nimmt zu. Umgekehrt verhält es sich beim Absinken: Die Luft wird in tieferen Niveaus zusammengedrückt und deshalb wärmer und trockener (bei konstantem absolutem Wasserdampfgehalt). Finden keine Kondensations- oder Verdunstungsvorgänge statt, spricht man von trockenadiabatischen Prozessen. Der vertikale Temperaturgradient beträgt 1°/100 m. Sobald Kondensation (Wolkenbildung) im Spiel ist, werden die Prozesse feuchtadiabatisch genannt. Wegen der frei werdenden Kondensationswärme kühlt sich das aufsteigende Luftpaket um einen geringeren Betrag, 0,4 bis 0,8° C/100 m, ab. Sinkt das gesättigte Luftpaket wieder ab, erfolgt eine Erwärmung, die Wolken lösen sich auf (z. B. Lee-Effekte).

VERTIKALE BEWEGUNGSVORGÄNGE IN DER ATMOSPHÄRE

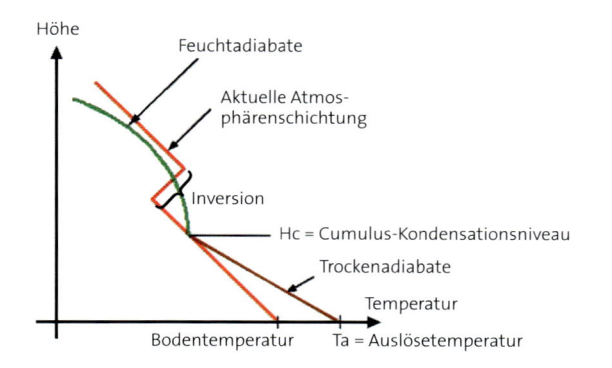

Wichtige aerologische Kenngrößen.

STABILITÄTSKRITERIEN DER ATMOSPHÄRE

Stabile Schichtung: Die Atmosphäre ist stabil, wenn ein Luftpaket beim Aufsteigen kälter (schwerer) wird, als seine Umgebung und deshalb wieder zu sinken beginnt. Aufwärtsbewegungen werden in einer stabil geschichteten Atmosphäre gedämpft.

Labile Schichtung: Kühlt sich ein aufsteigendes Luftpaket hingegen weniger ab als die Luft in der Umgebung, wird es wegen seiner höheren Temperatur und geringeren Dichte weiter aufsteigen. Einmal ausgelöste Hebungen werden bei labiler Schichtung unterstützt. Diese Schichtung findet man beispielsweise an Gewittertagen vor.

6. Die Luftfeuchtigkeit

<u>Indifferente Schichtung:</u> Sind der Schichtungs- und Hebungsgradient gleich, so hat ein aufsteigendes Luftpaket in jeder Höhe dieselbe Temperatur wie die umgebende Luft. Die indifferente wird der labilen Schichtung zugerechnet, weil jedes Luftpaket durch die stattgefundene Hebung dem Trägheitsgesetz unterliegt und weiter steigt.

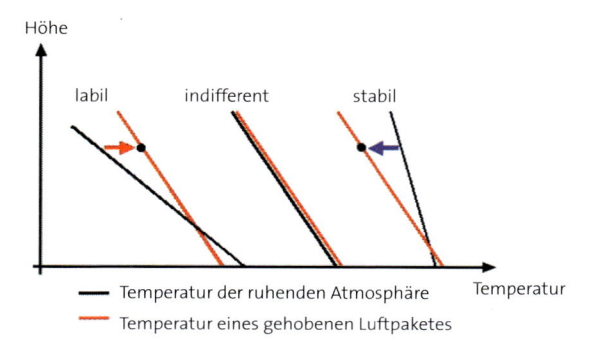

Stabilitätsklassen der Atmosphäre.

INVERSIONEN, VERTIKALBEWEGUNG UND WOLKENBILDUNG

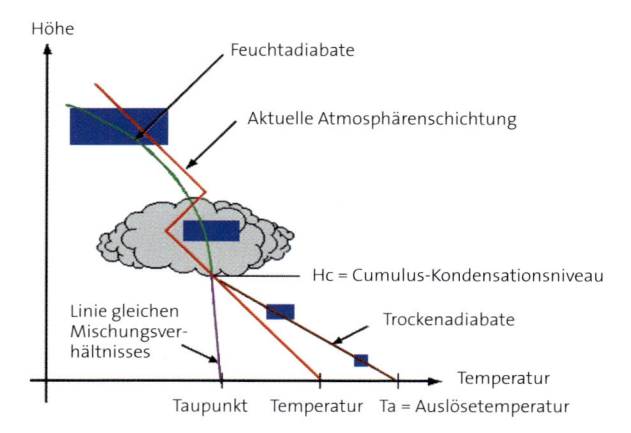

Ein Luftpaket steigt in labiler Schichtung so lange auf, bis es in eine stabile Schichte oder eine Inversion gerät. Hat bereits Kondensation eingesetzt, breiten sich die Wolken an der Inversion aus. Eine starke, immer existierende Inversion ist die Tropopause. Hier kommen alle Steigbewegungen mehr oder weniger rasch zum Erliegen, selbst gewaltige Gewitterwolken mit extrem starken Aufwindschläuchen können die Tropopause höchstens ein wenig nach oben ausbuchten.

Die Auslösetemperatur ist jene Temperatur, bei der im Flachland (sonnenbeschienene Hänge früher) Thermik einsetzt und sich bei genügend Feuchte Quellwolken bilden. Als Faustregel für die Höhe der thermischen Wolkenbasis gilt: $Hc = spread \times 400$ [in ft über Grund].

Die Hebung der Luft kann thermisch ausgelöst (Ta wird erreicht) werden bzw. durch Hindernisse wie Gebirge oder durch Fronten erzwungen werden.

KAPITEL II:

WOLKEN UND NEBEL

050 04 00 00

1. WOLKEN

050 04 01 00

Wolken und Nebel sind sichtbare Resultate der Kondensation, also Ansammlungen von kleinsten Wassertröpfchen und winzigen Eisteilchen. Neben reinen Wasser- und Eiswolken gibt es auch Mischwolken. Die Wolkenteilchen sind so klein, dass sie von nur geringen Aufwinden in der Schwebe gehalten werden können.

Damit Wasserdampf kondensiert, muss die Luft gesättigt sein, der aktuelle Dampfdruck muss dem Sättigungsdampfdruck entsprechen. Zusätzlich sind Kondensationskerne (feste Teilchen aus Salz, Staub, Ruß etc.) notwendig, an denen sich die Wassermolekülketten anlagern können. Absolut reine Luft kann bis zu 400 % übersättigt sein.

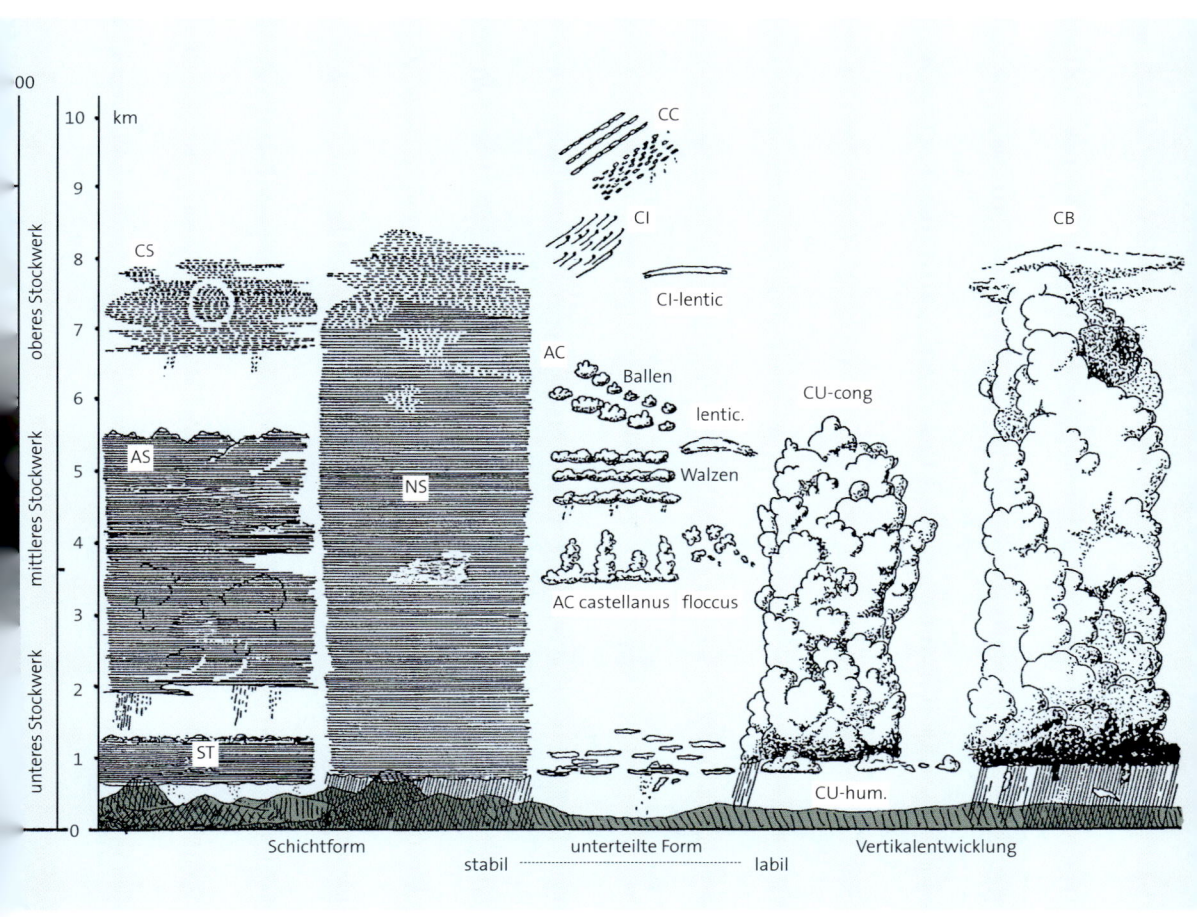

Typische Wolkenformen in mittleren Breiten. Große Gewitterwolken erreichen die Tropopause, die in den Tropen bis ca. 16 Kilometer hoch liegen kann.

1.1 WOLKENARTEN

QUELLWOLKEN (CUMULIFORME WOLKEN)
Quellwolken entstehen durch Konvektion (thermisch bedingte Hebung zellularen Charakters). In wachsenden Quellwolken gibt es immer starken Aufwind. Die vertikale Ausdehnung ist oft größer als die horizontale.

SCHICHTWOLKEN (STRATIFORME WOLKEN)
Schichtwolken entstehen durch großflächige, meist langsame Hebung einer Luftmasse ins Kondensationsniveau. Gegenüber der großen horizontalen Ausdehnung, die auch mehrere tausend Kilometer umfassen kann, ist ihre Vertikalerstreckung relativ klein.

1.2 WOLKENKLASSIFIKATION NACH UNTERGRENZEN

Wolkenbasis über Grund	Art der Wolken	Abkürzung
TIEFE WOLKEN (Boden bis etwa 8.000 ft)	CUMULUS	CU
	Towering CUMULUS	TCU
	CUMULONIMBUS	CB
	STRATOCUMULUS	SC
	STRATUS	ST
MITTELHOHE WOLKEN (8.000 bis etwa 18.000 ft)	NIMBOSTRATUS	NS
	ALTOCUMULUS	AC
	ALTOSTRATUS	AS
HOHE WOLKEN (über 18.000 ft)	CIRRUS	CI
	CIRROCUMULUS	CC
	CIRROSTRATUS	CS

Wolkengattungen. Cumulonimben und Nimbostratus-Wolken können sich über alle Niveaus erstrecken. Der Übergang von tiefen zu mittelhohen Wolken ist im Bergland höher als im Flachland.

1.3 AGGREGATZUSTAND VON WOLKEN

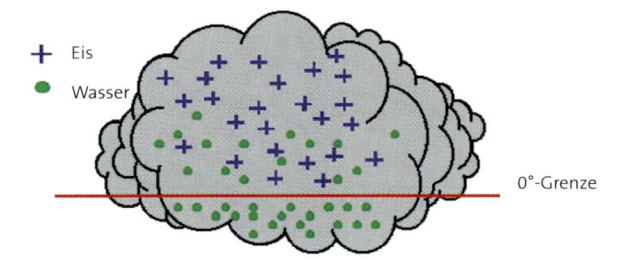

+ Eis
• Wasser

0°-Grenze

Wolken bestehen unterhalb der 0°-Grenze (gänzlich) aus Wassertröpfchen, darüber befindet sich ein Mischbereich aus Eisteilchen und unterkühltem Wasser. Die oberen Teile bzw. hoch liegende Wolken (CI) bestehen nur aus Eisteilchen. Flüssiges Wasser unter 0° C kann einerseits die Vereisung von Luftfahrzeugen verursachen, ist aber andererseits wichtig für die Bildung von großen Tropfen (Niederschlag).

1. Wolken

1.4 INVERSIONEN UND WOLKEN

Inversionen bilden eine Sperrschicht für aufsteigende Luft. Schwache Inversionen können allerdings durch starke Aufwärtsbewegungen durchstoßen werden.

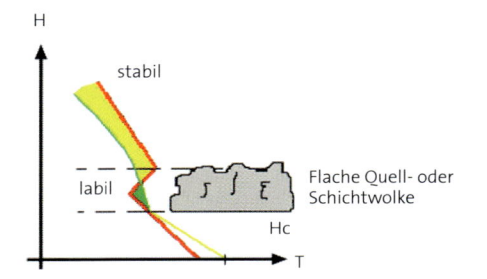

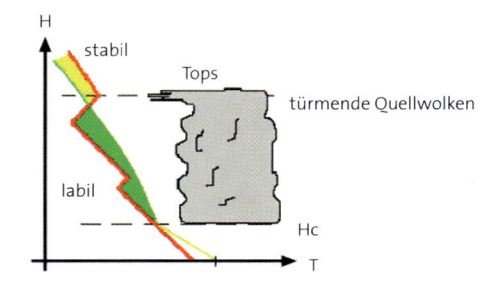

Besonders an tieferen Inversionen breiten sich häufig Wolken aus, wodurch ein hoher Bedeckungsgrad erreicht wird. Solche Wetterlagen sind bei Segelfliegern unerwünscht. Inversionen unmittelbar über dem Boden („Bodeninversionen") markieren häufig die Obergrenze von Nebel oder Hochnebel.

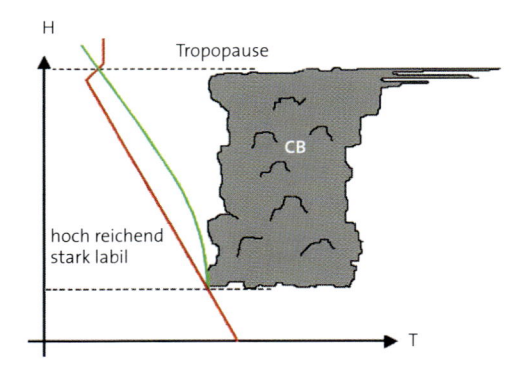

Die Tropopause ist eine immer vorhandene Inversion, die im Sommer die Vertikalerstreckung von Gewitterwolken (CB) begrenzt. Je höher die TP, desto intensivere Gewitter sind möglich.

1.5 EINFLUSS DER WOLKEN AUF VEREISUNG, TURBULENZ UND FLUGSICHT

HOHE WOLKEN (CI, CC, CS)
Hohe Wolken bestehen ausschließlich aus Eisteilchen, die höchsten bei sehr hoher aerodynamischer Erwärmung am Flugzeug anfrieren können. Ansonsten geht von ihnen keine Vereisungsgefahr aus. Sie entstehen nicht nur durch großräumige Hebungen (zum Beispiel an einer Warmfront) oder abgelöst von hoch reichenden Gewitterwolken, sondern auch in der Nähe des Jetstreams oder durch Leewellen, die dadurch sichtbar werden. Auch die Flugsicht wird von diesen Wolken nur selten beeinträchtigt. Allerdings kann ein CS schon mehrere hundert Meter dick und die Sicht darüber und darunter durch Dunst eingeschränkt sein.

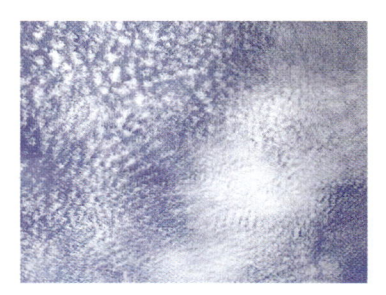

Cirrocumulus, Cirren und Cirrostratus (v. l. n. r.).

MITTELHOHE WOLKEN (AC, AS)
Diese Wolken liegen normalerweise oberhalb der 0°-Grenze und können unterkühltes Wasser enthalten (Vereisungszonen). In vielen Fällen ist aber der Aufwind in AC und AS-Wolken gering, ebenso ihre vertikale Ausdehnung. Die Flugsicht hingegen erfährt in AC und AS schon eine deutliche Einschränkung. Eine Sonderform des AC ist der Altocumulus lenticularis (AC lent), auch Föhnwolke genannt. Er ist ein verlässlicher Indikator für Leewellen und Turbulenz.

Altocumulus, Altostratus, Altocumulus lenticularis (v. l. n. r.).

1. Wolken

TIEFE SCHICHTWOLKEN (ST, SC, NS)

Die Sicht in diesen Wolkenkategorien ist meist schlecht. Die Vereisungsgefahr ist von der Höhe der 0°-Grenze abhängig. Da sich der NS über große Höhen erstreckt, kann auch die Vereisungszone dementsprechend mächtig sein. Im Winterhalbjahr sind die tiefen Schichtwolken aus mehreren Gründen vereisungsträchtig: Bei Inversionswetterlagen enthält der tiefe Stratus oft unterkühltes Wasser, und aus dem Nimbostratus einer Warmfront oder aus dem Stratus über Kaltluftseen fällt häufig gefrierender Niederschlag.

Stratocumuluswolken, Stratus und Nimbostratus (v. l. n. r.).

TIEFE QUELLWOLKEN (CU, TCU, CB)

Bei Quellwolken ist die vertikale Erstreckung meist größer als die horizontale Ausdehnung. Sie beherbergen die größten Wettergefahren für die Fliegerei. Starke Aufwinde erhöhen die Gefahr von Vereisung und sind mit verantwortlich für starke Turbulenzen. In großen Quellwolken muss zusätzlich mit allen Gefahren, die von Gewittern ausgehen, gerechnet werden.

Cumulus, Towering Cumulus (Cumulus congestus), Cumulonimbus (v. l. n. r.).

II. WOLKEN UND NEBEL

1.6 WOLKEN ALS WETTERINDIKATOR

STARKE LABILITÄT (GEWITTERBOTEN)

Altocumulus castellanus = castellatus (links) und Altocumulus floccus (rechts) zeigen eine labile Schichtung und damit hohe Gewitterneigung an.

WARMFRONTVORBOTE

CS-Wolken führen zu vielfältigen optischen Erscheinungen, deren bekannteste der Halo (Sonnen-, Mondring) ist. Werden diese Wolken im Laufe der Zeit immer dichter und beginnt dabei ihre Basis zu sinken, so naht mit hoher Wahrscheinlichkeit eine Warmfront.

1. Wolken

FÖHN (LEEWELLEN)

Föhnwolken, AC lent, entstehen immer im Lee von einem überströmten Hindernis. Die Anströmrichtung ist unwesentlich, wichtig aber ist ein ausreichender Wasserdampfgehalt in der entsprechenden Luftschicht. Föhnwolken sind verlässliche Indikatoren für Leewellen, aber es gibt natürlich Leewellen ohne Föhnwolken (wenn die Atmosphäre zu trocken ist). Föhnwolken sind typische Vertreter für Wolken, die sich nicht mit der Strömung mitbewegen und lassen deshalb keinen Schluss auf die Windgeschwindigkeit zu. Oft kann man im Luv des angeströmten Gebirges Stauwolken finden.

1.7. BESTIMMUNG DER WOLKENUNTERGRENZE

Auf Wetterbeobachtungsstationen werden die Untergrenzen üblicherweise, unter zu Hilfenahme des Geländes (Berge, Hügel), geschätzt. Im Flachland kann die Basis von Quellwolken mit folgender Faustformel ermittelt werden:
- Taupunktdifferenz (Spread) x 400 = Wolkenuntergrenze in Fuß (ft)
- Taupunktdifferenz (Spread) x 122 = Wolkenuntergrenze in Meter (m)

Auf größeren Flugplätzen(-häfen) sind Wolkenhöhenmesser (Ceilometer) und in der Nacht auch Wolkenscheinwerfer in Einsatz.

DER WOLKENHÖHENMESSER
Das dem Ceilometer zugrunde liegende Messprinzip ist die impulsoptische Höhenmessung. Dazu wird ein Lichtimpuls auf die Wolkenschicht ausgesendet. Der (für das menschliche Auge nicht sichtbare) Widerschein wird dann durch einen mit einer Photozelle ausgestatteten Parabolspiegel aufgefangen. Durch die Laufzeit des Lichtimpulses vom Sender bis zum Empfänger kann man auf die Höhe der Wolkenuntergrenze schließen.

Ceilometer

DER WOLKENSCHEINWERFER

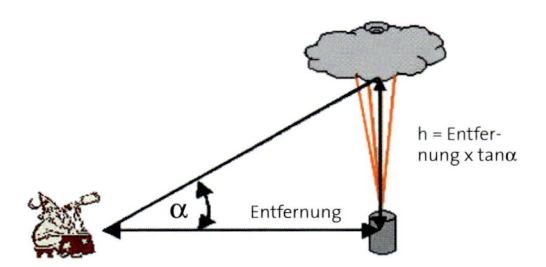

h = Entfernung x tan α

Messprinzip des Wolkenscheinwerfers: Die Entfernung des Beobachters zum Wolkenscheinwerfer ist bekannt. Der Winkel α wird mit dem Winkelsextanten gemessen und daraus die Höhe der Wolkenbasis berechnet.

2. NEBEL UND DUNST

050 04 02 00

Dunst und Nebel sind schwebende Ansammlungen von Wassertröpfchen und / oder Eiskristallen (Hydrometeore) und / oder Staubteilchen (Lithometeore), welche die Sicht beeinträchtigen.

SICHTDEFINITION DES NEBELS
Die beobachtete meteorologische Sichtweite liegt unter 1000 m, oder es gibt Nebelschwaden, innerhalb derer die Sicht unter 1000 m liegt.

SICHTDEFINITION DES DUNSTES
Die beobachtete meteorologische Sichtweite liegt zwischen 1000 und 5000 m.

2.1 ARTEN DES DUNSTES

TROCKENER DUNST (HAZE, HZ)
Die relative Luftfeuchte liegt unter 80 %, und die Lufttrübung entsteht durch Streuung des Lichts an festen Teilchen in der Atmosphäre. Besonders in den Wintermonaten sammeln sich viele Verunreinigungen (Abgase, Hausbrand etc.) in den untersten Luftschichten und beeinträchtigen die Sicht.

FEUCHTER DUNST (MIST, BR)
Die relative Feuchte liegt über 80 %, und die Lufttrübung wird durch winzige Wassertröpfchen oder Eiskristalle herbeigeführt.

2. Nebel und Dunst

„DIESIGE LUFT"
Dabei handelt es sich um trübe Luft mit einer Bodensicht von über 5000 m. Diesig ist es meist in Warmluft oder in alternden Luftmassen. Die Flugsicht kann besonders bei tiefem Sonnenstand stark beeinträchtigt sein.

GÜNSTIGE VORAUSSETZUNGEN ZUR NEBEL- UND DUNSTBILDUNG
- hohes Feuchtigkeitsangebot (Niederschläge, Verdunstung, Schneeschmelze, Luftmassen)
- Windstille oder wenig Wind (keine vertikale Durchmischung)
- viele Kondensationskerne (Industriegebiete)
- wenig Wolken (kräftige nächtliche Abkühlung)
- geografische Lage (z. B. Becken)

2.2 NEBELARTEN

050 04 02 00

STRAHLUNGSNEBEL
Mit der Abkühlung des Erdbodens in den Abend- und Nachtstunden (langwellige Ausstrahlung) kühlt sich auch die Luft in Bodennähe ab. Zusätzlich sammelt sich in Becken und Tälern die kalte Luft, die von den umgebenden Hängen herunterfließt. Es bilden sich „Kaltluftseen". Darüber liegt oft wärmere Luft, eine Bodeninversion bildet sich aus. Mit der Abkühlung der bodennahen Luft steigt ihre relative Feuchtigkeit, bis die Sättigung erreicht ist. Der Wasserdampf kondensiert, der Strahlungsnebel entsteht. Hebt der Nebel vom Boden ab, oder bildet er sich einige hundert Fuß über der Erdoberfläche, nennt man ihn Hochnebel. Die Auflösung des Strahlungsnebels erfolgt meist durch die Sonneneinstrahlung, die die untersten Schichten erwärmt und durchmischt. Nebel kann aber auch von stärkerem Wind ausgeräumt werden oder sich im Niederschlag auflösen, indem die Wasserteilchen oder Eiskristalle sich an die viel größeren Regentropfen oder Schneeflocken anlegen und zu Boden fallen.

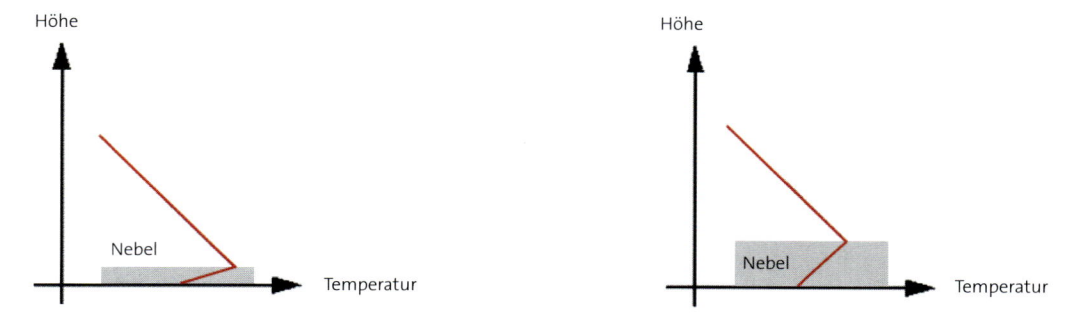

Die Obergrenze des Nebels/Hochnebels wird meist von der Mächtigkeit der Bodeninversion bestimmt.

ADVEKTIONSSNEBEL

(Advektion = horizontaler Transport) Advektionsnebel entsteht, wenn feuchte (wärmere) Luft an einer kalten Unterlage abgekühlt wird und kondensiert, besonders charakteristisch für Küstenregionen, wo unterschiedliche Untergrundtemperaturen mit verschiedenem Feuchteangebot zusammentreffen. Natürlich braucht es zur Bildung des Advektionsnebels etwas Wind, der allerdings nicht zu stark sein darf. In diese Kategorie fallen auch die Meeresnebel, die sich über unterschiedlich temperierten Meeresströmungen bilden. Bekannt ist der Neufundlandnebel (Golf- und Labradorstrom).

Feuchte Warmluft kondensiert über kaltem Untergrund.

MISCHUNGSNEBEL

entsteht durch Mischung zweier verschieden temperierter Luftmassen, wobei durch die Abkühlung der wärmeren, feuchteren Luft Kondensation eintritt.

VERDUNSTUNGSNEBEL

bildet sich hauptsächlich im Herbst und Winter über Seen oder Flüssen und durch Kondensieren von Niederschlag auf warmem Untergrund („dampfen"). Beim Auftrocknen der Rollbahn können ebenfalls ganz flache Verdunstungsschwaden entstehen.

Verdunsten von Niederschlag über einem Acker.

2. Nebel und Dunst

FRONTNEBEL
Niederschlag aus hoher Warmfrontbewölkung verdunstet zum Teil in mittelhohen Schichten. Wenn diese angefeuchtete Schicht leicht gehoben wird, setzt abermals Kondensation ein und Wolken (ST) entstehen.

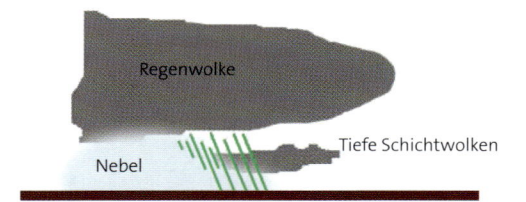

Schematischer Verlauf bei der Bildung von Frontnebel.

OROGRAPHISCHER NEBEL
entsteht durch Hebung an Gebirgen und Hügeln und kann durch den Wind über höheren Ebenen verbreitet werden. Am häufigsten findet sich orographischer Nebel im Herbst und im Winter bei tiefem Kondensationsniveau. Diese Nebel können sehr mächtig werden und lösen sich erst nach Änderung der Strömungsrichtung auf.

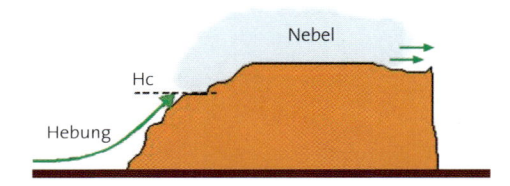

Schema der Bildung von orographischem Nebel.

KAPITEL III:

NIEDERSCHLAG

050 05 00 00

1. DIE NIEDERSCHLAGSBILDUNG

050 05 01 00

Als Niederschlag bezeichnet man den Transport von Hydrometeoren (Formen flüssigen und festen Wassers) aus der Atmosphäre zur Erdoberfläche, wie Regen, Schneefall, Hagel, Tau und andere.

KONDENSATION AN KONDENSATIONSKEIMEN

In einer vollkommen reinen Atmosphäre gehen die Wassermoleküle kaum dauerhafte Zusammenlagerungen ein. In Laborversuchen konnten in absolut reiner Luft relative Luftfeuchtigkeiten von bis zu 400 % erreicht werden. Derartige Übersättigungen kommen aber in der freien Natur nicht vor, denn in der Atmosphäre gibt es genügend Teilchen (Kondensationskerne), an welchen sich Wassermoleküle anlagern und größere Ketten bilden (= kondensieren) können. Auf diese Art erreichen die Wolkentröpfchen Radien bis 10 µm, die noch leicht genug sind, um in der Luft zu schweben.

Die Niederschlagsbildung ist noch immer ein Thema wissenschaftlicher Untersuchungen, aber es gibt bereits eine Reihe von bekannten Prozessen, die bei der Niederschlagsbildung eine Rolle spielen. Hier eine Auflistung:

KOALESZENZ

Flüssigkeitströpfchen gleicher Größe haben aufgrund unterschiedlicher elektrischer Ladung die Tendenz, sich zu größeren Tropfen zu vereinigen.

KOAGULATION

Große Tröpfchen fallen schneller als kleine. Sie stoßen darum mit den kleineren zusammen, wachsen also, indem sie die kleinen aufnehmen.

KONDENSATION AN TRÖPFCHEN

Von der stärker gekrümmten Oberfläche kleiner Tropfen verdunstet Wasser leichter als von großen Tropfen, denn die Moleküle werden von weniger Nachbarn zurückgehalten. Der entstandene Wasserdampf kondensiert an den großen Tropfen. Die großen wachsen auf Kosten der kleinen Tropfen.

BERGERON-FINDEISEN EFFEKT

In Wolken mit einem Gemisch von Wassertröpfchen und Eis wachsen die Eiskristalle auf Kosten der Wassertröpfchen, denn im Eis sind die Wassermoleküle fester aneinandergekettet. Der Wasserdampf legt sich sehr rasch an Eiskeimen an, womit die Eiskristalle wachsen. Dieser Prozess ist wichtig für die Niederschlagsbildung.

VERGRAUPELUNG

Berühren Eiskristalle unterkühlte Wassertröpfchen, so erstarren die Tröpfchen schlagartig auf der Kristalloberfläche. Bei stärkeren Auf- und Abwinden in einer Mischwolke (Eiskristalle und unterkühltes Wasser) wachsen rasch große Eiskristalle, Graupel- und Hagelkörner. Die meisten Regentropfen beginnen ihr Leben als Eiskörner, die bei ihrem Fall durch wärmere Luft schmelzen.

SCHNEEFLOCKEN

entstehen ebenfalls durch die Anlagerung von Wasserdampf und unterkühlten Tropfen an Eiskeimen. Neben der sehr häufigen hexagonalen Form bilden sich auch Platten, Nadeln und Säulen, wobei die Temperatur, der Übersättigungsgrad, der Windeinfluss, aber auch die Form der Kondensationskeime eine Rolle spielen.

Die Form der Schneeflocken hängt von der Lufttemperatur, vom Feuchteangebot und von der Form der Eiskeime ab.

ABGESETZTER NIEDERSCHLAG

Tau oder Reif entstehen durch Sublimation oder Kondensation von bodennahem Wasserdampf an Gegenständen oder am Erdboden. In Trockengebieten ist der abgesetzte Niederschlag die bedeutendste Wasserzufuhr für den Erdboden.

Tau (flüssig) und Raureif (fest) sind typische Arten von abgesetztem Niederschlag.

2. NIEDERSCHLAGSARTEN

050 05 02 00

In Wettermeldungen und Vorhersagen für die Fliegerei (METAR und TAF) werden folgende Niederschlagsformen gemeldet: Nieseln (DZ), Regen (RA), Graupel (GS), Hagel (GR), Schnee (SN), Schneegriesel (SG), Eisnadeln (IC) und Eiskörner (PL) und Mischformen wie z. B. Schneeregen (SNRA).

NIESELN ODER SPRÜHREGEN (DZ)

bezeichnet einen gleichmäßigen Niederschlag kleiner Tropfen mit einem Durchmesser zwischen 0,1 und 0,5 mm. DZ fällt aus Schichtwolken wie zum Beispiel Hochnebel (tiefe Stratuswolke) mit einer Geschwindigkeit von 0,25 bis 2 m/s. Die Luft unterhalb der Wolke sollte feucht sein, damit die Tröpfchen auf ihrem Weg nicht verdunsten. Im Winter bedeutet besonders das gefrierende Nieseln (FZDZ) eine erhebliche Gefahr in der Fliegerei.

REGEN (RA)

ist flüssiger Niederschlag mit einem Durchmesser von 0,5 bis 5 mm und einer Fallgeschwindigkeit von 2,0 bis 9,0 m/s. Größere Regentropfen zerstäuben beim Fall. Beste Voraussetzung zur Bildung von großen Regentropfen ist eine vertikale Erstreckung der Wolke über das -10 bis -15° C Niveau (Bergeron-Findeisen Prozess). Deshalb entstehen in TCUs, CBs und NS die größten Tropfen und Mengen niederschlagbaren Wassers. Regenschauer (SHRA) fallen aus konvektiven Wolken (TCU, CB), bedecken begrenzte Flächen, zeigen oft stark schwankende Intensität und haben die größten Tropfen. Regen aus NS ist hingegen von längerer Dauer, gleichförmiger und erstreckt sich über ein größeres Gebiet.

Starker Regenschauer aus CB.

SCHNEE (SN)

Schneeflocken bestehen aus aneinander haftenden Eiskristallen. Die Form der Eiskristalle ist temperaturabhängig, ihr Durchmesser kann bis zu 3 cm erreichen. Schneeschauer (SHSN) treten wie Regenschauer im Zusammenhang mit Konvektionswolken auf.

Bild eines einzelnen Schneesternes.

SCHNEEGRIESEL (SG)

sind undurchsichtige, kleine, weiße Eiskörner mit einem Durchmesser von weniger als 1 mm. Er fällt bei Temperaturen unter 0° C aus Stratuswolken (Hochnebel).

EISKÖRNER (PL)

sind mehr oder minder durchsichtige Eiskügelchen mit einem Durchmesser kleiner als 5 mm. Sie entstehen aus gefrierenden Regentropfen oder schmelzenden und wieder gefrierenden Schneeflocken. Sie fallen bei Temperaturen um 0° C und springen auf einer harten Unterlage auf. Achtung! Eiskörner sind ein Hinweis auf gefrierenden Niederschlag.

GRAUPEL (GS)

sind runde, kaum komprimierbare Kügelchen mit einem Durchmesser zwischen 1 und 5 mm. Graupel fällt schauerartig und ist meist vermischt mit Regen oder Schnee. Sie springen auf harter Unterlage auf und entstehen durch wiederholtes Anfrieren von unterkühltem Wasser. In der Klimatologie wird zwischen Frost- und Reifgraupeln unterschieden.

HAGEL (GR)

Eiskugeln oder Eisstücke mit einem Durchmesser von 5 bis 50 mm (in Extremfällen 10 bis 13 cm). Sie haben einen schalenförmigen Aufbau durch das mehrmalige Auf und Ab in verschieden temperierten Luftschichten. Hagel entsteht nur in CBs, in denen extreme Aufwinde herrschen. Wenn das Hagelkorn zu schwer wird oder in eine Abwindzone gerät, fällt es zu Boden. Je nach Temperatur schmilzt ein Teil auf dem Weg zum Erdboden.

Einzelnes riesiges Hagelkorn.

EISNADELN (IC)

Eisnadeln oder Eisprismen fallen bei sehr tiefen Temperaturen (unter -15° C) und nur aus stratiformen Wolken. Auch bei klarem Himmel können sie sich durch Ausfrieren des Wasserdampfes bilden und erzeugen wunderschöne Spiegelungen.

3. Niederschlagsmessgerät (Ombrometer)

GEFRIERENDER NIEDERSCHLAG (FZDZ, FZRA)

Wenn flüssiger Niederschlag (DZ, RA) in eine bodennahe Luftschicht mit Temperaturen unter 0° C fällt, gefriert er am Erdboden, aber auch an allen Gegenständen am Boden und in der Luft an. Gefrierenden Niederschlag gibt es vor allem im Winter, wenn in höheren Schichten wärmere Luft (Warmfront, maskierte Kaltfront) herangeführt wird. Bei gefrierendem Niederschlag muss mäßige bis starke Flugzeugvereisung angenommen werden. Er stellt auch in der VFR-Fliegerei ein großes Gefahrenpotenzial dar.

Gefrierender Niederschlag auf Flugzeugtragfläche.

3. NIEDERSCHLAGSMESSGERÄT (OMBROMETER)

Die Niederschlagsmenge wird klassisch mit einem Ombrometer gemessen. Dieser hat einen definierten Öffnungsdurchmesser und zwei Messeinsätze für die Bestimmung der Niederschlagsmengen. Die Mengen werden in Millimeter (Liter pro m²) angegeben, wobei fester Niederschlag wie Schnee zuerst geschmolzen wird.

Ombrometer für die Niederschlagsmessung.

4. DIE NIEDERSCHLAGSFORMEN UND IHRE SYMBOLIK

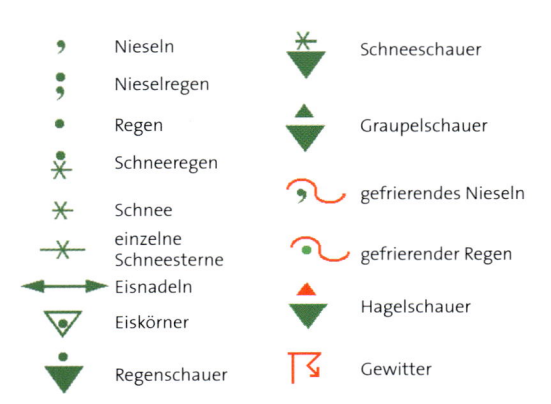

- Nieseln
- Nieselregen
- Regen
- Schneeregen
- Schnee
- einzelne Schneesterne
- Eisnadeln
- Eiskörner
- Regenschauer
- Schneeschauer
- Graupelschauer
- gefrierendes Nieseln
- gefrierender Regen
- Hagelschauer
- Gewitter

Auf farbigen Wetterkarten werden Niederschläge immer grün dargestellt, gefährliche Wettererscheinungen rot.

KAPITEL IV:

GLOBALE STRÖMUNGEN

050 02 00 00
050 07 00 00

1. ALLGEMEINE ZIRKULATION

050 02 03 00

Die Sonne scheint annähernd lotrecht auf die äquatorialen Breiten, die deshalb wesentlich mehr Sonnenenergie als die polarnahen Gebiete erhalten. Das führt zu großen Temperatur- und Druckunterschieden in der Atmosphäre, welche durch Strömungen ausgeglichen werden. Hätte die Erde eine glatte Oberfläche und würde sie nicht rotieren, entstünde eine einfache Zirkulation: Kalte Luft würde Richtung Süden strömen und sich erwärmen, und warme Luft in höheren Schichten Richtung Norden wandern und sich auf ihrem Weg abkühlen.

Aber die Erdrotation wirkt mit ihrer ablenkenden Wirkung (Coriolisbeschleunigung) auf die strömende Luft, weshalb ein etwas komplexeres Strömungsmuster mit drei Zirkulationszellen entsteht, um die unterschiedlichen Temperaturen auszugleichen.

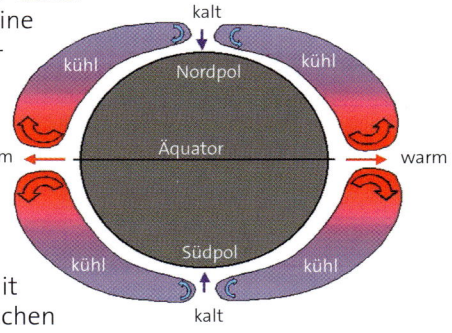

Einfaches Zirkulationsschema unter der Annahme einer nicht rotierenden Erdkugel mit einer glatten Oberfläche.

1.1 DIE GLOBALEN ATMOSPHÄRISCHEN STRÖMUNGEN IM KLIMATOLOGISCHEN MITTEL

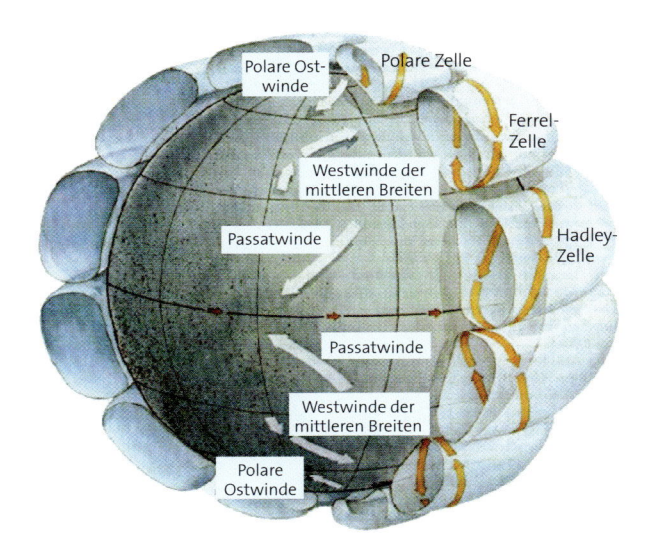

Idealisiertes Strömungsmuster der rotierenden Erdkugel mit den drei großen Zirkulationszellen, die natürlich nur ein zonales Mittel der atmosphärischen Strömungen beschreiben.

IV. GLOBALE STRÖMUNGEN

DIE HADLEY-ZELLE (THERMISCHE ZIRKULATION)

Die warme Luft wird in Äquatornähe (um 5–20 Grad Breite) bis an die tropische Tropopause gehoben und strömt in Richtung der Pole. Sie kühlt sich auf ihrem Weg zum Pol ab und wird auf der Nordhalbkugel (NHK) nach rechts abgelenkt. Ein Großteil der Luft beginnt im Bereich des dreißigsten Breitengrades wieder abzusinken und bildet den subtropischen Hochdruckgürtel. In den bodennahen Schichten strömt ein Teil der Luft zum Äquator zurück (innertropische Konvergenz), ein Teil strömt weiter polwärts. Die Zirkulationszelle schließt sich.

Die polwärts strömende Luft wird auf der Nordhalbkugel (NHK) nach rechts und auf der Südhalbkugel (SHK) nach links abgelenkt. Beim bodennahen Zurückströmen entstehen der NE-Passat auf der NHK und der SE-Passat auf der SHK. Die Konvektion in den Tropen erzeugt rund um die Erde eine äquatoriale Tiefdruckrinne, die auch als „ITC" (innertropische Konvergenzzone) bezeichnet wird (s. Seite 83).

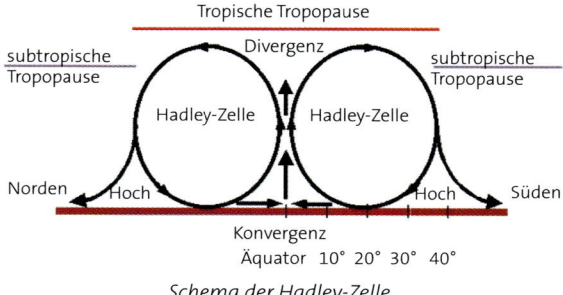

Schema der Hadley-Zelle.

Die Grenze zwischen der tropischen Luft zur benachbarten subtropischen Luft wird als Subtropikfront bezeichnet. Der Temperaturgegensatz an dieser Front treibt den Subtropen-Jet an. Zu Niederschlags- oder Wolkenbildung kommt es hier wegen der vorherrschenden Absinkbewegung aus der Hadley-Zelle kaum.

DIE FERREL-ZELLE

Die Ferrel-Zelle kann nicht direkt beobachtet werden und besitzt auch keinen eigen Antrieb. Sie folgt aus längerer zeitlicher und zonaler Mittelung der großräumigen Strömung. Da die Ferrel-Zelle zwischen Polar- und Hadley-Zelle liegt, erfolgt in ihr das Aufsteigen an der kalten und das Absinken an der warmen Seite, angetrieben von der Hadley-Zelle und der polaren Zelle.

Schema der Ferrel-Zelle.

DIE POLARE ZELLE

In den Polarregionen überwiegt die meiste Zeit im Jahr die langwellige Energieabstrahlung. Mangels Sonnenenergie wird die Luft immer kälter und schwerer. Die schwere Kaltluft strömt Richtung Äquator. In den mittleren Breiten (45 bis 65 Grad) stößt die polare Kaltluft auf die warme Luft der Subtropen. Diese Luftmassengrenze wird als Polarfront bezeichnet. An dieser Polarfront ent-

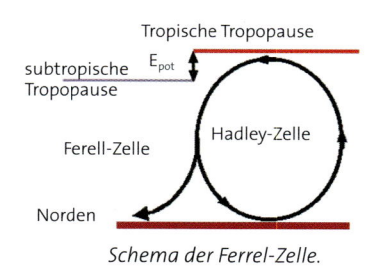

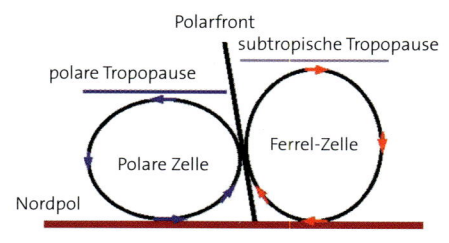

Die Tiefdruckzone der mittleren Breiten als Vertikalzirkulation betrachtet. Allerdings ist die Vertikalgeschwindigkeit in einer Zyklone im Mittel um den Faktor 100 kleiner als die Horizontalgeschwindigkeit.

1. Allgemeine Zirkulation

wickeln sich die Zyklonen der mittleren Breiten, in welchen aufsteigende Warmluft nach Norden und absinkende Kaltluft nach Süden geführt wird. Dabei entstehen die uns bekannten Kaltfronten, Warmfronten und Okklusionen. Insofern kann man, über einen längeren Zeitraum gemittelt, auch die Tiefdruckgebiete der mittleren Breiten als vertikale Zirkulationszelle ansehen.

1.2 DER DRUCKGRADIENT

Die Druckdifferenz zwischen zwei Punkten erzeugt ein Druckgefälle, das umso steiler ausfällt, je größer der Druckunterschied und je kleiner der Abstand zwischen den beiden Punkten ist. Linien gleichen Druckes heißen am Boden <u>Isobaren</u>, während in Höhenkarten Linien gleicher Höhe einer Druckfläche dargestellt und <u>Isohypsen</u> genannt werden. Ohne Einwirkung von Corioliskraft und Reibung würde die Luft direkt vom höheren zum tieferen Druck strömen, und zwar dem Druckgefälle folgend senkrecht zu den Isobaren oder Isohypsen. Ein kleiner Abstand der Isobaren (Isohypsen) bedeutet ein starkes Druckgefälle und große Windgeschwindigkeiten.

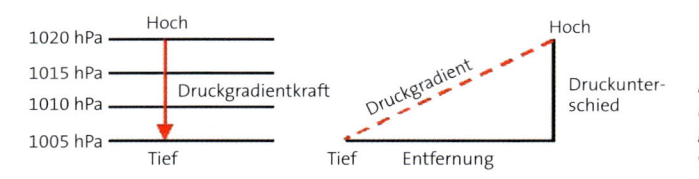

Der Druckunterschied zweier Punkte und deren Entfernung bestimmen die Druckgradientkraft, die auf die Luft wirkt und sie beschleunigt.

1.3 DIE CORIOLISBESCHLEUNIGUNG

Die Drehbewegung der Erde hat auf großräumige Luftströmungen eine ablenkende Wirkung, die als Coriolisbeschleunigung bezeichnet wird. Zusammen mit der unterschiedlichen Erwärmung ist sie der bestimmende Faktor für die großräumigen Strömungen in der Troposphäre, welche den Energieausgleich zwischen Nord und Süd herstellen.

Rechtsablenkung (NHK) eines Luftteilchens, das sich relativ zur Erdoberfläche bewegt. Aufgrund dieser Ablenkung ergeben sich auch die Rotationsrichtungen von Hoch- und Tiefdruckgebieten.

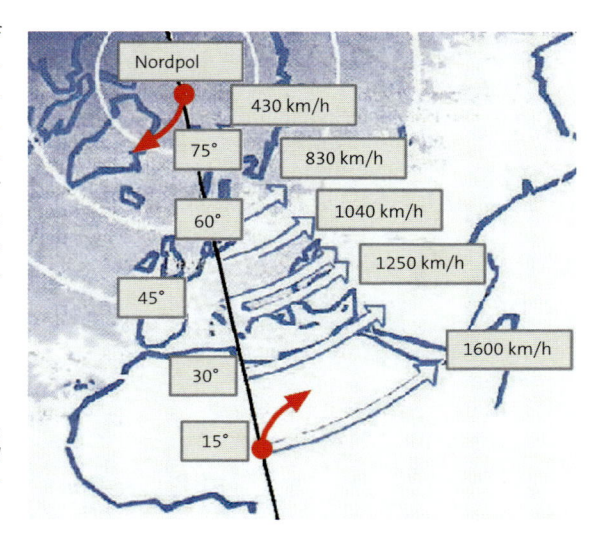

Die Rotation der Erde um ihre Polachse hat je nach geografischer Breite unterschiedliche Umlaufgeschwindigkeiten an der Erdoberfläche zu Folge. An den Polen ist sie Null, am Äquator beträgt sie etwa 1670 km/h. Bewegt sich ein Luftpaket in Richtung Pol, gerät es in Regionen geringerer Umlaufgeschwindigkeit. Da es die Rotationsgeschwindigkeit von seinem Ausgangspunkt „mitgenommen" hat, wird es auf seinem Weg nach Norden nach rechts (auf der Nordhalbkugel Richtung Osten) abgelenkt. Umgekehrt erfährt eine Nordströmung eine Ablenkung nach Westen (also ebenfalls nach rechts). Auf der Südhalbkugel hingegen werden in Bewegung geratene Luftteilchen nach links abgelenkt.

2. GLOBALE DRUCKSYSTEME

2.1 MITTLERE BODENDRUCKVERTEILUNG

Die Oberfläche der Südhalbkugel wird zum größten Teil von den Meeren gebildet, während die Oberfläche der nördlichen Hemisphäre stärker durch Kontinente strukturiert ist. Für die mittlere Druckverteilung bedeutet die stärkere Strukturierung der Nordhalbkugel auch größere jahreszeitliche Unterschiede.

MITTLERE BODENDRUCKVERTEILUNG IM JANUAR

Typisch für das Winterhalbjahr sind die beiden Kältehochs (s. S.eite 66) über den großen, kalten Kontinenten Ostrussland und Kanada. Über den meist schneebedeckten Landoberflächen kühlt sich die Luft – begünstigt durch die langen Winternächte – immer weiter ab. Die Folge sind riesige, schwere Kaltluftkörper, die einen hohen Luftdruck erzeugen. Am asiatischen Kontinent treibt das Hoch den Wintermonsun an. Die Tiefdruckgebiete liegen über den relativ warmen Meeren. Am stärksten ausgeprägt ist

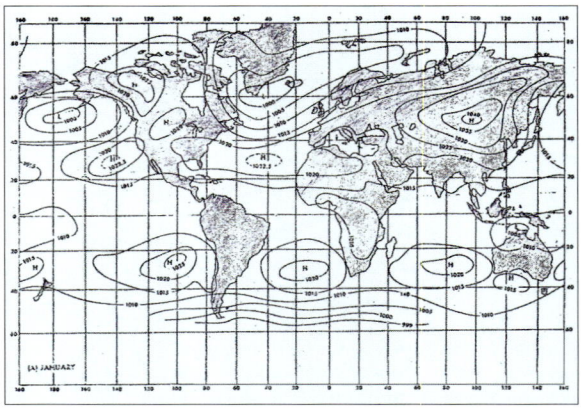

Mittlere globale Bodendruckverteilung im Januar.

2. Globale Drucksysteme

das Islandtief, welches das Azorenhoch (Subtropenhoch) nach Süden drückt. Auf der Südhalbkugel (Sommer) dominieren die Zellen des Subtropenhochs über den Ozeanen. Die Hitzetiefs (s. Seite 67) über Afrika und Australien sind nur relativ schwach ausgeprägt.

MITTLERE BODENDRUCKVERTEILUNG IM JULI

Im Sommer sind die Kontinente wärmer als die Meeresoberflächen. Über den großen Landflächen bilden sich Hitzetiefs. Für das Wetter in Mitteleuropa ist die aktuelle Lage des Azorenhochs bedeutend. Das Hitzetief über Asien signalisiert in dieser Region den Sommermonsun, der großflächigen Regen bewirkt. Das im Winter dominante Islandtief ist im Juli nur schwach ausgebildet und wird nach Norden abgedrängt. Auf der SHK bildet sich nur über Australien ein kontinentales Kältehoch. Es überwiegt der Einfluss der subtropischen Hochs über den Ozeanen.

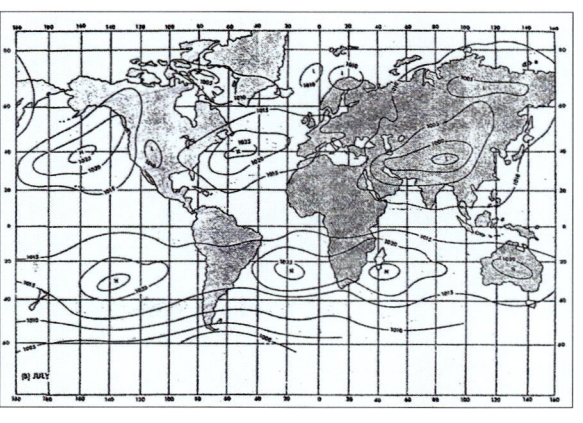

Mittlere globale Bodendruckverteilung im Juli.

2.2 ANTIZYKLONEN (HOCHDRUCKGEBIETE)

050 07 02 00

Im Laufe der meteorologischen Forschung hat sich eine Typisierung der Hochdruckgebiete nach ihrem Aufbau und nach Zeit und Ort ihres Auftretens entwickelt:
<u>Wandernde Hochdruckgebiete</u> bewegen sich mit der großräumigen Weststömung, zeigen in der Höhe selten abgeschlossene Isohypsen und haben eine kurze Lebenszeit.
<u>Quasistationäre Antizyklonen</u> bestehen aus kalter Polar- oder Arktikluft mit großer horizontaler Erstreckung, erreichen Druckwerte von 1060 hPa, sind meist sehr beständig und treten im Winterhalbjahr auf. Beispiel: russisches Kältehoch.
<u>Kalte Antizyklonen</u> umfassen nur die untersten Luftschichten, welche durch Ausstrahlung an der Erdoberfläche entstehen. Sie sind eher kleinräumig und kurzlebig, denn sie können von einer kräftigeren Strömung abgebaut werden. Bodennah sind sie oft durch ausgedehnte Nebel- und Hochnebelfelder gekennzeichnet.
<u>Warme Antizyklonen</u> sind ausgedehnte Warmluftkörper der mittleren Breiten, bis in höhere Schichten reichend, ziemlich stationär, wirken am Rand oft steuernd auf Zyklonen.
<u>Subtropische Hochdruckzellen</u> sind warm, hochreichend, gestützt durch die Passatzirkulation und ändern ihre Lage oft nur langsam mit dem Wandern der Sonne zwischen den Wendekreisen.

Das Kältehoch:
Im Winter gibt es zwei Kältehochdruckgebiete (Sibirien und Kanada), die sich über den Kontinenten durch Ausstrahlung bilden. Dabei kommt es bodennah – besonders bei Schneebedeckung – zu extrem tiefen Lufttemperaturen. Da diese Antizyklonen aus trockenen kontinentalen Luftmassen bestehen, verursachen sie meistens klares, eisig kaltes Wetter. Dabei entsteht eine Bodeninversion, unterhalb der sich Nebel oder Hochnebel bilden kann.

2.3 ZYKLONEN (TIEFDRUCKGEBIETE)

050 07 02 00

In den mittleren Breiten sind die Tiefdruckgebiete „der" Wettermotor. Sie entstehen in Zonen großer Temperatur- und Luftdruckgegensätze. Mit ihrem Lebenszyklus sorgen sie für die Vermischung von subtropischer Warmluft mit polarer Kaltluft und damit für den wichtigen Energieausgleich zwischen Süden und Norden, der ein Leben in den nördlichen Regionen erst möglich macht.
Die Tiefdruckgebiete der mittleren Breiten sind auch die Ursache für das wechselhafte Wetter, das sich im Durchschnitt alle 4 Tage umstellt. Sie entstehen an der Polarfront und ihre Zugbahn liegt auf der NHK im Sommer weiter nördlich und im Winter weiter im Süden.
Zyklonen der mittleren Breiten haben einen Durchmesser in der Größenordnung von Tausenden Kilometern. In den untersten Schichten strömen auf so großer Fläche unterschiedliche Luftmassen ein und erzwingen großräumige Hebungsvorgänge, die wiederum zu Kondensation, Wolken- und Niederschlagsbildung führen. Je nach Stärke des Druckgefälles können um ein Tief große Windgeschwindigkeiten entstehen (Orkantief). Zyklonen der mittleren Breiten werden oft von der Höhenströmung gesteuert. Obwohl die allgemeine Verlagerungsrichtung von West nach Ost verläuft, können einzelne Tiefdruckgebiete vorübergehend auch Richtung Westen wandern. Prinzipiell verlagern sich kleine Tiefs schneller als große.

Auch Tiefdruckgebiete sind nach Intensität, Größe und Lebenszeit klassifiziert worden:
Ein Sturmtief ist ein stark ausgeprägtes Tief mit bis zu orkanartigen Winden und einem Kerndruck unter 975 hPa. Besonders häufig sind Sturmtiefs im Winterhalbjahr über dem Nordatlantik.
Als Höhentief wird ein wetterwirksames Tief bezeichnet, das auf den Bodenanalysen nur schwierig oder gar nicht zu finden ist, sich aber in den Höhenkarten durch abgeschlossene Isohypsen deutlich sichtbar macht. Höhentiefs können recht markantes Schlechtwetter verursachen und im Sommer organisierte Gewitter auslösen. Sie sind unter Umständen sehr beständig, und es dauert oft recht lange, bis sie sich auffüllen oder abziehen.
Der Sonderfall eines Höhentiefs ist der Kaltlufttropfen (engl. Cut-off low). Wenn Kaltluft in der Höhe (siehe Höhentrog) weit Richtung Süden vorstößt, kann sich ein Teil der Kaltluft von der Grundströmung abtrennen und fortan ein eigenständiges Leben führen. Kaltlufttropfen bewegen sich unabhängig von der großräumigen, weiter nördlich liegenden Grundströmung. Deshalb ist ihre genaue Verlagerung und Wetterwirksamkeit für die Wettervorhersagemodelle schwierig zu erfassen.
Tiefdruckgebiete besitzen in der Höhe meistens einen Höhentrog, eine mehr oder weniger stark ausgeprägte konkave Ausbuchtung in der Höhenströmung. Der Durchgang eines

2. Globale Drucksysteme

Höhentroges bewirkt meist eine Labilisierung der Atmosphäre, weil hier die kälteste Höhenluft angesiedelt ist. Im Trogbereich entstehen oft Niederschläge oder Gewitter.
Kleine Höhentröge werden rasch um einen Höhenkeil oder Höhentrog herumgesteuert und als Seitentröge bezeichnet. Ihr Kennzeichen ist die rasche Verlagerung, aber je nach Wettersituation können sie kurzzeitig sehr wetteraktiv sein.
Prinzipiell gilt für Höhentröge dasselbe wie für Zyklonen. Je größer, desto langsamer die Verlagerung. Sie können sogar retrograd werden und in Richtung Westen wandern.

Blocking und Omega-Lagen: Das Strömungsmuster von aufeinanderfolgenden Hochdruckkeilen und Höhentrögen kann derart aufgebaut sein, dass Hoch und Tief sich gegenseitig stützen und nicht mehr verlagern. Solche blockierende Strömungsmuster können zu wochenlang anhaltenden Wetterlagen führen. Die bekannteste Blocking-Lage wird wegen ihres Aussehens ähnlich dem griechischen Großbuchstaben als Omega-Lage bezeichnet (Ω). Dabei wird ein leicht nördlich gelegenes, ortsfestes Hoch südwest- und südostseitig von je einem Tief „gestützt".

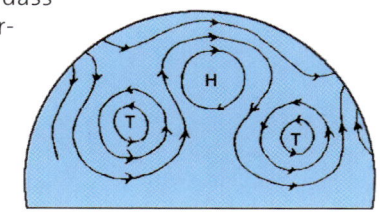

Omegahoch

Polar lows sind relativ kleinräumige Tiefdruckgebiete von wenigen Hundert Kilometer Durchmesser, die zu intensiven Wettererscheinungen wie Stürmen, schweren Schnee- oder Regenfällen, Gewittern und kleinen Tornados führen. Ihre Lebenszeit ist meist sehr kurz, sie kommen vor allem über dem winterlichen Nordatlantik vor und sind als kleine Schnellläufer sehr schwierig vorherzusagen.

Die Orographie (Gebirge und Land-Seeverteilung) spielt bei der Entwicklung von Tiefdruckgebieten eine große Rolle. So führt die von den Alpen erzwungene Umströmung öfters zur Entwicklung von Mittelmeertiefs. Ein Kaltluftstrom aus Norden erhält in den unteren Schichten durch den Alpenbogen einen zyklonalen Drall, welcher eine Tiefdruckentwicklung in Gang bringt. Aber auch die Überströmung einer Bergkette kann im Lee zu einer Tiefdruckentwicklung führen. Reine Leetiefs südlich der Alpen haben meist nur kurze Lebenszeit und beschränkte Wetterwirksamkeit.
Mit verbesserten Mess- und Analysemethoden gelingt es, immer genauere Vorstellungen von kleinräumigen Wetterphänomenen zu machen. Als „mesocale convective systems" (MCS) werden riesige, organisierte Gewitterzellen in der Größenordnung von etwa 100 Kilometer Durchmesser bezeichnet, die auch in Europa vorkommen. Die Konvergenz ist in bodennahen Schichten wird so stark, dass sie auf der Bodenkarte abgeschlossene Isobaren („Tiefdruckkerne") hinterlassen.
Das Hitzetief entsteht nur während des Sommers über Kontinenten bei flacher Druckverteilung. Ursache ist die starke Sonneneinstrahlung und die damit verbundene Überhitzung der bodennahen Schicht. Die entstehende Konvektion kann bei ausreichender Feuchtigkeit zur Bildung von Wärmegewittern führen, bewirkt aber immer ein Sinken des Luftdrucks. Hitzetiefs bilden sich vornehmlich über den großen Landflächen und lösen in Asien den Sommermonsun aus.
Tiefdruckrinnen verbinden zwei oder mehrere Bodentiefs miteinander und werden nicht von Isobaren durchquert. Tiefdruckausläufer sind am Rand eines Tiefs angesiedelt und markieren meist den Bereich einer Front.
Hurrikans (Taifune) und Tornados werden im Kapitel Wind (s. Seite 99) behandelt.

KAPITEL V:

LUFTMASSEN UND FRONTEN

050 06 00 00

1. LUFTMASSEN

050 06 01 00

Eine Luftmasse ist ein ausgedehnter Luftkörper in der Größenordnung von 1–20 Millionen km² mit etwa gleichen physikalische Eigenschaften (Temperatur, Feuchte, vertikale Schichtung), die sie durch längeres Verweilen über einer Land-, Meeres- oder Eisregion erhält (zum Beispiel in stationären Hochdruckgebieten). Über Kontinenten bilden sich trockene, über Ozeanen feuchte Luftmassen. Auf langen Wanderungen verändern sich die Eigenschaften einer Luftmasse vor allem in den unteren Schichten. Je nach Untergrund erfolgt eine Anfeuchtung, Abtrocknung, Erwärmung oder Abkühlung. Über kalten Oberflächen kann die Luft kondensieren, über warmem Boden kann kalte Luft rasch instabil werden. Ein Luftmassenwechsel bedeutet eine Änderung des Witterungscharakters. Der Übergangsbereich zwischen zwei unterschiedlichen Luftmassen wird als Front oder Luftmassengrenze bezeichnet.

1.1 LUFTMASSENKLASSIFIKATION

– In Bezug auf die Temperatur: Warmluft (W), Kaltluft (K),
– in Bezug auf die Feuchte: kontinental (c), maritim (m),
– in Bezug auf die Ursprungsregion: arktisch (A), polar (P), tropisch (T), äquatorial (E).

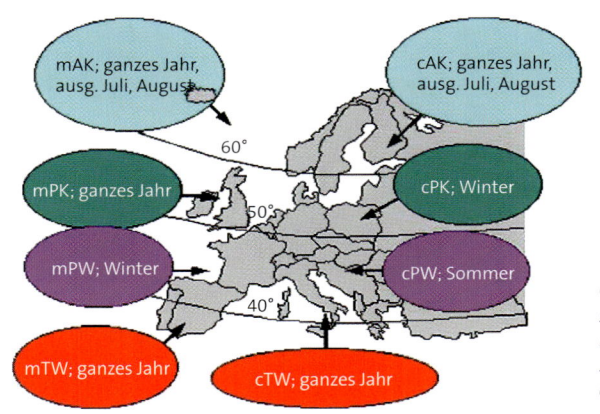

mAK; ganzes Jahr, ausg. Juli, August
cAK; ganzes Jahr, ausg. Juli, August
mPK; ganzes Jahr
cPK; Winter
mPW; Winter
cPW; Sommer
mTW; ganzes Jahr
cTW; ganzes Jahr

Grundsätzlich kommen nur arktische, polare und (sub)tropische Luftmassen nach Europa. Sie sind entweder kontinentalen oder maritimen Ursprungs.

TROPISCHE LUFTMASSEN
Tropikluft ist sehr warm und meist auch feucht. Nur Tropikluft aus Wüstenregionen ist trocken, enthält aber mehr Staub. Subtropische Luftmassen erreichen Europa aus Süd bis Südwesten im Warmsektor wandernder Zyklonen, an der Vorderseite von weit nach Süden ausholenden Trögen. Der hohe Wassergehalt (Anfeuchtung durch das Mittelmeer) bewirkt schlechte Sichten und kann zu intensiven Niederschlägen führen. Die Strömung vom afrikanischen Kontinent bringt manchmal Saharastaub nach Süd- und Mitteleuropa (Scirocco).

POLARE LUFTMASSEN

Polarluft ist Kaltluft aus mittleren bis nördlichen Breiten oder modifizierte Arktikluft. Diese kalte Luft zeichnet sich gewöhnlich durch gute Sicht, böigen Wind und labile Schichtung aus. Bei maritimen Ursprung neigt sie zu stärkerer Quellwolkenbildung und damit zu Schauern und Gewittern. Aus Osten kommen im Winter polare, kontinentale Luftmassen nach Europa, oft am Rande eines kontinentalen Hochdruckgebietes über Russland. Diese Luft ist trocken und sehr kalt. Ist eine Schneedecke vorhanden, können in Mitteleuropa extrem tiefe Temperaturen erreicht werden.

ARKTISCHE LUFTMASSEN

Die Arktikluft ist die kälteste Luftmasse auf der Nordhalbkugel und wird im Winterhalbjahr in den Polarregionen gebildet. Sie ist im allgemeinen stabil geschichtet und erlaubt besonders gute Sichten. Kommt die Luft aus Nordkanada, wird sie (über dem Atlantik) zur maritimen Polarluft transformiert. Bei einer N- bis NNE-Strömung kommt die Artikluft auf kurzen Weg nach Europa und bewirkt eine kräftige Abkühlung.

2. DIE GLOBALEN FRONTALZONEN

050 06 02 00

Die Grenze zwischen zwei unterschiedlichen Luftmassen wird als Front oder als Luftmassengrenze bezeichnet. Fronten sind üblicherweise wetteraktiv, während Luftmassengrenzen weniger Wolken und Niederschläge bewirken. In Wetterkarten wird nur die Bodenfront eingezeichnet, die die Schnittlinie der Frontfläche mit dem Boden darstellt. Die Frontfläche selbst ist eine Übergangszone von einer Luftmasse zur anderen, hat also auch eine Ausdehnung in der dritten Dimension. Frontflächen haben eine Neigung. Je größer der Temperaturgegensatz zwischen den Luftmassen ist, desto wetterwirksamer kann eine Front werden.

2.1 DIE POLARFRONT

trennt subtropische von polarer Luft und markiert die stärksten Temperaturunterschiede. Sie ändert ihre Lage mit den Jahreszeiten und liegt im Winter südlicher als im Sommer. An der Polarfront entwickeln sich die wandernden Tiefdruckwirbel und -wellen der mittleren Breiten, welche verantwortlich sind für den wechselhaften Witterungscharakter in Mittel- und Nordeuropa.

2.2 DIE ARKTIKFRONT

verläuft zwischen kalter Polarluft und noch kälterer Arktikluft. Sie erstreckt sich von Island über das Meer nördlich von Norwegen in das Gebiet von Nowaja Semlja entlang des polaren Hochdruckgebietes. Auch an dieser Front können wetteraktive Zyklonen entstehen („polar low"), welche aber ziemlich kurzlebig und vor allem viel kleiner sind als die großen Zyklonen der mittleren Breiten.

2.3 DIE SUBTROPIKFRONT

liegt in etwa 30 Grad Breite und trennt tropische von subtropischer Luft. Diese Luftmassengrenze ist selten wetteraktiv (keine Wolken, kein Niederschlag), weil in diesen Breiten in der Höhe ein großräumiges Absinken stattfindet. Aber die Temperaturgegensätze führen zur Ausbildung des Subtropen-Jets.

3. DIE POLARFRONTTHEORIE

050 06 02 00

liefert die Erklärung für die Entstehung der Tiefdruckgebiete der mittleren Breiten. Diese Riesenwirbel mit einigen tausend Kilometer Durchmesser bewerkstelligen den Ausgleich zwischen den unterschiedlich temperierten Luftmassen, welche durch Wärmeleitung oder durch Vermischung entlang der Frontfläche niemals möglich wäre. Eine entscheidende Rolle spielen dabei die Coriolisbeschleunigung und die Reibung der Luft am Untergrund.

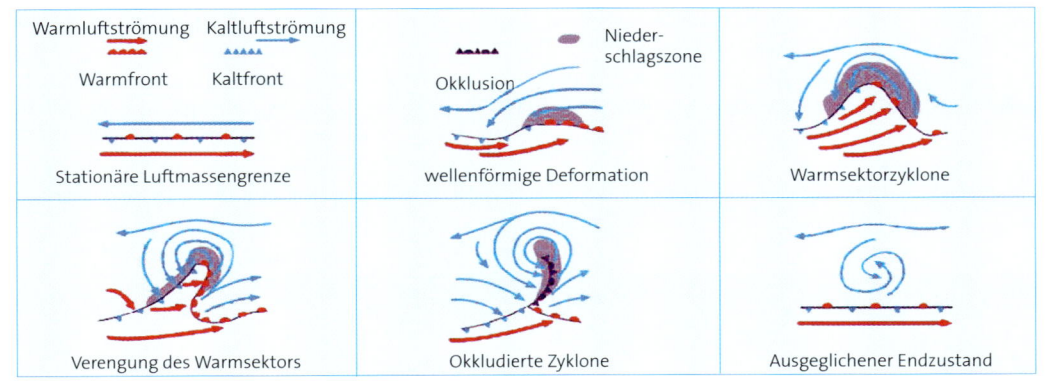

Warme Luft dringt Richtung Norden vor, während Kaltluft nach Süden vorstößt. Die Polarfront beginnt zu verwellen und aufzubrechen. Es entsteht eine Warm- und eine Kaltfront, eine Zyklone entwickelt sich. An den Fronten kommt es zur Mischung der unterschiedlich temperierten Luftmassen, Wolken bilden sich, der Niederschlag beginnt. Da Kaltluft schneller vorankommt als Warmluft, beginnt sie sich unter die Warmluft zu schieben, die Front okkludiert. Damit verstärkt sich der Mischungseffekt, der Temperatur- und Druckgegensatz wird aufgehoben, ein Energieausgleich findet statt.

V. LUFTMASSEN UND FRONTEN

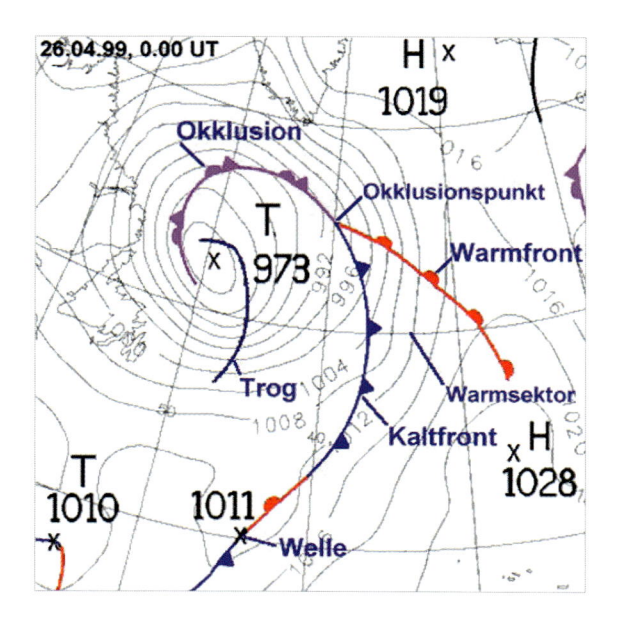

Markante Bereiche einer Zyklone, wie sie in Bodenanalysen dargestellt werden.

3.1 DIE WARMFRONT (WF)

Die nach Norden vordringende Warmluft kann die vorgelagerte Kaltluft wegen deren höheren Dichte nicht einfach wegschieben, sondern gleitet auf die schwerere Kaltluft in einem flachen Winkel (etwa 1:300) auf. Die Vertikalgeschwindigkeit ist dabei relativ gering, aber der Hebungsbereich einer WF kann sich über 1000 Kilometer und mehr erstrecken. Die stetig steigende Warmluftmasse kühlt ab, bildet Wolken und schließlich großflächige, ergiebige Niederschläge. Erste Anzeichen für eine typische Warmfront sind hohe Cirren (CI), die sich zu Cirrostratus (CS) verdichten. Dann sinkt die Wolkenuntergrenze allmählich ab und die Wolken verdichten sich weiter zu Altostratus (AS). Bereits bis zu 400 km vor der Front fällt aus dem dichten AS Niederschlag, welcher aber teilweise wieder verdunstet, wodurch in tieferen Schichten Stratuswolken entstehen können. Der Bereich des Wolkenaufzuges wird als <u>Vorderseite</u> bezeichnet. Gibt es anfangs noch freie Zwischenschichten, so wird die Bewölkung mit nahender Bodenfront immer dichter und kompakter (Nimbostratus NS), der Niederschlag nimmt zu. Die Sicht wird immer schlechter (bis auf unter 1000 m). Im Frontbereich treten nur selten eingebettete Gewitter (sehr labile Schichtung mit eventueller oro-

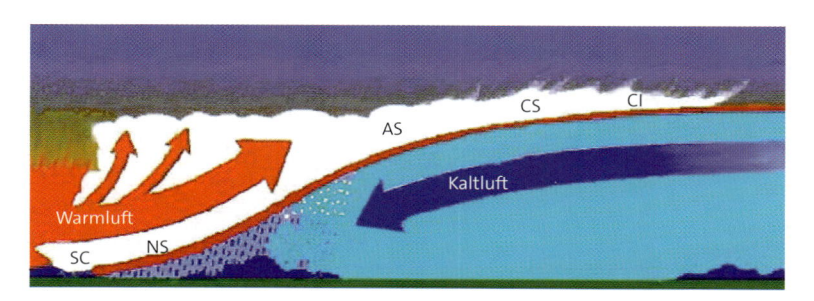

Schematische Seitenansicht einer Warmfront.

3. Die Polarfronttheorie

graphische Hebung) auf, aber im Winter ist die Vereisung durch gefrierenden Niederschlag eine sehr ernst zu nehmende Gefahrenquelle (Aufgleiten der Warmluft auf dem noch nicht ausgeräumten Kaltluftkörper). Bei VFR-Flügen liegt die größte Gefahr in den tiefen Untergrenzen und in der oft schlechten Sicht. Bei IFR-Flügen ist die große horizontale Ausdehnung des Wolkenschirms zu bedenken, der durchaus 1000 km ausmachen kann. Vereisung und Turbulenzen sind weniger stark ausgeprägt als bei Kaltfronten.

3.2 DER WARMSEKTOR

Wird der Bereich vor der Warmfront (Gebiet mit Bewölkungsaufzug) als Vorderseite bezeichnet, so heißt das Gebiet zwischen Warm- und Kaltfront Warmsektor. In diesem wärmsten Bereich der gesamten Zyklone setzt sich die Warmluft bis auf den Boden durch. Es ist nicht leicht möglich, „typisches" Warmsektorwetter zu beschreiben. Je nach Entfernung zu den Fronten und zum Kern des Tiefdruckgebiets, aber auch in Abhängigkeit von der Höhenströmung und der vertikalen Schichtung kommt es im Warmsektor zu ganz unterschiedlichen Wettererscheinungen. Sie reichen von warmem und trockenem Wetter bis zu riesigen Gewitterherden (MCS = mesoscale convective systems).
MCS entstehen oft noch im Warmsektor an Konvergenzlinien vor der Kaltfront. Wegen dem hohen Energieangebot der feuchtwarmen Atmosphäre und der hohen Tropopause kann es zu schwersten Gewittern (mit Hagel) kommen.

3.3 DIE KALTFRONT (KF)

Kaltfronten sind im Sommer ausgeprägter. Im Winterhalbjahr können sie in Bodennähe zu einer Erwärmung führen, weil alte Kaltluftseen ausgeräumt werden. Durch den scheinbaren Temperaturanstieg (Bodennähe) werden sie dann als „maskierten Kaltfronten" bezeichnet. Vor ihrem Durchgreifen auf den Boden können sie gefrierenden Niederschlag mit all seinen Gefahren für die Fliegerei mitbringen.

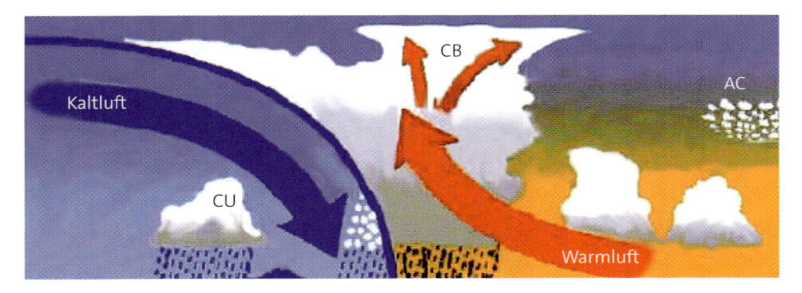

Schematische Seitenansicht einer Kaltfront. In der aktiven Kaltfront sind eingebettete Gewitter eine große Gefahr für die Fliegerei. Die Gewitter können sich entlang der Frontalzone linienförmig anordnen. Vereisung und Turbulenz sind mit starker Intensität anzunehmen, die Bodensicht sinkt in den Starkniederschlägen unter 1 km ab. Blitzschlag und Hagel können ebenso auftreten wie Böenlinien vor der Front („squall lines").

TYP DER KATAFRONT
Die nach Süden vordringende Kaltluft schiebt sich, da schwerer und dichter, unter die Warmluft. Diese wird relativ rasch gehoben, es bilden sich zellenartig verteilte, konvektive Wolken mit hohen Vertikalgeschwindigkeiten. Eine wetterwirksame („Kata-") Kaltfront hat eine steile Frontalfläche und verlagert sich relativ rasch (Größenordnung 50 km/h). Sie bildet oft mehrere Linien mit intensiven Schauern, Gewittern und starken Turbulenzen. Auf der Rückseite, knapp hinter einer typischen KF herrscht kräftiges Absinken der kalten Luft (es wird sogar stratosphärische Luft angesaugt), verbunden mit einer markanten Abtrocknung und Bewölkungsauflösung. Ist der Absinkvorgang von Dauer, stellt sich Wetterbesserung ein. Wenn nicht, hält der unbeständige, schaueranfällige Witterungscharakter an („Rückseitenwetter").

TYP DER ANAFRONT
Kaltfronten, die sich weniger rasch fortbewegen, wo sich die Kaltluft nur langsam unter die Warmluft schiebt und die Warmluft großflächiger und langsamer gehoben wird, werden auch als „Ana-Kaltfronten" bezeichnet. Ana-Kaltfronten sind typisch für den äußeren Bereich eines Tiefs, ihre Wolkenarten, aber auch ihr Gefahrenpotenzial ähnelt eher dem einer Warmfront. Manchmal kann man im Wolkenband von Ana-Kaltfronten Verdickungen erkennen, die unter bestimmten Bedingungen auf die Bildung einer neuen Welle (eines Sekundärtiefs) hinweisen.

3.4 DIE RÜCKSEITE

Der Bereich hinter der Kaltfront wird als Rückseite bezeichnet. Hinter der Front steigt der Luftdruck sprunghaft an, die Temperaturen sinken, der Wind dreht in bodennahen Schichten auf NW bis N und frischt kräftig auf, was zu Turbulenzen führt. Da knapp hinter der KF kräftiges Absinken herrscht, befindet sich zu Beginn der Rückseite häufig ein schmales wolkenloses Band (dry slot), bevor neuerlich konvektive Bewölkung einsetzt. Denn erst wenn auch in der Höhe Erwärmung einsetzt, kann sich die Atmosphäre endgültig stabilisieren. Bei nachstossender Höhenkaltluft (markiert durch den Höhentrog) wird die Atmosphäre hingegen neuerlich labilisiert. Die Folge: Neue CBs und TCUs (towering cumuli) mit Schauern oder Gewittern, in manchen Fällen sogar Bildung neuer kaltfrontähnlicher Strukturen (CB- und TCU-Cluster mit kommaartigem Aussehen). Auf Satellitenbildern ist die Rückseite durch ihre zellulare Wolkenstruktur (besonders über dem Meer) gut zu erkennen.

3.5 DIE OKKLUSION

bezeichnet den Mischungsbereich von Kaltfront und Warmfont. Im Laufe einer Tiefdruckentwicklung wird der Warmsektor immer enger, und die Fronten beginnen sich zu vermischen. Dieser Frontenzusammenschluss wird als Okklusion (lat. occludere = zusammenklappen, verschließen) bezeichnet. Der Vereinigungspunkt von Kaltfront und Warmfront

3. Die Polarfronttheorie

wird als Okklusionspunkt bezeichnet. In dieser Region finden oft die stärksten Hebungen mit den ergiebigsten Niederschlägen statt.
Mit der vollständigen Okkludierung verschwindet auch der Antrieb für die Tiefdruckentwicklung. Ein Energieausgleich ist hergestellt, die Zyklone stirbt.

DIE KALTFRONTOKKLUSION

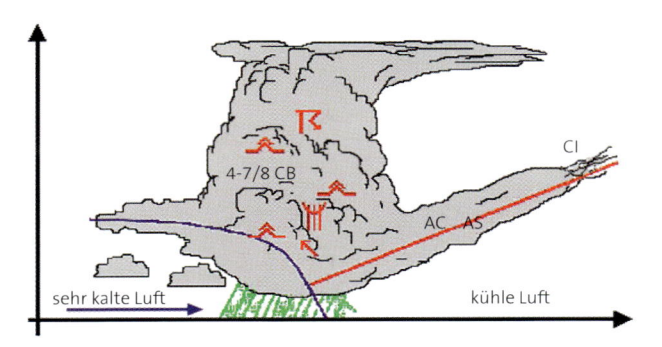

Bei der Kaltfrontokklusion hebt die Kaltluft hinter der Kaltfront die warme Luft vor sich vom Boden ab. Hier trifft frische Kaltluft auf gealterte, zwischenzeitlich erwärmte Kaltluft, was häufiger im Sommer passiert. In bodennahen Schichten bewirkt die Kaltfrontokklusion eine Abkühlung, und der Witterungscharakter entspricht eher dem einer Kaltfront.

DIE WARMFRONTOKKLUSION

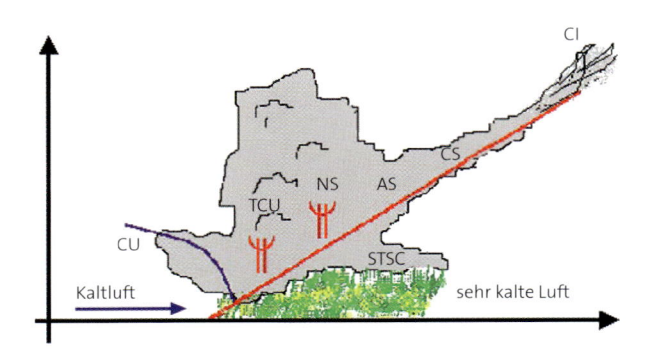

In der kälteren Jahreszeit sind Warmfrontokklusionen häufiger, weil die kalte Luft vor der Warmfront durch nächtliche Ausstrahlung über dem Kontinent noch kälter und dichter geworden ist, als die Luftmassen der Rückseite (meist vom wärmeren Atlantik). Holt also die Kaltfront die Warmfront ein, kann die vorgelagerte, sehr kalte Luft der Vorderseite nicht verdrängt werden und sie gleitet aufgrund ihrer geringeren Dichte auf. Eine Warmfrontokklusion zeigt die kombinierten Effekte aus Kalt- und Warmfont, wobei die Wettererscheinungen und Gefahren der Warmfront überwiegen.

3.6 IDEALISIERTER WETTERVERLAUF BEI DURCHZUG EINES TIEFDRUCKGEBIETES

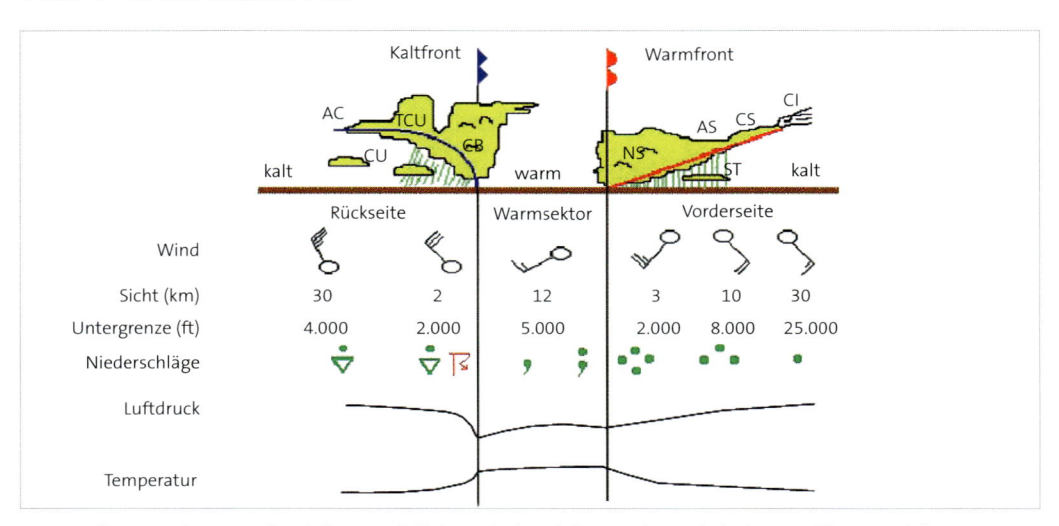

Vor Annäherung der Warmfront deuten südlicher Wind und die zunehmende hohe Bewölkung auf die Wetterverschlechterung hin. Die Untergrenze der Bewölkung sinkt, die Wolken werden mächtiger, Niederschläge setzen ein und werden mit nahender Warmfront intensiver. Hinter der WF ist es eher dunstig mit nur wenig Niederschlag, aber vor der KF wird der Südwind wieder stärker (Föhn in den Alpen), und der Luftdruck fällt rasch. Bei KF-Durchgang sinkt die Sicht durch starke Schauer oft unter 1 km ab, Gewitter und tiefe Wolkenuntergrenzen kommen vor. Die Rückseite wirkt sich in den Alpen durch N-Stau, kräftigen Nordwind und einzelne, auf die Alpensüdseite abgeschwächt übergreifende Schauer aus. Im Alpenvorland ziehen starke Schauer (auch Graupelschauer und Gewitter) durch.

DARSTELLUNG DES LUFTDRUCKES UND DER FRONTEN IN DER BODEN-WETTERKARTE

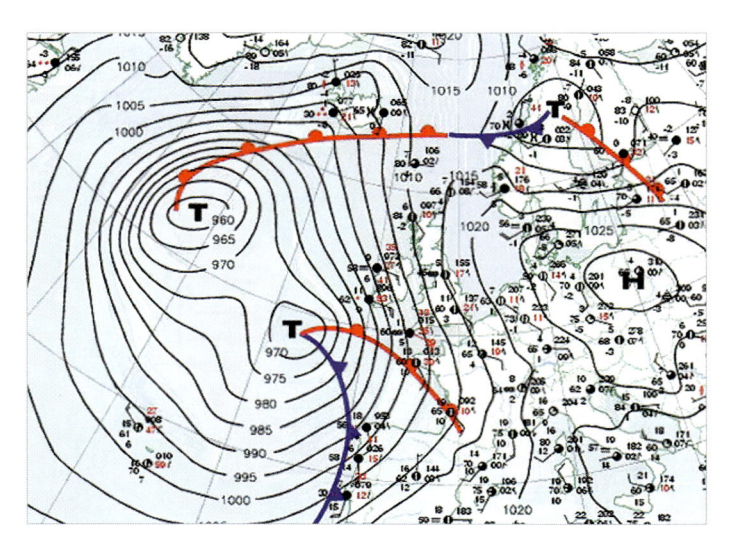

Aufgrund zahlreicher Druckmessungen wird eine Wetterkarte aus Linien gleichen Luftdruckes (Isobaren) erstellt. Sie zeigt verschiedene Druckgebilde und die dazugehörigen, großräumigen bodennahen Strömungen an. In Hochdruckgebieten ist der Luftdruck höher als in der Umgebung (unabhängig vom Wert des Druckes), und die großräumige Strömung dreht sich auf der Nordhalbkugel im Uhrzeigersinn um das Hoch (antizyklonal). Im Tief ist der Luftdruck geringer als in der Umgebung, und der Wind weht gegen den Uhrzeigersinn um das Tiefdruckzentrum (zyklonal). Warmfronten werden rot, Kaltfronten blau eingezeichnet.

4. WETTERLAGEN IN DEN MITTLEREN BREITEN

050 08 03 00

Die einzige Regelmäßigkeit des Wetters der mittleren Breiten ist seine Unregelmäßigkeit. Wind und Wetter werden fast ausschließlich von den wandernden Zyklonen und Antizyklonen beherrscht. Vorstöße subtropischer Warmluft nach Norden und polarer Kaltluft nach Süden dienen dem zonalen Energieausgleich und haben den wechselhaften Wettercharakter zur Folge. Die Höhenströmung der mittleren Breiten kommt im Mittel aus Westen (Westwinddrift) und hat einen wellenförmigen Verlauf. Diese „Rossby-Wellen" (s. Seite 90) wandern mit unterschiedlicher Phasengeschwindigkeit nach Osten, wobei gilt: Je kürzer die Amplitude, desto schneller die Verlagerung, je länger, desto langsamer. Unter bestimmten Vorraussetzungen sind Rossby-Wellen stationär, oder bei sehr großer Wellenlänge sogar retrograd (Wanderung nach Westen). Die unregelmäßige Verteilung von Ozeanen und Kontinenten, sowie die großen Gebirge haben einen wesentlichen Einfluss auf die Entstehung der Rossby-Wellen. Die Strömung variiert zwischen dem „High-Index" (a) und dem „Low-Index" (d).

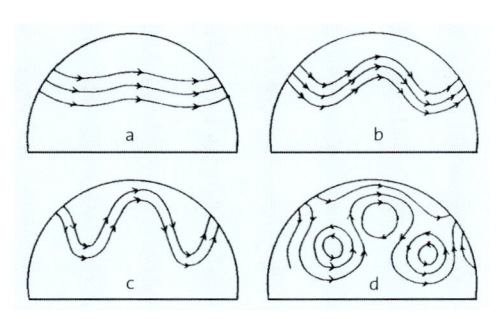

Low- und High-Index Strömungsmuster der mittleren Breiten.

Die Beschreibung der wetterbestimmenden Hoch- und Tiefdruckgebiete wird als Wetterlage oder Großwetterlage bezeichnet.
Für das Wetter in Mitteleuropa ist die Lage des subtropischen Hochdruckgürtels („Azorenhoch") von wesentlicher Bedeutung. Liegt sein Zentrum zur Gänze über dem Atlantik, werden mit der daraus resultierenden Nordwestströmung atlantische Tiefdruckstörungen nach Mitteleuropa gesteuert. Weitet sich hingegen das Hoch Richtung Europa aus, werden die Störungen nach Norden abgedrängt. Als Gegenspieler des Azorenhochs tritt das „Islandtief" auf. Es bildet sich recht häufig in der Nähe Islands mit einer fast senkrechten Achse (wandert also nur wenig). Dieses hochreichende Tiefdruckgebiet steuert kleinere Tiefdruckstörungen um sich herum und damit auch nach Europa.

4.1. STRÖMUNGSLAGEN IN EUROPA, GROSSWETTERLAGEN

HÖHENKARTE
Während in einer Bodenwetterkarte Linien gleichen Luftruckes eingetragen sind, zeigen Höhenwetterkarten die topographische Höhe einer Druckfläche (in diesem Beispiel der 500 hPa-Fläche). Die Druckfläche hat Erhebungen und Senken wie eine Landkarte. Die Linien gleicher (geopotenzieller) Höhe, genannt Isohypsen, sind vergleichbar mit den Höhenschichtlinien einer Landkarte. Die Höhenströmung folgt ziemlich genau den Isohypsen; sind sie eng gedrängt, weht starker Höhenwind. Tiefe Druckflächen zeigen tiefen Druck und Kalt-

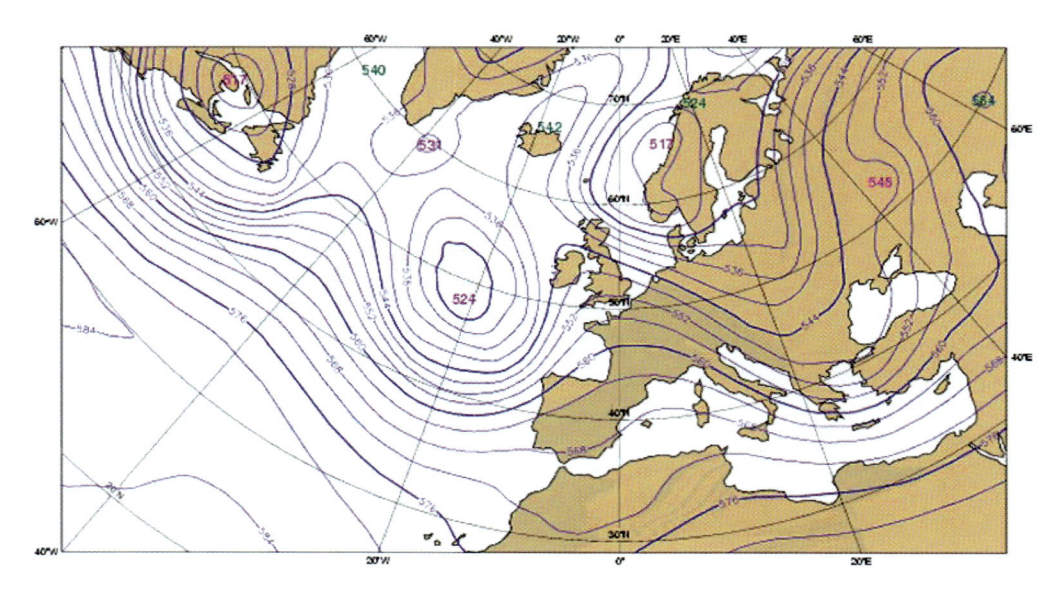

Darstellung der Isohypsen der 500 hPa-Fläche. Über Mitteleuropa herrscht eine kräftige NW-Strömung, während ein Keil sich von Frankreich bis nach Irland erstreckt. Ein markanter Trog liegt im östlichen Atlantik, und ein weiterer stark ausgeprägter Höhentrog reicht vom Baltikum bis in die Ägäis.

luft an, hohe Druckflächen weisen auf Hochdruck und Warmluft hin. Zur Analyse von Höhenwetterkarten werden in erster Linie die Messungen von Radiosonden herangezogen. Zyklonale Ausbuchtungen werden als „Tröge" bezeichnet, antizyklonale Ausbuchtungen sind „Keile". Zur Beschreibung der Wetterlage wird gerne die Analyse der 500 hPa-Fläche herangezogen. Aus ihr lässt sich auf einen Blick abschätzen, wo die großen Hebungsgebiete liegen und aus welcher Region die Luftmassen herströmen.

WESTWETTERLAGE
Sie ist eine der häufigsten Wetterlagen in Europa. Die Hauptströmungsrichtung in bodennahen Schichten fluktuiert zwischen Südwest und Nordwest, in der Höhe herrscht eine starke Westströmung, mit welcher die Tiefdrucksysteme mit ihren Fronten über Mitteleuropa gesteuert werden. Bei Westwetterlagen ist es wegen des maritimen Ursprungs der Luftmassen im Sommer eher kühl und im Winter mild, in beiden Fällen aber relativ windig und sehr wechselhaft.

NORDWETTERLAGE
Ein Hoch über Spanien, Frankreich und den britischen Inseln und ein Tief über Osteuropa über den baltischen Staaten führen zu einer Nordströmung, die über mehrere Tausend Kilometer von Nordskandinavien bis nach Südeuropa reichen kann. Sie tritt vorwiegend im Winter auf und führt arktische oder polare Luftmassen nach Europa. Im Herbst und im Frühling sind reine Nordlagen seltener, führen dann jedoch zu kurzzeitigen, aber massiven Wintereinbrüchen mit Schnee bis in tiefere Tallagen.

4. Wetterlagen in den mittleren Breiten

OSTWETTERLAGE
Liegt über Skandinavien oder dem Baltikum ein stationäres Hochdruckgebiet, dann wird trockene kontinentale Luft nach Mitteleuropa geführt und bringt wolkenarmes, heiteres Wetter. Im Winter wird es sehr kalt, da Luft vom sibirisch-russischen Kältehoch angesaugt wird.

SÜDWESTWETTERLAGE
Ein Tiefdruckgebiet oder ein mächtiger Trog über Spanien und Frankreich und ein Hochdruckgebiet über Ost- oder Südosteuropa führen zu dieser Höhenströmung. Dabei ist es im Alpenraum föhnig, und weil diese Strömungstype meist im Winterhalbjahr auftritt, auch relativ mild. Südlagen stehen auch oft am Ende des Sommers, und die erste große nachfolgende Kaltfront bringt nicht selten den ersten Wettersturz in den Alpen.

$\overline{V}$b-WETTERLAGE
Vom historischen Versuch, Wetterlagen nach den Zugstraßen der Zyklonen zu klasssifizieren, blieb nur die $\overline{V}$b-Lage übrig. Dabei dringen aus Norden kühle Luftmassen bis ins Mittelmeer vor, die sich über dem Golf von Genua mit der feuchten, wärmeren Mittelmeerluft zu einer Zyklone verwirbeln. Dieses Tief zieht dann über die nördliche Adria, Slowenien, Ostösterreich mit starken Aufgleitniederschlägen (Hochwasser im Jahr 2002) Richtung Nordosten bis zu den baltischen Staaten.
Mittelmeertiefs, die weiter westlich oder südlich entstehen, sind im Winterhalbjahr sehr häufig, verlagern sich aber meistens in Richtung Osten oder Südosten.

KALTLUFTTROPFEN UND HÖHENTIEF
Wenn Kaltluft in schmaler Bahn nach Süden vorstößt, passiert es leicht, dass sich das südliche Ende der Kaltluftzunge von der großräumigen Westströmung ähnlich einem Wassertropfen abschnürt. Im Druckbild der Bodenwetterkarten sind Kaltlufttropfen kaum zu erkennen, in Bodennähe kann besonders im Winter trotzdem hoher Druck herrschen. In den Höhenkarten sind Höhentiefs meist gut auszumachen. Die Höhenkaltluft labilisiert die Atmosphäre, kann also vor allem in der warmen Jahreszeit zur Ausbildung organisierter Gewitter führen. Die Vorhersage der Verlagerung von Kaltlufttropfen und der Hebungszonen (Schlechtwettergebiete) macht große Schwierigkeiten, weil sie – abgekoppelt von der großräumigen Strömung – ein Eigenleben führen. Höhentiefs können auch ziemlich beständig sein, und es kann lange dauern, bis sie sich auffüllen.

RÜCKSEITENWETTER
Nach Durchgang einer Kaltfront können die Berge an der Alpennordseite tagelang von Norden her angestaut sein, während an der Südseite der Alpen der Nordföhn für sonniges, trockenes Wetter mit ausgezeichneten Sichten und turbulentem Nordwind sorgt. Die maritime feuchtkalte Nordsee- oder Nordatlantikluft führt im nördlichen Flachland zu wechselhaftem schaueranfälligem Wetter, aber in den Nordalpen gibt es durch die Wirkung der Gebirge anhaltende Niederschläge, die zeitweilig von Graupelschauern oder Gewittern durchsetzt sein können.

KAPITEL VI:

KLIMATOLOGIE

050 08 00 00

ID

1. KLIMATOLOGIE

050 08 01/02/03 00

Unter Klima versteht man die Statistik des Wetters und den durchschnittlichen Zustand der Atmosphäre. Das Klima erstreckt sich immer über einen längeren Zeitraum, während der Begriff „Wetter" einen augenblicklichen Zustand der Atmosphäre beschreibt. Die Resultate der Klimaforschung sind von großen Wert, finden Eingang in die viele Bereiche der Meteorologie und werden auch in Vorhersagemodelle eingearbeitet. Schon aufgrund der globalen Zirkulation der Atmosphäre und der unterschiedlichen Energiezufuhr auf der Erde gibt es große Regionen mit ähnlichem Klima. Klima kann sich aber auch auf kleinere und kleinste Regionen beziehen, weshalb eine Größenunterscheidung zweckmäßig ist.

großräumig (Makroklima)	regional / lokal (Mesoklima)	kleinsträumig (Mikroklima)
Die großen Klimaregionen der Erde	Zum Beispiel inneralpines Klima, Klima am Alpennordrand ...	Zum Beispiel unter einem Baum, an einer Mooroberfläche, meist sehr bodennah

Wichtige Klimaelemente:
1. Temperatur
2. Niederschlag
3. Schneebedeckung
4. Sonneneinstrahlung
5. Bewölkung
6. Wind
7. Luftfeuchtigkeit
8. Luftdruck

Die Klimaelemente haben für jeden Ort typische Mittelwerte bzw. Abweichungen. Die Unterschiede resultieren aus den unterschiedlich stark wirkenden Klimafaktoren.

1.1 EINIGE WICHTIGE KLIMAFAKTOREN

a. Die geografische Breite regelt im Wesentlichen die auf die Erdoberfläche eintreffende Menge an Sonnenenergie (über den Einstrahlwinkel).
b. Die Entfernung zum Meer: Meeresnahe Regionen haben generell mehr Niederschlag und kleinere Temperaturschwankungen. Mit zunehmender Entfernung vergrößern sich die Temperaturgegensätze und veringern sich die Niederschläge.
c. Die Seehöhe: Mit zunehmender Höhe nehmen die Temperaturen ab und die Niederschläge zu.
d. Gebirgseffekte: Luvseitige Regionen (Luv = dem Wind zugewandt) von Gebirgen haben mehr Niederschlag, leeseitige Regionen (Lee = dem Wind abgewandt) weniger.
e. Die Bodenbedeckung: Städte mit hohem Versiegelungsanteil des Bodens werden deutlich wärmer (Stadtklima), als beispielsweise Grünland oder gar schneebedeckte Regionen. Wo der Boden feucht ist, gibt es auch mehr Niederschlag (Anfeuchtung der Atmosphäre durch Verdunstung).

VI. KLIMATOLOGIE

Die starke Sonneneinstrahlung in äquatorialen Breiten verursacht organisierte konvektive Hebungen und damit die äquatoriale Tiefdruckrinne mit ihrem tropischen Regenklima, welche mit dem jahreszeitlichen Sonnenstand zwischen den Wendekreisen hin- und herwandert. Nördlich und südlich der Tiefdruckrinne liegt der Hochdruckgürtel der Subtropen (mit Zentrum um den dreißigsten Breitengrad), der sich durch Trockenheit und hohe Sonnenscheinraten auszeichnet. Noch weiter polwärts (zwischen 45 und 65 Breitengrad) befindet sich die Polarfront, die Übergangszone von der warmen Subtropenluft zu den kühlen Luftmassen polarer Breiten. An der Polarfront vermischen sich diese unterschiedlichen Luftmassen, weshalb sich in diesen mittleren Breiten das Wetter durchschnittlich alle vier Tage ändert. Weiter Richtung Polkappen liegen die stationären, arktischen und polaren Hochdruckgebiete. Die stärksten jahreszeitlich bedingten Temperaturschwankungen kommen in den mittleren Breiten vor, da die Polarfront im Winter in Richtung Äquator wandert, im Sommer aber von der sich ausdehnenden Subtropikluft weit Richtung Pole abgedrängt wird.

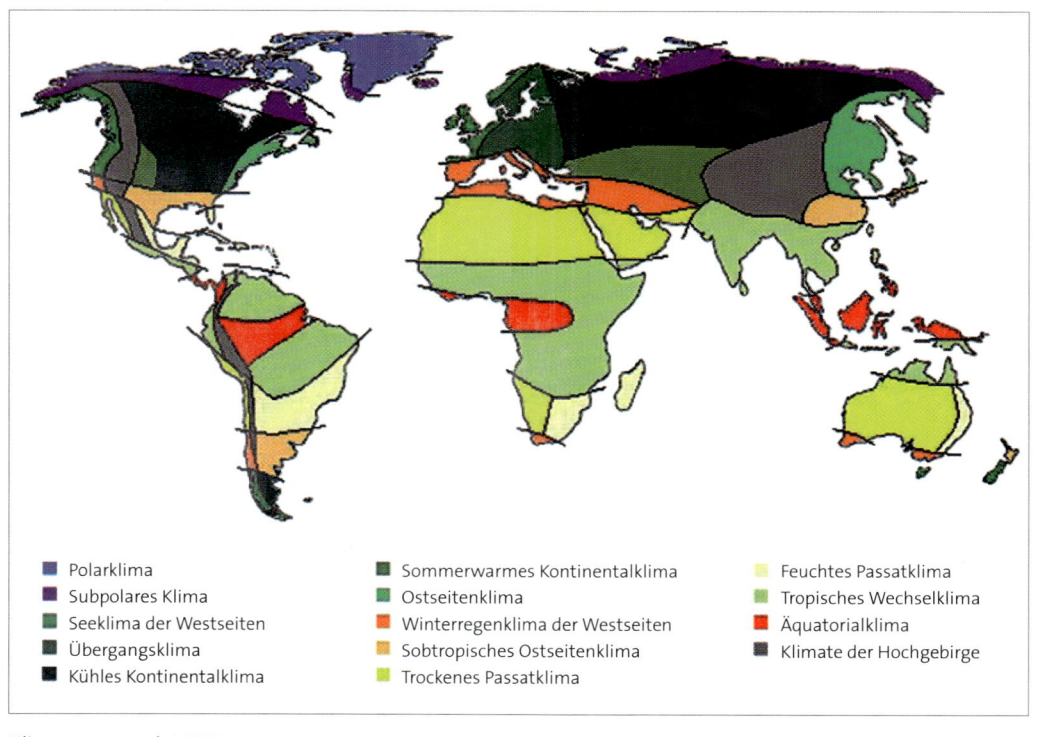

- Polarklima
- Subpolares Klima
- Seeklima der Westseiten
- Übergangsklima
- Kühles Kontinentalklima
- Sommerwarmes Kontinentalklima
- Ostseitenklima
- Winterregenklima der Westseiten
- Sobtropisches Ostseitenklima
- Trockenes Passatklima
- Feuchtes Passatklima
- Tropisches Wechselklima
- Äquatorialklima
- Klimate der Hochgebirge

Klimazonen nach NEEF.

1. Klimatologie

1.2 TROPISCHES KLIMA

Die Tropen erstrecken sich beiderseits des Äquators bis etwa zum zwanzigsten Breitengrad. Das tropische Klima ist sehr warm und feucht mit täglich wiederkehrenden, intensiven Regengüssen und Gewittern (Zenitalregen). In diesen Breiten befinden sich die großen Regenwälder der Erde. Die täglichen und jahreszeitlichen Temperaturschwankungen betragen nur wenige Grad. Die Frostgrenze (0° C) liegt in 4 bis 5 km Höhe.

Typische Vegetation für tropisches Klima.

GEFAHREN FÜR DIE FLIEGEREI
Hohe Temperatur und große Luftfeuchtigkeit beeinträchtigen die Triebwerkleistung (geringere Dichte). Die größte fliegerische Gefahr geht allerdings von den riesigen Gewitterzellen aus, die enorme horizontale und vertikale Ausmaße erreichen, sowie von den tropischen Wirbelstürmen, wie Hurrikans und Taifunen. Die große vertikale Ausdehnung der Gewitterzellen ist auf die hohe Tropopause (17–18 km) zurückzuführen. Tops in FL 500 und höher sind keine Seltenheit, der Durchmesser der größten Gewitterzellen kann 200 km erreichen.

INNERTROPISCHE KONVERGENZZONE (ITC)
Die Konvergenzzone wandert mit dem scheinbaren Sonnenstand mit und führt so in den Randbereichen zu Trocken- und Regenzeiten. Während es deshalb in den Tropen zwei Niederschlagshöhepunkte pro Jahr gibt, regnet es in den Übergangszonen (Savannen) zu den subtropischen Trockengebieten und Wüsten nur einmal jährlich. Die Lage der ITC hängt auch stark von der Land-Seeverteilung ab. Über Nordafrika ist sie oft scharf abgegrenzt, in Zentralafrika kann sich eine zweite ITC in Äquatornähe befinden. Über dem Atlantik und dem Pazifik verläuft sie nördlich des Äquators, in anderen Regionen wandert sie über viele Breitengrade.

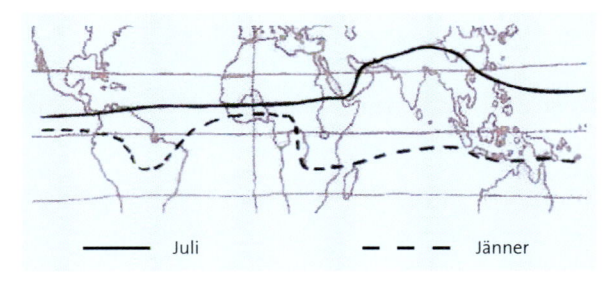

Die mittlere Lage der innertropischen Konvergenzzone im Juli und im Jänner.

1.3 WEITERE KLIMAZONEN

ARKTISCHES ODER SCHNEEKLIMA

Über den Polarregionen liegen meist Hochdruckgebiete mit vorwiegend östlichem Wind. Im Sommerhalbjahr können Zyklonen der mittleren Breiten in die Polarregion eindringen. In kontinentalen Regionen hat die Lufttemperatur einen sehr großen Jahresgang. So wurden an der sibirischen Wetterstation Oimikon im Sommer Werte von +30° C und im Winter von -72° C gemessen. Die tiefsten Lufttemperaturen aber kommen aus den zentralen Hochplateau der Antarktis mit etwa -90° C. Die fliegerischen Gefahren liegen in diesen Breiten am Boden oder in Bodennähe. Durch Schneetreiben oder Schneefegen und Nebel (Eisnebel) kann die Sicht stark eingeschränkt sein. Das diffuse Licht (lange Dämmerungsphasen) und die geringe Farbunterschiede (Schnee- und Eisbedeckung) machen es schwierig, die Konturen der Landschaft auszumachen, ein Phänomen, das mit „gray out" bezeichnet wird. Im Gegensatz dazu verhindert das „white out", verursacht durch Schneefegen oder Schneetreiben, die Identifizierung des Horizonts und des Bodens. Zusätzliche technische Probleme kann die große Kälte verursachen (Funk, Navigation, Höhenmessung).

Arktische Schneewüste.

Polarlichterscheinung, die vorwiegend in den nordischen Ländern auftritt, aber auch hin und wieder in Mitteleuropa beobachtet werden kann.

1. Klimatologie

Bild aus der Sahara, die das typische Wüstenklima widerspiegelt.

WÜSTENKLIMA BZW. SUBTROPENKLIMA

Die meisten Wüsten der Erde befinden sich im Bereich des subtropischen Hochdruckgürtels mit schwachen Strömungen und lang anhaltendem Hochdruckwetter. In den Wüstengebieten gibt es enorme Temperaturunterschiede zwischen Tag und Nacht. Geringe Luftfeuchtigkeit und fehlende Bewölkung bieten optimale Ein- und Abstrahlungsbedingungen. Im Winterhalbjahr verschieben Kaltlufteinbrüche die Subtropenhochs nach Süden und können seltene, aber auch schwere Niederschläge in den Trockengebieten verursachen. Witterungsbedingte Gefahren für die Luftfahrt gibt es nur an den Randbereichen zu den mittleren Breiten, sowie durch Sandstürme und durch großen Hitze.

MITTELMEERKLIMA

Im Sommer dominiert das ausgedehnte Subtropenhoch das Wetter im Mittelmeerraum. Allerdings gibt es auch hier ab und zu „verregnete" Sommer. Im Winter hingegen ist das Klima an den Mittelmeerküsten eher feucht und gemäßigt bis kühl, wobei es auch in den Gebirgszügen Nordafrikas schneien kann. Der Sommer ist überwiegend windschwach, die Land-Seewind-Zirkulation überwiegt. Es kann aber vor allem in den Übergangszeiten auf dem Mittelmeer sehr stürmisch werden. Kaltluftvorstöße über Mitteleuropa lösen den Mistral und die Bora aus, beides kalte Nordwinde, die in ihrem weiteren Verlauf eine starke Richtungsänderung erfahren. Im Gegensatz zum kontinentalen Klima der mittleren Breiten fällt der Hauptniederschlag in Südeuropa im Winterhalbjahr. Eine weitere Spezialität des Mittelmeeres sind die Meerestromben (kleine Tornados), die zwar nur eine kurze Lebenszeit haben, aber punktuell schwerste Verwüstungen anrichten können.

KAPITEL VII

DER WIND

050 02 00 00

1. DER WIND

050 02 01 00

Wind ist Luft in Bewegung. Die horizontale Windkomponente wird einzig und allein durch einen horizontalen Luftdruckunterschied ausgelöst. In Bodennähe erfolgt die Windmessung mit Anemometern und Böenschreibern, zur Bestimmung des Höhenwindes verwendet man Radiosondenaufstiege, Messungen von Bergstationen und von Fugzeugen, sowie seit relativ kurzer Zeit auch Methoden der Fernerkundung (Satelliten- und Radarmessungen, Windprofiler etc.).
Die Windrichtung wird in Grad angegeben, die Einheiten für die Windgeschwindigkeit sind Meter pro Sekunde [m/s, mps], Kilometer pro Stunde [km/h] und Knoten [kt]. Steht kein Messgerät zur Verfügung, wird der Wind geschätzt und in Beaufort angegeben.

Umrechnung:
1 kt = 1,852 km/h = 0,514 m/s.
Näherungsformel: kt = km/h x 2 -10 %; kt = m/s x 2.

Der englische Admiral Sir Francis Beaufort (1774–1857) entwickelte im Jahre 1806 die nach ihm benannte Windskala, um die Windstärke auch ohne Messgerät einigermaßen objektiv und vergleichbar nach optischen Erscheinungen bestimmen zu können. Er führte 12 Stufen der Windgeschwindigkeit ein und unterschied sie nach zu Land und zur See sichtbaren Auswirkungen. 1949 wurde die Beaufort-Skala vom internationalen Meteorologischen Institut in Paris auf 17 Stufen (Wirbelstürme) erweitert.

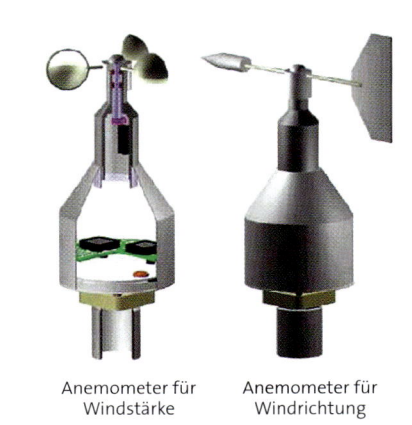

Anemometer für Windstärke

Anemometer für Windrichtung

Schalenkreuzanemometer (immer nur drei Schalen) für die Windmessung, wobei meistens kombinierte Geräte (Stärke und Richtung in einem) Verwendung finden.

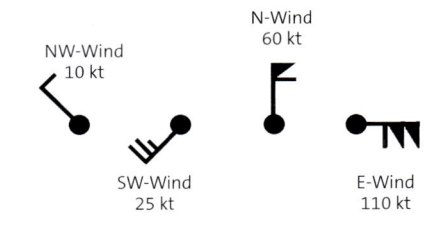

NW-Wind 10 kt
N-Wind 60 kt
SW-Wind 25 kt
E-Wind 110 kt

Darstellung des Windes in Wetterkarten.

Beaufort-Skala	Geschwindigkeit Knoten [kt]	Geschwindigkeit [km/h]	deutsch: Windstärke	englisch: wind force
0	0–1	0–2	still	calm
1	1–3	2–6	leiser Zug	light air
2	4–6	7–11	leichte Brise	light breeze
3	7–10	12–19	schwache Brise	gentle breeze
4	11–16	20–30	mäßige Brise	moderate breeze
5	17–21	31–39	frische Brise	fresh breeze
6	22–27	40–50	starker Wind	strong breeze
7	28–33	51–61	steifer Wind	near gale
8	34–40	62–74	stürmischer Wind	gale
9	41–47	75–86	Sturm	strong gale
10	48–55	87–102	schwerer Sturm	storm
11	56–63	103–117	orkanartiger Sturm	violent storm
12	über 64	über 118	Orkan	hurricane

Wie im Kapitel IV.1 „Allgemeine Zirkulation" beschrieben, sind Druckunterschiede die Folge von unterschiedlich temperierten Luftmassen. Die Atmosphäre versucht den Druckunterschied durch Strömung auszugleichen.
Je größer der horizontale Druckunterschied bezogen auf eine bestimmte Entfernung, desto größer ist der Antrieb (= Druckgradientkraft).
Kaum setzt sich Luft in Bewegung, wird sie weiteren Kräften ausgesetzt, der Coriolisbeschleunigung, der Fliehkraft und der Reibung. In den folgenden Windkonzepten werden diese Beschleunigungen schrittweise eingebunden.

1.1 DER GEOSTROPHISCHE WIND (DRUCKGRADIENTKRAFT UND CORIOLISBESCHLEUNIGUNG)

Die Coriolisbeschleunigung bewirkt wegen der Erdrotation eine Ablenkung des Windes nach rechts (Nordhalbkugel, NHK), und zwar so lange, bis sie sich mit der Druckgradientkraft die Waage hält: Der Wind weht parallel zu den Isobaren (Isohypsen). Der geostrophische Wind stellt also den Ausgleich zwischen antreibender Druckgradientkraft und ablenkender Coriolisbeschleunigung her. Allerdings lässt das einfache Konzept des geostrophischen Windes keinen Druckausgleich zwischen Hoch und Tief zu, weil es eben keine Strömung quer, sondern nur parallel zu den Isobaren gibt. Für die Höhenströmung ist der geostrophische Wind (eigentlich der Gradientwind) aber eine ausgezeichnete Approximation des tatsächlichen Windes, Richtung und Geschwindigkeit des wirklichen Windfeldes folgen ziemlich genau den Isohypsen.

1.2 DER GRADIENTWIND (DRUCKGRADIENTKRAFT, CORIOLIS- UND ZENTRIFUGALBESCHLEUNIGUNG)

Der geostrophische Wind kennt keine Beschleunigungen, weder in Bewegungsrichtung, noch quer dazu. Als Gradientwind wird daher jenes idealisierte Windkonzept bezeichnet, in welchem sich Druckgradientkraft, Corioliskraft und Zentrifugalkraft ausgleichen. Damit sind auch gekrümmte Isobaren (Isohypsen) möglich.

1.3 DIE REIBUNG

Die Windgeschwindigkeit nimmt mit Annäherung an den Erdboden infolge der Reibung immer mehr ab. Der verzögernde Einfluss der Reibung ist umso größer, je rauer sich die Erdoberfläche zeigt (See, Wald, Gebäude, Gebirge).
Mit der Verringerung der Windgeschwindigkeit durch die Reibung nimmt aber auch der rechtsablenkende Einfluss der Coriolisbeschleunigung ab. Damit gewinnt die Druckgradi-

1. Der Wind

entkraft in diesem Kräftespiel die Oberhand, und die Luft der unteren Luftschichten kann ins Tief hinein und aus dem Hoch heraus strömen. Da die Reibung mit zunehmender Höhe abnimmt, nähert sich die Windrichtung wieder mehr den Isohypsen (Rechtsdrehung des Windes). Damit sich Tiefdruckgebiete auffüllen, bzw. Hochdruckgebiete auflösen können, braucht es die bodennahe Reibung!

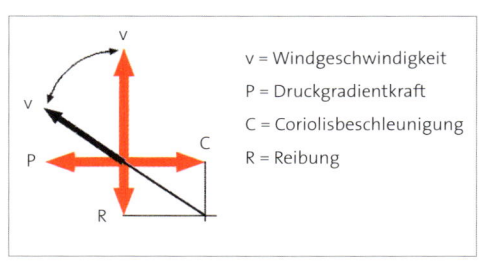

Für den Piloten ergeben sich aus diesen theoretischen Überlegungen einige wichtige Folgerungen:

v = Windgeschwindigkeit
P = Druckgradientkraft
C = Coriolisbeschleunigung
R = Reibung

Linksdrehen des Windes in Bodennähe bzw. Rechtsdrehung bei abnehmender Reibung.

- Auf der Nordhalbkugel umströmt die Luft ein <u>Hoch im Uhrzeigersinn</u> und fließt in bodennahen Schichten aus dem Hoch heraus. Umgekehrt erfolgt die Strömung um ein <u>Tief der Nordhalbkugel gegen den Uhrzeiger</u>, und in bodennahen Schichten kommt es zum Einströmen der Luftmassen.
- Mit dem Rücken zum Wind liegt auf der Nordhalbkugel das Tief links und das Hoch rechts (nicht in Bodennähe) = Barisches Windgesetz.
- Der Wind dreht, je näher dem Erdboden, umso mehr nach links und wird dabei schwächer. Beim Aufsteigen vom Erdboden dreht er sinngemäß nach rechts und nimmt deutlich zu (NHK).
- Oberhalb des Reibungseinflusses in etwa 1000 bis 1500 m über Grund strömt die Luft annähernd parallel zu den Isohypsen (geostrophischer oder Gradientwind).

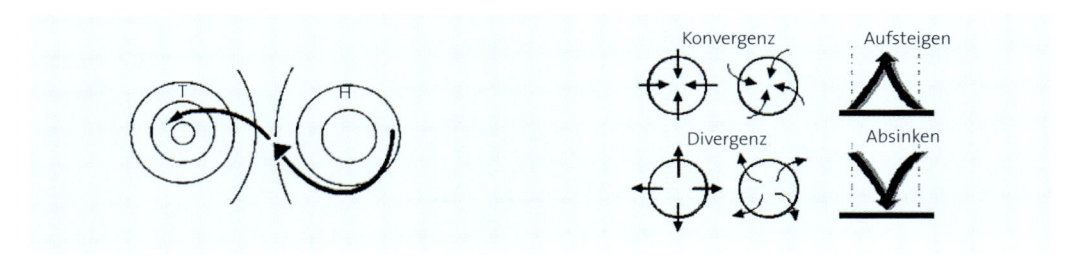

Je näher der Erdoberfläche, desto mehr wird die bewegte Luft aufgrund der Reibung gebremst.

Aufgrund der Reibung erfolgt in Bodennähe ein Ausströmen aus dem Hoch (Divergenz und Absinken) und ein Einströmen in das Tief (Konvergenz und Aufsteigen).

2. WINDSYSTEME DER GROSSRÄUMIGEN ZIRKULATION

050 08 02 00

2.1 PASSAT, „TRADE WINDS"

Der Nordostpassat (nördlich des Äquators) und Südostpassat (südlich) werden durch das Einströmen tropischer Luft in die ITC verursacht. Sie wehen vor allem über den Ozeanen. Die ablenkende Wirkung der Erdrotation (Coriolisbeschleunigung) dreht die Strömung auf der Nordhalbkugel nach rechts (auf der Südhalbkugel nach links). In der Passatwindzone herrscht normalerweise Schönwetter mit flacher Quellwolkenbildung. Ausnahmen sind die „easterly waves" (siehe unten) und die Ostküsten der Kontinente, wo der Passat gehoben und die Passatinversion aufgebrochen werden kann, was hochreichende Konvektion ermöglicht. Wie der Name besagt, wurde dieser relativ regelmäßige Windgürtel mit seinem sicheren Wetter für die segelnde Handelsschifffahrt vergangener Jahrhunderte genützt.

2.2 EASTERLY WAVES

Schon seit den 30er Jahren des 20. Jahrhunderts werden im Sommerhalbjahr flache Störungen bis maximal 5 km Höhe beobachtet, die mit dem Passat westwärts über den Atlantik wandern. Sie hängen zusammen mit einem nach Westen gerichteten Jet, der sich über Nordafrika infolge eines starken Temperaturgefälles zwischen der heißen Sahara und dem kühleren Golf von Guinea bildet. Entgegen dem globalen Temperaturgradienten liegt in diesem Bereich also die Warmluft im Norden und die Kaltluft im Süden, weshalb der Jet von Ost nach Westen weist. Diese als „easterly waves" bezeichneten Störungen werden in der neueren Forschung als Keimzellen für 60 Prozent der atlantischen Wirbelstürme und für 85 Prozent der Hurrikans verantwortlich gemacht.

2.3 ROSSBREITEN, „HORSE LATITUDES"

Die subtropischen Hochdruckzellen nördlich und südlich der Passate wurden von den alten Seefahrern als Rossbreiten bezeichnet. Wegen des schwachen Windes wurde so manches Pferd, das für die neue Welt bestimmt war, bei lang anhaltender Flaute verspeist.

2.4 WESTWINDBAND (DRIFT) DER MITTLEREN BREITEN

Kräftige, von West nach Ost gerichtete Luftströmung der mittleren und höheren Troposphäre, die aus dem Luftdruckgefälle zwischen Subtropenhoch und subpolarer Tiefdruckrinne sowie der Corioliskraft resultiert. Es bilden sich zwischen vier und sieben große planetarische Wellen, die auch „Rossby-Wellen" – nach dem schwedischen Meteorologen C. G. Rossby – genannt werden.

3. Jetstreams (Strahlströme)

2.5 ROARING FORTIES UND STEAMING FIFTIES

Auf der Südhalbkugel wird das Westwindband weniger durch Kontinente abgelenkt, wodurch weniger Höhentröge und Hochdruckrücken entstehen, dafür aber deutlich höhere Windgeschwindigkeiten erreicht werden. Unter den Seefahrern sind diese stürmischen Meeresgebiete südlich des Subtropenhoch als „roaring forties" und „steaming fifties" bekannt und gefürchtet.

3. JETSTREAMS (STRAHLSTRÖME)

050 02 07 00

In der Atmosphäre kommt es in Regionen mit großen horizontalen Temperaturunterschieden (Luftmassengrenze, Front) zu Strömungen mit sehr hohen Geschwindigkeiten, die den Charakter eines mächtigen Strahles haben.
Solche Jetstreams erreichen gewöhnlich knapp unter der Tropopause ihr Maximum, sie reichen aber auch noch ein wenig in die Stratosphäre hinein. Am Rande eines Jetstream kann sich die Windgeschwindigkeit und die Windrichtung sehr stark verändern, es kommt zu Turbulenzen in der Strömung (Scherungen).
Der Jet hat im Normalfall eine Erstreckung von einigen hundert bis zu einigen tausend Kilometern und besitzt mehrere Maxima der Windgeschwindigkeit, die <u>Jetstreaks</u>. Des Öfteren wird der Jet durch Cirrenbänder sichtbar.
Im internationalen Flugverkehr werden die Strahlströme zur Verkürzung der Flugzeit genutzt. Verlaufen sie gegen die Flugrichtung, erfolgt ein großräumiges Ausweichen oder eine andere Routenwahl.
Die stärkeren Turbulenzen werden auf der Polseite des Polarfront-Jet beobachtet, hingegen herrschen im Kern des Jet (<u>Jetcore</u>) oft ruhige Flugverhältnisse. Die Intensität der Turbulenz ist nicht nur von der Windgeschwindigkeit abhängig, vielmehr spielen Krümmung und Scherungen ein viel größere Rolle.
Der Jet ist definiert mit einer Mindestgeschwindigkeit von größer/gleich 60 kt, einer HWS (horizontale Windscherung) von 10 kt/150 km und einer VWS (vertikale Windscherung) von 10–20 kt/3000 ft.

<u>Vertikaler Schnitt durch einen Jet mit Tropopause, Isotachen und Isothermen:</u>

Schnitt des Polarfront-Jetstream mit Isotachen und Isothermen. Deutlich sichtbar sind die unterschiedlichen TP-Höhen mit ihrer Bruchstelle, die Isotachendrängung an der polaren Seite und der Temperatursprung an der Polarfront.

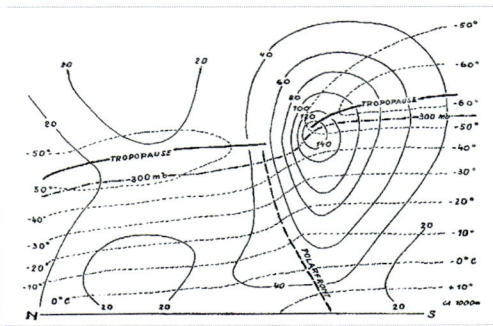

3.1 DER ÄQUATORIALE JETSTREAM

Er liegt höchstens 15° vom Äquator entfernt in der oberen Troposphäre, teils auch in der Stratosphäre. Er verläuft mehr als 12 km (FL 450–500) über dem Meeresspiegel in östliche Richtung und wird über Afrika, Südasien und Nordaustralien beobachtet. Seine beste Entwicklung und nördlichste Lage erreicht er im Sommer auf der Nordhalbkugel, vor allem durch die kräftige Erwärmung der asiatischen Hochplateaus. Seine Kerngeschwindigkeit ist nicht allzu hoch (60–80 kt), daher wird nur selten Turbulenz beobachtet.

3.2 DER SUBTROPEN-JETSTREAM

Der Subtropenstrahlstrom befindet sich über dem subtropischen Hochdruckgürtel etwa längs einer gedachten Linie von den Bermuda-Inseln (Stichwort: Bermudahoch) über die Kanarischen Inseln, Nordafrika, dem Persischen Golf, Indien, Südchina und dem Pazifik hinweg bis nach Kalifornien. Er liegt in einer mittleren Höhe von etwa 12 Kilometern, also unterhalb der Tropopause in der tropischen Luftmasse. Der Subtropen-Jet ist ein quasi-zonales (also entlang eines Breitenkreises verlaufendes), ziemlich beständiges, von West nach Ost gerichtetes Starkwindband (200 kt).

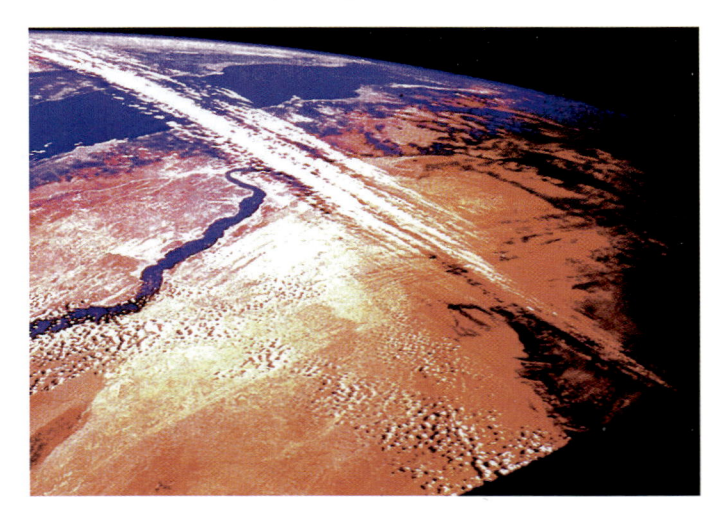

Bewölkung (Cirrenfasern) des Subtropen-Jet über Ägypten.

3.3 DER POLARFRONT-JETSTREAM

Der Polarfront-Jet verläuft gegenüber dem Subtropen-Jet weit weniger zonal, vielmehr stark mäandrierend und weist im Mittel weder die Stärke noch die Persistenz des Subtropen-Jets auf. Es handelt sich um kurze (mehrere hundert bis gut über 1000 Kilometer) Starkwindbänder, die eng an die mittel- und hochtroposphärischen Wellenmuster (Rossby-Wellen) gekoppelt sind. Vor allem im Winter findet man recht kräftige Polarfront-Strahlströme im Bereich scharfer Luftmassengrenzen (Polarluft und Subtropikluft).

4. JAHRESZEITLICHE WINDSYSTEME

050 08 02 00

4.1 DIE MONSUNE

Monsune (arab.: mausim = Jahreszeit) sind von der Jahreszeit abhängige Windsysteme, die ihre Ursache im Temperaturgegensatz zwischen den sommerlich heißen oder winterlich kalten Kontinenten (Hitzetief und Kältehoch) und den gemäßigt temperierten Ozeanen haben. Die Temperaturunterschiede bewirken großräumige Druckdifferenzen, welche durch die Monsune abgebaut werden. Die Monsune unterliegen wie alle großräumigen Strömungen der Coriolisbeschleunigung und beeinflussen zum Teil sogar das Strömungsregime der mittleren Breiten.

Der SW-Monsun in Westafrika südlich von Senegal weht im Sommerhalbjahr und verursacht konvektiven Regen und Gewitter. Er transportiert sehr viel Wasserdampf vom Meer gegen den Kontinent und überlagert mit den NE-Passat. Im Winter herrscht der NE-Monsun, der sich mit dem Passat verbündet und den berühmten Sandsturm Harmattan auslöst.

NOAA Satellitenbild des Harmattan, der Sand und Staub weit in den Atlantik hinaus transportiert und den Sand auf die Kanarischen Inseln gebracht hat.

In Indien weht im Winter der NE-Monsun und transportiert die trockene Kontinentalluft auf den Ozean. Es kommt zu Staub- oder Sandstürmen, Niederschläge sind selten. Der Sommermonsun aus SW bringt die Regenzeit nach Indien. Vor allem an der Westküste und im Staubereich des Himalaja kommt es zu enormen Niederschlägen, die zu den ergiebigsten auf der gesamten Erde mit Jahressummen von über 10 Meter zählen. In Indien findet man deshalb Klimaextreme wie Wüsten und tropische Regenwälder.

Im Fernen Osten, an der Ostküste Asiens bringt der sommerliche SE-Monsun Regen und Gewitter. In diesem Zeitraum entstehen auch die tropischen Wirbelstürme, die hier Taifune genannt werden. Der NW-Monsun führt zu Kaltlufteinbrüchen, die vom sibirischen Kältehoch ausgehen.

Aber auch südlich des Äquators gibt es den Monsun. Der NW-Monsun im Winter bringt Regen an die Nordküste Australiens, wo das Savannenklima überwiegt. Der SE-Monsun im Sommer weht in Richtung Äquator und bringt in vielen Regionen Australiens die Trockenzeit.

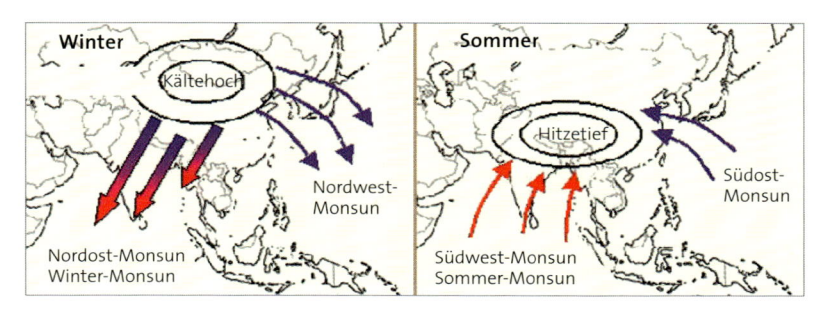

Monsun in Asien.

Manchmal taucht der Begriff „europäischer Monsun" auf. Man meint damit niederschlagsreiche Frühsommer nördlich der Alpen, für deren Entstehung das frühzeitig erwärmte Europa verantwortlich gemacht wird, das kühlere und feuchte Atlantikluft anzieht. Ursache für anhaltende Nordwestlagen in Mitteleuropa ist aber in erster Linie die Lage des Azorenhochs über dem Atlantik und damit ein Merkmal der globalen Zirkulation der mittleren Breiten.

5. LOKALWINDSYSTEME (OROGRAPHISCH INDUZIERT)

050 08 04 00

Wenn eine Strömung ein Hindernis, zum Beispiel ein Gebirge, um- und überströmt, führt das zu wesentlichen Veränderungen im Strömungsmuster, die sich über weite Strecken stromabwärts fortpflanzen können. Unter bestimmten Voraussetzungen wird aber auch der Wind stromaufwärts des Hindernisses modifiziert (der Wind „spürt" das Hindernis schon beim Anströmen) und manchmal können flache Hindernisse Auswirkungen bis ins Tropopausenniveau haben. Häufig haben diese Windsysteme lokale Namen erhalten, obwohl der Mechanismus, dem sie unterliegen, natürlich auf der ganzen Welt derselbe ist.

5. Lokalwindsysteme (orographisch)

5.1 DER „FÖHN" (SÜDFÖHN)

In Deutschland und in Österreich versteht man unter „Föhn" ausschließlich den Südföhn; in der Schweiz ist die Lage nicht so eindeutig, weil es im Tessin auch einen Nordföhn gibt. In Italien wird der Begriff Föhn ausschließlich für den Nordföhn verwendet, obwohl es auch am sich von Nord nach Süd erstreckenden Apennin Föhnerscheinungen gibt. Am südlichen Ast der Westalpen schließlich gibt es sowohl West- als auch Ostföhn.

Der Südföhn ist ein starker, böiger Wind aus südlicher Richtung, wobei Luft aus höheren Regionen in die Täler hinabsteigt, was zu Erwärmung und Abtrocknung der Luft führt. Er weht in den Alpen je nach Region unterschiedlich oft, von wenigen Tagen bis zu etwa 100 Tagen im Jahr.

Es gibt verschiedene Ansätze, um Föhn zu erklären. Das <u>thermodynamische Konzept</u> ist eine vereinfachte Erklärung für den Föhn: Luft wird beim Anströmen an ein Gebirge gehoben und kühlt sich dabei um ca. 1 Grad/100 m ab („trockenadiabatischer" Temperaturgradient). Durch das Kondensieren von Wasserdampf (Wolkenbildung) verringert sich diese Abkühlungsrate auf rund 0,65° C/100 m. Bei weiterem Aufsteigen kommt es zu Niederschlägen, der Luft wird somit im Luv ein großer Teil des Wasserdampfes entzogen, sodass es auf der Leeseite kaum noch Wolken gibt. Auf der Leeseite erwärmt sich die Luft daher auf der gesamten Strecke um 1° C/100 m und kommt somit auf der gleichen Höhe wärmer an. Dieses vereinfachte Modell erklärt den Föhn aber nur teilweise. Es muss nämlich nicht im Luv regnen, damit die Luft im Lee wärmer ankommt.

In vielen Föhnfällen regnet es an der Alpensüdseite nicht und fast nie weht dort in den Tälern ein starker Südwind. Oft kommt es vor, dass die Föhnluft in den Tälern der Alpennordseite luvseitig aus höheren Schichten stammt. Zusätzlich spielen dynamischen Effekten eine Rolle, die dazu führen, dass die Föhnströmung das Tal erreicht und beschleunigt wird. Der <u>Südföhn</u> hat viele unterschiedliche Erscheinungsformen und resultiert aus dem <u>Zusammenwirken von mehreren Faktoren</u>.

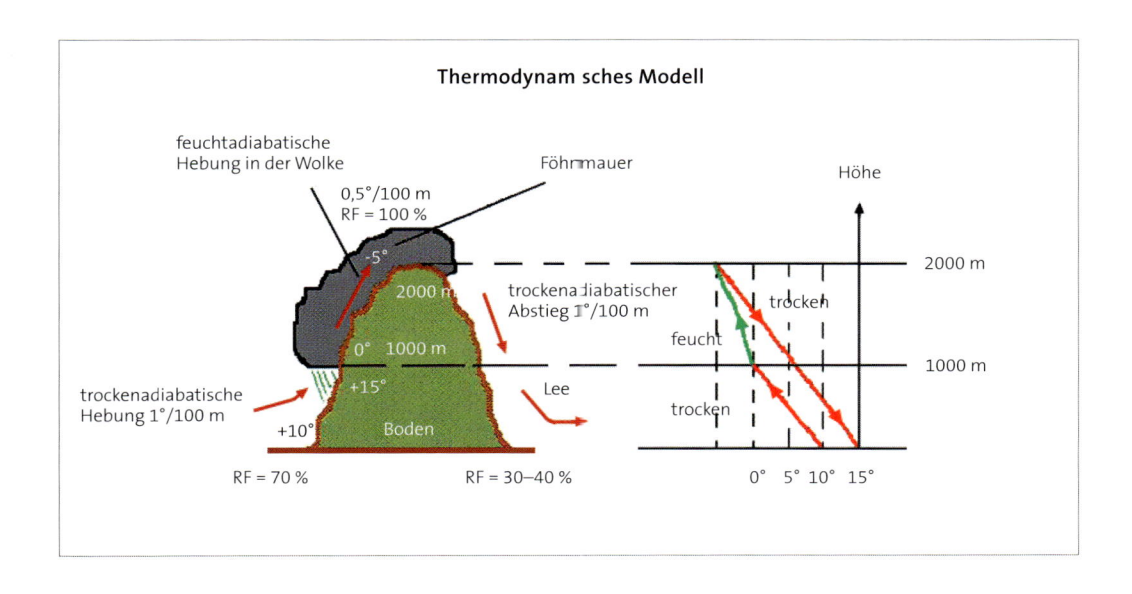

Thermodynamisches Modell

feuchtadiabatische Hebung in der Wolke
0,5°/100 m
RF = 100 %
Föhnmauer
Höhe
−5°
2000 m
trockenadiabatischer Abstieg 1°/100 m
trocken
0° 1000 m
feucht
+15°
Lee
trocken
trockenadiabatische Hebung 1°/100 m
+10°
Boden
RF = 70 %
RF = 30–40 %
0° 5° 10° 15°
2000 m
1000 m

VII. DER WIND

GEFAHREN UND WETTER BEI FÖHN

Die Atmosphäre kann bis zur Tropopause und bis einige hundert Kilometer stromabwärts „schwingen" (Turbulenz, AC, CI lenticularis und Lee-Cirren). Wegen der Abwinde im Lee sollten Übergänge und Kämme überhöht angeflogen werden, Täler in Talmitte oder am Gegenhang, um die größten Turbulenzen und Fallböen zu vermeiden. Über breiteren Tälern (quer zur Strömungsrichtung) bilden sich oft gefährliche Rotoren.

Im Luv herrschen meist schlechte Sichtbedingungen, vor allem im unmittelbaren Staubereich (Regen, Schneefall, Wolken, hohe Luftfeuchte, Dunstschichten).

Das Absinken der Wolkenbasis kann Alpenübergänge nicht mehr befliegbar machen. In der Föhnmauer ist verstärkt mit Vereisung zu rechnen. In den Tälern kann der Föhn mit sehr heftigen und plötzlichen Böen (bis um 50 kt) zum Boden durchgreifen! Vorsicht bei Starts und Landungen (Windsprung) und bei Inversionen (Scherungen). Aerodynamische Effekte verursachen über Bergkämmen Höhenmessfehler.

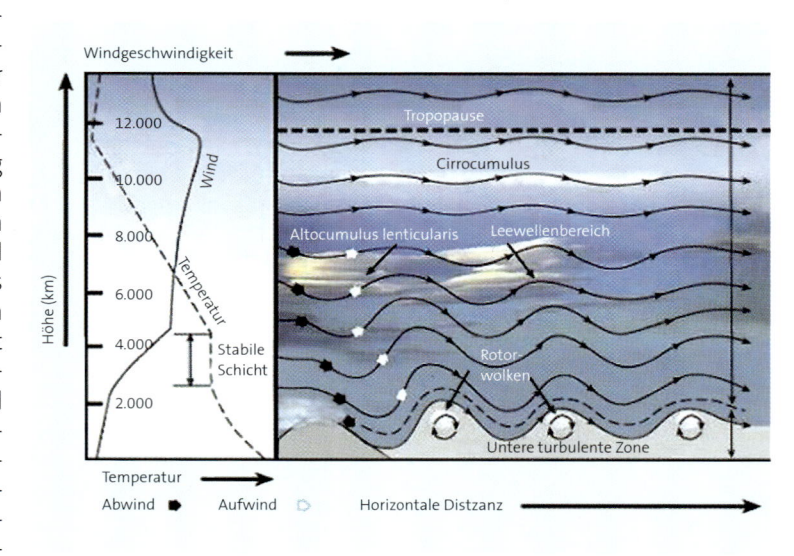

Idealisiertes Strömungsschema bei Föhn.

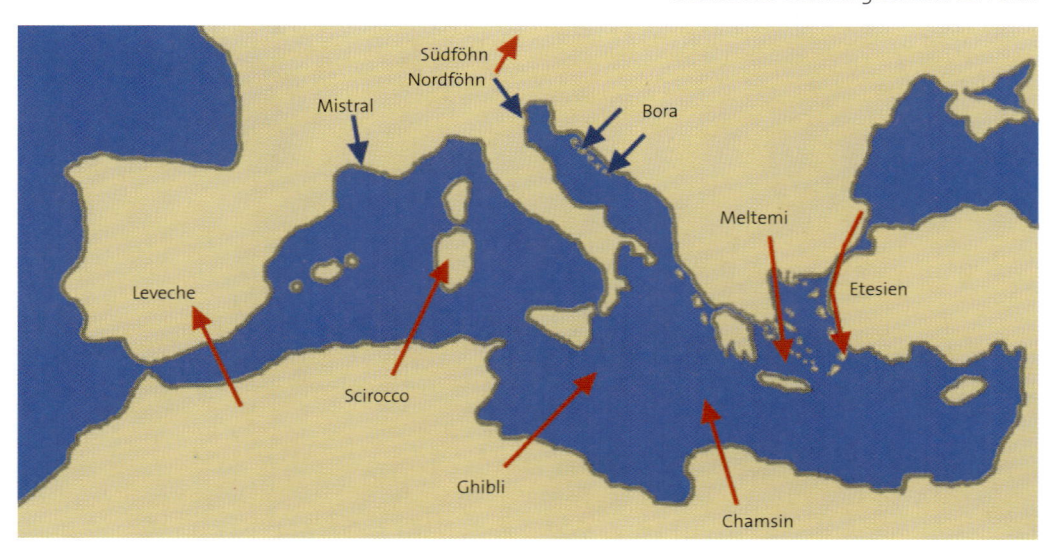

Einige Lokal- bzw. Mittelmeerwinde mit ihren Strömungsrichtungen. Blau sind kalte, rot warme Winde.

5. Lokalwindsysteme (orographisch)

5.2 DER „CHINOOK"

Der Chinook (eigentlich die Bezeichnung für einen Indianerstamm) ist der Föhn an der Ostseite der Rocky Mountains. Er verursacht Temperaturanstiege bis zu 30 Grad in wenigen Stunden, und beschleunigt die Schneeschmelze in den Great Plains (Gefahren analog dem Föhn).

5.3 DER „MISTRAL"

Bei nördlichen Strömungen bildet im sich Rhonetal zwischen der Alpenwestflanke und dem Ostrand des französischen Zentralmassivs (Cevennen) der „Mistral", der im Tal Böen bis zu 70 kt erzeugt (Düseneffekt). Über dem Mittelmeer dreht der Mistral nach links, wird also ein Westwind. Er kühlt die Meeresoberfläche ab und kann die Bildung einer Genuazyklone auslösen. Die größte Gefahr stellt die Turbulenz dar.

5.4 DIE „BORA"

ist ein kräftiger, böiger Fallwind von den dalmatinischen Küstenbergen zur Adria, der manchmal bis Italien vordringt. Wie beim Mistral besteht die Bora immer aus Kaltluft, die entweder von Norden oder Nordosten kommt, oder sich über dem Bergplateau gebildet hat. Daher ist die Bora, wie auch der Mistral, trotz des adiabatischen Absinkens ein kalter Wind. Bei Seglern ist die starke Bora als ablandiger Wind sehr gefürchtet. Außer im Hochsommer kann sie zu jeder Jahreszeit auftreten und über Wochen andauern.

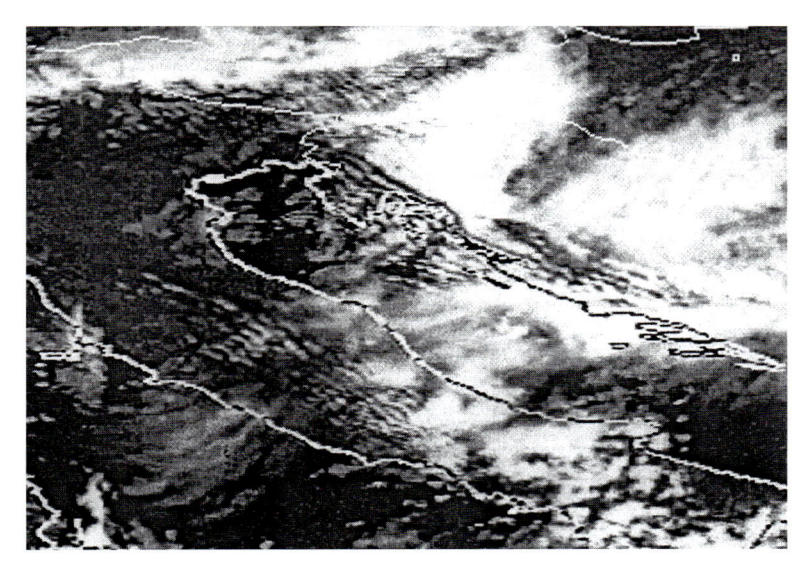

VIS-Satellitenbild einer Boralage mit der gerippten, wellenförmigen Wolkenstruktur (Turbulenz) im Lee der dalmatinischen Küstenberge und des Apennin.

5.5 „SCIROCCO", „GHIBLI" UND „CHAMSIN"

sind heiße Wüstenwinde, die in den trockenen Regionen Nordafrikas vorkommen. Der „Chamsin" weht in Ägypten, der „Ghibli" in Libyen in Richtung Mittelmeer. Der „Scirocco" tritt vor allem in den Wintermonaten auf. Der Scirocco entsteht gerne an der Vorderseite eines Mittelmeertiefs. Hält er länger an, führt er afrikanische Warmluft nach Italien, die über dem Mittelmeer stark angefeuchtet wird und an der Alpensüdseite zu extrem starken Regenfällen führen kann. Zusammen mit dem Föhn kann er Staub und Sand aus der Sahara bis in die Alpen transportieren.

Satellitenbild der NASA eines Scirocco, der Sand und Staub bis über Sizilien transportiert.

5.6 „ETESIEN" ODER „MELTEMI"

Der Etesien (etos = jährlich) oder Meltemi weht von der nördliche Ägäis bis ins Mittelmeer. Er ist als Schönwetterwind bekannt und weht überwiegend in den Sommermonaten.

6. THERMISCHE ZIRKULATIONSSYSTEME

050 02 06 00

6.1 DAS LAND-SEEWINDSYSTEM

Am Tag erhitzt sich das Land viel stärker als die Wasserfläche und Konvektion setzt ein. Dadurch wird kühlere Luft von Meer angesaugt, eine Zirkulation bildet sich, der Seewind setzt ein.
In der Nacht kühlt die Landfläche rascher und stärker ab. Die kühlere Luft beginnt zu sinken und Richtung Wasseroberfläche zu strömen. Dadurch setzt sich die Zirkulation entgegengesetzt in Bewegung, der Landwind setzt ein.

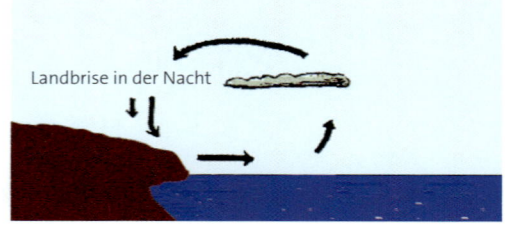

Seebrise am Tag

Landbrise in der Nacht

6.2 DAS BERG-TALWINDSYSTEM

Beim Berg-Talwindsystem spielen zwei Effekte eine wichtige Rolle. Erstens der Hangauf- und -abwind, der durch verstärkte Sonneneinstrahlung bzw. nächtliche Abkühlung entsteht. Zweitens das im Vergleich zum Flachland kleinere Luftvolumen in den Tälern, das rascher und stärker aufgeheizt werden kann. Bei Sonneneinstrahlung und nicht zu starker Strömung bildet sich in Tälern im Laufe des Vormittags ein Talwind (taleinwärts), der am Nachmittag sein Maximum erreicht und am Abend abflaut.

In der Nacht bildet sich in den Alpen bei günstigen Ausstrahlungsbedingungen vermehrt Kaltluft, die an den Hängen abzufließen beginnt und sich als Talauswind (Bergwind) formiert. Üblicherweise ist das Berg- und Talwindsystem schwach. In Talverengungen oder in Zusammenhang mit synoptischen Windsystemen kann er Spitzen um 25 kt erreichen.

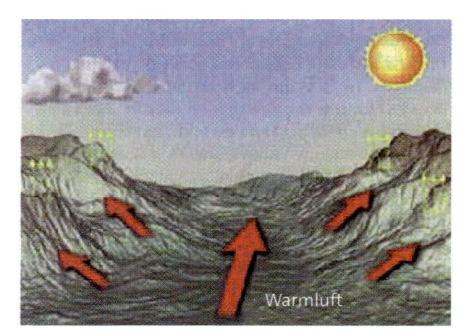

Tal- oder anabatischer Wind. 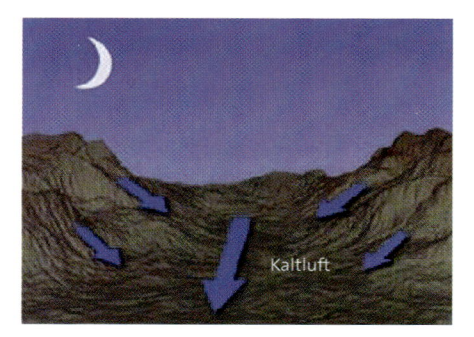   Berg- oder katabatischer Wind.

7. TROPISCHE WIRBELSTÜRME (HURRIKANE)
050 07 04 00

Über den tropischen Meeren stehen der Atmosphäre gewaltige Energiemengen in Form von warmer und vor allem sehr feuchter Luft zur Verfügung, welche mit der Bildung von tropischen Orkanen abgebaut und polwärts verlagert werden. Hurrikane haben bis zu 2000 km Ausdehnung. Sie entstehen aus tropischen Gewitterzellen bei einer warmen Wasseroberfläche von mindestens 27° C in geografischen Breiten um 10 Grad. Unter günstigen, noch nicht geklärten Bedingungen organisieren sich die Gewitterzellen zu einem Hurrikan mit seinen spiralförmigen Wolkenbändern und dem Auge in seinem Zentrum. Die notwendige Energie erhält der Wirbelsturm vom warmen Wasser und über die dauernd frei werdende Kondensationswärme. Auf diese Weise kann ein tropischer Orkan über dem Meer ein bis zwei Wochen am Leben bleiben. Über dem Land oder über Regionen mit kühlerer Wasseroberfläche stirbt er mangels ausreichender Energiezufuhr bald ab. Die größten Schäden treten an den Küsten auf, verursacht durch maximale Windgeschwindigkeiten von 200 bis 400 km/h, sintflutartigen Regen zwischen 500 und 2000 Liter pro Quadratmeter und Sturmfluten. Der Energieumsatz der „Wettermaschine" Hurrikan kann an einem Tag die Größenordnung der weltweiten Jahresproduktion an elektrischer Energie erreichen. Die tropischen Wirbelstürme kommen praktisch in allen Ozeanen, mit Ausnahme des südlichen Atlantik (kalte Meeresströmung) vor. Der Hurrikan entsteht im nördlichen Atlantik, oft in der Nähe der Cap Verdischen Inseln und der kleinen Antillen. Seine Zugbahn ist meist parabelähnlich und führt vor allem auf die karibischen Inseln und den Südosten der USA zu. Seine Hauptsaison hat der Hurrikan zwischen Mitte August und Anfang Oktober. Die ostasiatischen Taifune entwickeln sich im nördlichen Pazifik von September bis November und suchen vor allem Japan und China heim. Willy-Willies sind die Taifune des südlichen Pazifiks und ziehen Richtung Australien. Sie sind zwischen Februar und April am häufigsten. Der Baguio zieht in Richtung der Philippinen, der Mauritiusorkan tritt im südlichen Indischen Ozean auf. Im Golf von Bengalen heißt der Wirbelsturm Zyklon.

Der wesentliche Unterschied zwischen einem Tief der mittleren Breiten und einem tropischen Wirbelsturm besteht darin, dass das Tief der mittleren Breiten einen großen Teil seiner Energie aus dem großräumigen horizontalen Temperaturunterschied und den daraus resultierenden Druckgradienten bezieht, während ein Hurrikan überwiegend von der frei werdenden Kondensationswärme gespeist wird. In tropischen Zyklonen befindet sich das Windmaximum in Bodennähe, in den Zyklonen der mittleren Breiten treten die höchsten Windgeschwindigkeiten knapp unter der Tropopause auf.

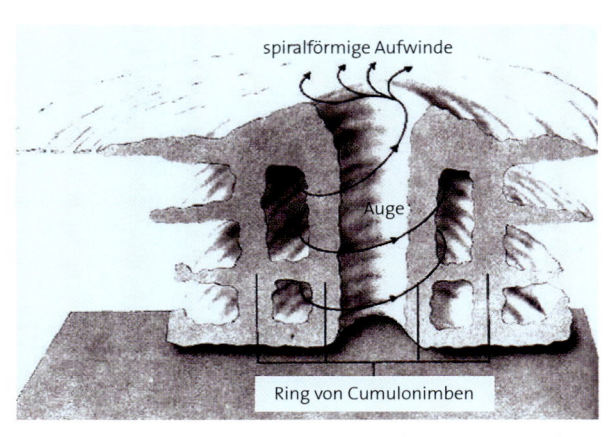

Schema eines Hurrikans.

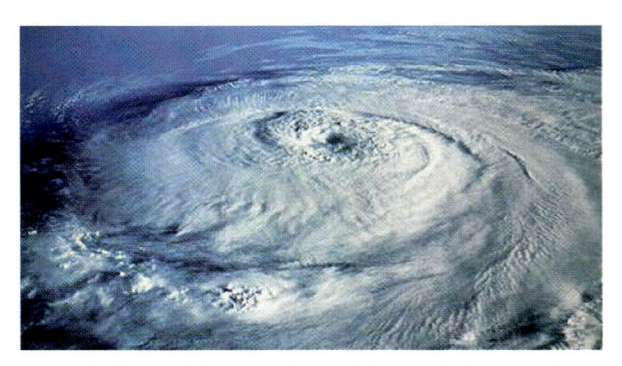

Satellitenbild eines Hurrikan mit dem typischen Auge in der Mitte, um den die Wolken rotieren.

HURRIKAN-SKALA VON SAFFIR-SIMPSON (1970)
Sie zählt fünf Intensitätsstufen, um das Potenzial an Zerstörungen und Überflutungen abschätzen zu können.

Kategorie	Druck im Zentrum (hPa)	Windgeschw. (km/h)	Wellenhöhe (m)
1 – schwach	über 980	119 bis 153	1,2 bis 1,5
2 – mäßig	965 bis 979	154 bis 177	1,8 bis 2,4
3 – stark	945 bis 964	178 bis 209	2,7 bis 3,7
4 – sehr stark	920 bis 944	210 bis 249	4 bis 5,5
5 – verwüstend	unter 920	ab 250	über 5,5

7. Tropische Wirbelstürme (Hurrikane)

TORNADO-SKALA VON FUJITA-PEARSON UND TORRO-SKALA

Da sich die Windgeschwindigkeiten in Tornados (werden im Kapitel Gewitter noch genauer behandelt) meist nicht direkt messen lassen, wird die Windstärke aufgrund von Beobachtungen und Schäden abgeschätzt. International sind zwei Tornado-Skalen in Verwendung, die amerikanische Fujita-Scale (F-Scale) und die europäische Torro-Scale. In der folgenden Tabelle werden beiden Skalen verglichen.

Beschreibung	Fujita-Skala	Windgeschwindigkeit in km/h		Torro-Skala	Beschreibung
Leichte Schäden wie abgebrochene Äste möglich	F0 – Sturmtornado	64–115	61–86	T0 – sehr schwacher Tornado	Lose Gegenstände spiralförmig hochgehoben
			87–115	T1 – leichter Tornado	Leichte Schäden an Hütten oder Gartenmöbeln
Zahlreiche Bäume entwurzelt, Garagen oder Hütten zum Teil zerstört	F1 – mäßiger Tornado	116–179	116–148	T2 – mäßiger Tornado	Schwere Mobilheime werden bewegt
			149–184	T3 – starker Tornado	Leichte Wohnwagen und Garagen zerstört
Ganze Dächer abgehoben, Fahrzeuge von Autobahnen geweht	F2 – starker Tornado	180–251	185–220	T4 – heftiger Tornado	Ganze Dächer fliegen davon, viele Bäume geknickt
			221–259	T5 – sehr heftiger Tornado	Gebäudeschäden. Massive Mauern bleiben stehen
Dächer und Wände von massiv gebauten Häusern zerstört, Autos in die Höhe geschleudert	F3 – heftiger Tornado	252–330	260–299	T6 – verwüstender Tornado	Schwere Fahrzeuge werden hochgewirbelt
			300–342	T7 – stark verwüstender T.	Massiv gebaute Häuser stürzen zum Teil ein
Massiv gebaute Häuser dem Boden gleichgemacht. In der Luft zahlreiche Geschosse	F4 – zerstörender Tornado	331–416	343–385	T8 – heftig verwüstender	Autos werden weite Strecken geschleudert
			386–432	T9 – extrem heftig verwüstender T.	Stahlbetonbauten werden stark beschädigt
Oft bleiben nicht einmal Schutthaufen übrig. Stahlbetonbauten werden schwer beschädigt	F5 – Supertornado	417–509	433–482	T10 – Supertornado	Stahlbetonbauten können zerstört werden
			ab 483	T11 – unbeschreiblich heftiger T.	Großflächige, verheerende Zerstörungen
Extrem selten. Die Zerstörungen sind kaum noch von jenen eines F5-Tornados zu unterscheiden	F6 – unbegreifl. Tornado	ab 510			

KAPITEL VIII:

GEFAHREN IN DER FLIEGEREI

050 09 00 00

1. DIE VEREISUNG

050 09 01 00

Flugzeugvereisung kann im Flug oder am Boden auftreten. Am Boden kommt Vereisung durch Reifablagerung oder gefrierenden Niederschlag zustande, wobei meist das gesamte Flugzeug betroffen und der Auftriebsverlust besonders hoch ist. Auch durch Anfrieren von Schnee, Spritzwasser etc. können Klappen, Steuerflächen oder das Fahrgestell blockiert werden. Im Flug wird die Vereisung durch gefrierenden Niederschlag und beim Durchfliegen von Wolken, die unterkühltes Wasser enthalten, hervorgerufen. Die Vereisungsart und Vereisungsintensität hängt von mehreren Faktoren ab.

1.1 VEREISUNGSFAKTOREN

- Auffangwirkungsgrad
- Temperatur der Flugzeugoberfläche (aerodynamische Erwärmung, Start, Landung)
- Lufttemperatur
- Luftfeuchte
- Tropfengrößenverteilung
- Aufwindgeschwindigkeit
- Dichte der Wassertropfen (Anzahl pro cm³)
- Verfügbarkeit von unterkühltem Wasser oder gefrierender Niederschlag

AUFFANGWIRKUNGSGRAD (DROPLET CATCH)

Dieser hängt von der Krümmung der Flächen, der Geschwindigkeit, dem Anstellwinkel und der Tropfengröße ab. Die Trajektorien (zurückgelegte Flugbahn) der Tropfen entspricht nicht der Luftströmung.

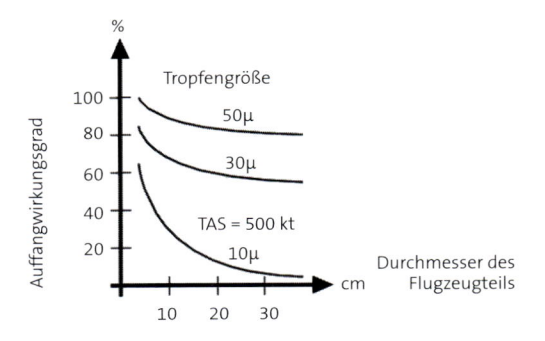

Der Auffangwirkungsgrad hängt ab vom Durchmesser des Flugzeugteils und von der Tropfengröße: Je kleiner der Durchmesser des Flugzeugteils und größer die Tropfen, desto höher der Auffangwirkungsgrad.

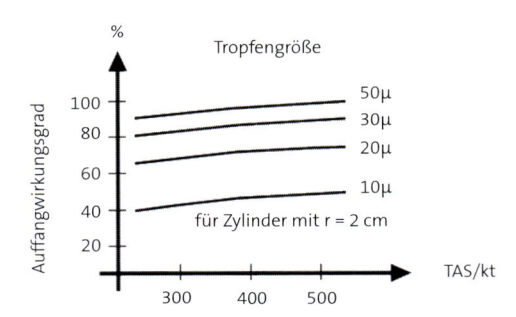

Der Auffangwirkungsgrad wird auch von der Fluggeschwindigkeit mitbestimmt. Zum einen nimmt der Umlenkungseffekt bei steigender Geschwindigkeit ab, zum anderen wird die Anzahl der durchflogenen Tropfen pro Zeiteinheit größer.

Kleine Tröpfchen werden herumgeführt, große Tropfen treffen wegen der Trägheit eher auf. Wo die Strömung weniger deformiert wird (schmale Kanten, höhere Geschwindigkeit), ist der Prozentsatz aufgefangener Tropfen höher.

- Kanten mit kleinem Radius vereisen leichter
- Eisansatz ist stärker bei größeren Tropfen

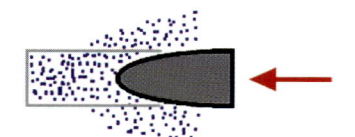

Umlenkungseffekt: Von 100 möglichen Tropfen treffen nur 40 auf die Tragfläche.

TEMPERATUR DER FLUGZEUGOBERFLÄCHE
Die Temperatur der Flugzeugoberfläche wird von der Lufttemperatur und der aerodynamischen Erwärmung bestimmt. Letztere setzt sich aus der aerodynamischen Kompression und der Reibung der Luft am Flugzeug zusammen.

Flughöhe [ft]	Fluggeschwindigkeit			
	150 kt	300 kt	500 kt	1,2 Mach
3.000	1,4°	5,6°	18,6°	
10.000	1,2°	5,1°	16,4°	52°
20.000	1,0°	4,2°	13,0°	50°
30.000	–	4,0°	9,3°	40°
40.000	–	–	–	30°

Aerodynamische Erwärmungsrate in Abhängigkeit von der Fluggeschwindigkeit und der Luftdichte (Flughöhe). Genauer betrachtet strömt die Luft an verschiedenen Stellen des Flugzeugs mit unterschiedlicher Geschwindigkeit vorbei, und an ausgesetzten Stellen (Vorderkanten) ruht sie beinahe. Daher ist die Flugzeugoberfläche im Flug unterschiedlich temperiert. So kann es passieren, dass Eiskristalle zuerst schmelzen und dann an anderer (kühlerer) Stelle wieder anfrieren.

LUFTTEMPERATUR
Damit Wassertropfen zu Eis gefrieren, ist nicht nur eine Umgebungstemperatur unter 0° C notwendig, sondern es werden Gefrierkeime (Staub- oder Rußteilchen) benötigt. Je kleiner die Tropfen und je geringer die Anzahl der Gefrierkeime, desto tiefer muss die Lufttemperatur sein, damit Wassertröpfchen gefrieren. In reiner Luft kann flüssiges Wasser in kleinsten Tröpfchen bis Temperaturen um -40° C existieren.

Tropfendurchmesser	Tiefsttemperatur der flüssigen Phase
1 mm	-15° C
10–20 µ	-30° C
kleinste	-40° C

Unter -40° C scheinen alle Gefrierkerne das Gefrieren auszulösen. Somit liegt die Vereisungszone zwischen 0° und -40°. 75 % der Tröpfchen gefrieren im Temperaturbereich zwischen 0° und -15° C, der Rest bei tieferen Temperaturen.

1. Die Vereisung

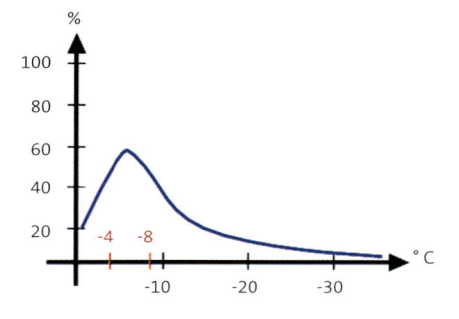

Die Häufigkeit der beobachteten Vereisungsfälle in Abhängigkeit von der Lufttemperatur. Die größte Vereisungswahrscheinlichkeit liegt zwischen -4° und -8° C.

LUFTFEUCHTE
Die Luftfeuchtigkeit gibt einen Hinweis auf den Phasenzustand des Wassers in einer Wolke (Wasser, Eis, unterkühltes Wasser + Eis). Sie wird von der Radiosonde gemessen. Mit Hilfe einer empirischen Formel (8D-Kurve von Appelman und Mori, negativer 8-facher Wert der Taupunktdifferenz) lassen sich potenzielle Vereisungsschichten und theoretisch auch Vereisungsintensitäten finden. Die Praxis zeigt, dass die Vereisungsschichten damit meist erfasst werden, Aussagen über Intensität der Vereisung aber nur sehr beschränkt möglich sind.

TROPFENGRÖSSENVERTEILUNG
Sowohl der Auffangwirkungsgrad als auch die Form des Eisansatzes hängt vom Tropfenspektrum ab. Der Durchmesser der Wolkenelemente umfasst ein Spektrum von etwa 2 bis 80µm, wobei Tröpfchendurchmesser von etwa 5–15µm am häufigsten auftreten. Die flüssigen Niederschlagsteilchen liegen in einem Bereich zwischen 200 µm (Sprühregen) und einigen mm (Schauer). Die Tropfen sind um so größer, je ausgedehnter die vertikale Erstreckung der Wolke ist. Die genaue Bestimmung des Tropfenspektrums ist messtechnisch sehr aufwendig (Messflüge). In der täglichen Praxis ist man auf empirische Regeln und meteorologische Erfahrung angewiesen. Für das Vereisungsrisiko ist es unerheblich, ob aus einer Wolke Niederschlag fällt oder nicht.

Tropfenkategorie	Tropfengröße	Auswirkung
klein	< als 10 µm	Vereisung beschränkt sich auf die Vorderseite stark gekrümmter Flächen
mittel	10–30 µm	Vereisung erstreckt sich über gekrümmte Flächen hinaus, erfasst jedoch geschützte und nicht angeströmte Flächen noch nicht
groß	30–100 µm	Vereisung erstreckt sich auch auf geschützte Flächen
FZRA oder FZDZ	100–1000 µm	Vereisung erstreckt sich über geschützte Flächen und zeigt Wachstum im Luftstrom

EINFLUSS DES AUFWINDES

Durch den Gefriervorgang in der Wolke erfolgt ein Rückgang der relativen Feuchte und die Zahl der Wasserteilchen nimmt ab. Aber ein warmer Aufwind kompensiert diesen Rückgang durch Bildung und Zufuhr neuer Tröpfchen. In Mischwolken genügt bei höheren Temperaturen und wenig Eisteilchen ein mäßiger Aufwind, um unterkühlte Tropfen zu erhalten. Bei tiefen Temperaturen und vielen Eisteilchen muss ein kräftiger Aufwind vorhanden sein. Deshalb ist die Vereisungswahrscheinlichkeit in Wolken mit großen vertikalen Windgeschwindigkeiten oder in Staubewölkung (orographische Hebung) am größten. In Gewittern kann auch bei Temperaturen um -40° C mäßige bis starke Vereisung vorkommen. Die Vereisungsgefahr ist besonders im Aufbaustadium am größten, wenn die Obergrenzen noch nicht zu stark vereist sind. Dagegen ist bei langsamen Aufgleitprozessen (geringe Vertikalgeschwindigkeit) meist nur Vereisung mit geringer Intensität zu beobachten.

FLÜSSIGWASSERGEHALT (LWC = LIQUID WATER CONTENT)

Die Höchstwerte des LWC finden sich in konvektiver Bewölkung, und zwar in deren unteren und mittleren Teilen (noch flüssiger Aggregatzustand). In Schichtwolken hingegen ist der LWC generell kleiner. Niedrige LWC Werte werden in den Gipfel- und Randbereichen aufgrund der Vermischung mit der trockeneren Umgebungsluft gemessen.

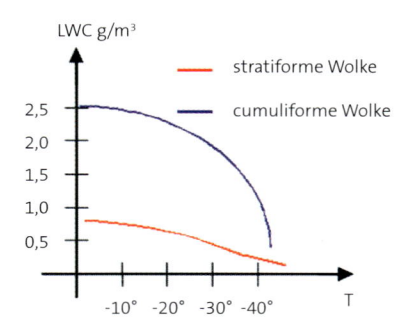

Der Flüssigwassergehalt in Abhängigkeit von der Temperatur T bei Vereisungsbedingungen in stratiformen und cumuliformen Wolken. Je höher die Temperatur der Wolkenbasis, desto größer die Wahrscheinlichkeit und Intensität der Vereisung.

1.2 VEREISUNGSARTEN

KLAREIS (CLEAR ICE)

ist ein klarer, durchsichtiger Eisansatz, der sich bei relativ hohen Temperaturen (0° bis -4° C) durch langsames Anfrieren bildet. Es entsteht hauptsächlich bei großen Tropfen oder bei gefrierendem Regen, wenn sich die Tropfen im flüssigen Zustand vereinen und sehr wenig Luft eingeschlossen wird. Klareis wird relativ spät erkannt (durchsichtig), ist gut haftend und hat ein hohes Gewicht. Frei werdende Gefrierwärme spielt ebenfalls eine Rolle und verlangsamt den Gefriervorgang. Untersuchungen haben gezeigt, dass sich Klareis eher in Konvektionswolken (große Tropfen) bildet.

RAUEIS (RIME ICE)

entsteht durch spontanes Gefrieren kleiner, unterkühlter Wassertröpfchen beim Aufprallen an die Vorderkanten des Flugzeugs. Die kleinen Wassertröpfchen verändern bei diesem Ge-

1. Die Vereisung

frierprozess ihre kugelförmige Gestalt kaum, die eingeschlossene Luft beugt das Licht, wodurch das Eis ein milchiges, undurchsichtiges Aussehen bekommt. Raueis breitet sich im Gegensatz zum Klareis nicht über die Oberfläche des Flugzeugs aus, sondern wächst vor allem an den Stirnkanten der Tragflügel, Streben und Leitwerksflossen in die Luftströmung hinein. Es entsteht bei tieferen Temperaturen (-4° bis -9°), ist wegen der Lufteinschlüsse porös und haftet schlecht. Raueis ist eher in stratiformer Bewölkung (kleine Tropfen) zu finden und hat ein deutlich geringeres Gewicht als Klareis.

Eisansatz an der Flugzeugtragfläche.

MISCHEIS (MIXED ICE)
Wie es der Name schon sagt, handelt es sich dabei um eine Mischform zwischen Klar- und Raueis. Diese Vereisungsform kommt am häufigsten vor.

REIF (FROST)
Reif ist ein flaumiger Ansatz von Eiskristallen, der sich durch Sublimation bildet. Er entsteht entweder an geparkten Luftfahrzeugen oder beim Sinkflug aus unterkühlten Luftschichten in wärmere, feuchte Regionen. Reif erhöht den Luftwiderstand. Besonders unangenehm ist das Beschlagen der Fenster.

RAUREIF (HOAR FROST)
ist dem Reif ähnlich. Hierbei setzen sich aber winzige Wassertröpfchen bei gefrierendem Nebel (FZFG) oder gefrierendem Dunst (FZBR) auf der Flugzeugoberfläche an.

1.3 INTENSITÄT, GEFAHREN, VERMEIDUNG

INTENSITÄT
Die Vereisungsintensität beschreibt die Zunahme des Eisansatzes pro Zeiteinheit an einem Flugzeugbauteil, beispielsweise an der Tragflächenvorderkante. Die Werte variieren zwischen einigen Hundertstel Millimeter bis zu extremen 25 mm pro Minute. Bis 5 mm / min wird der Ansatz als leicht bis mäßig bezeichnet, bei Intensitäten über 5 mm / min wird mindestens starke Intensität gegeben.

<u>Spuren (trace):</u> geringfügiger Eisansatz, die Enteisungsanlage muss nicht oder nur geringfügig benutzt werden.
<u>leicht (light, fbl):</u> zeitweiliger Einsatz der Enteisungsanlage ist zu empfehlen, eine Richtungs- oder Höhenänderung ist nicht erforderlich.
<u>mäßig (moderate, mod):</u> ständiger Einsatz der Enteisungsanlage, eine Richtungs- oder Höhenänderung wird empfohlen.
<u>stark (heavy, severe, sev):</u> sofortiger und ständiger Einsatz der Enteisungsanlage. Eine Richtungs- oder Höhenänderung muss unbedingt vorgenommen werden.

Beispiele für Vereisungsprofile:

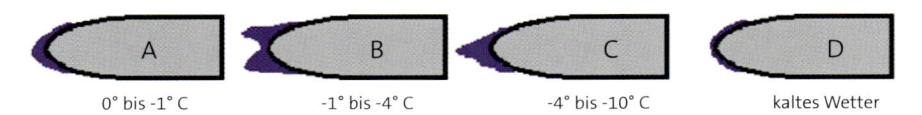

A	B	C	D
0° bis -1° C	-1° bis -4° C	-4° bis -10° C	kaltes Wetter

A) 0 bis -1°: Das Wasser fließt eine bestimmte Strecke, bevor es friert. Dadurch entsteht ein glatter Eisüberzug, der wenig Einfluss auf Reibung und Überziehgeschwindigkeit hat.
B) -1 bis -4°: Das Wasser fließt nur eine kurze Strecke bevor es friert. Doppelhöcker werden beobachtet, die großen Einfluss auf den Luftwiderstand und Überziehgeschwindigkeit haben.
C) -4 bis -10°: Das Wasser friert sofort. Raue Einzelhöcker entstehen, die großen Einfluss auf die Überziehgeschwindigkeit, aber geringe Auswirkungen auf den Luftwiderstand haben.
D) kaltes Wetter: Sehr kleine Tröpfchen können Eisrücken an den Eintrittskanten verursachen. Dadurch Steigerung der Überziehgeschwindigkeit, geringer Einfluss auf den Luftwiderstand.

GEFAHREN

Auftriebsverlust: Durch Veränderung des Flügelprofils kann die Überziehgeschwindigkeit (stalling-speed) einer Maschine bedrohlich erhöht werden. Der Auftriebsverlust ist natürlich von der Flugzeugtype und der Art der Vereisung abhängig.

Widerstandserhöhung: Die Grenzschicht an der Tragfläche wird durch Eishöcker an der Eintrittskante dicker, die Reibung nimmt stark zu. Damit erhöht sich der Sog hinter den Tragflächen und damit auch der Luftwiderstand.

Zusätzliches Gewicht: Das zusätzliche Gewicht beeinträchtigt die Flugeigenschaften meist weniger als die Widerstandserhöhung und der Auftriebsverlust. Allerdings ist das zusätzliche Gewicht vor dem Start von Bedeutung und kann bei großen Flugzeugen mehrere Tonnen betragen (inklusive der notwendigen chemischen Enteisungsmittel). Eine ungleichmäßige Verteilung des Eisansatzes bewirkt Unwuchten und Vibrationen, zusätzlich können abgebrochene Eisteile das Profil beschädigen.

Verminderung des Wirkungsgrades von Propellern und Vibrationen: Der Propeller vereist zuerst an der Nabe, während nach außen die Vereisung wegen der aerodynamischen Erwärmung gebremst wird. Die Vereisung verringert den Wirkungsgrad von Propellern. Wenn versucht wird, bei Luftwiderstandswerten, die größer als der Schub sind, die Höhe zu halten, kann es zu einem Stall-Unfall kommen. In diesem Fall ist es besser, die Geschwindigkeit zu halten, einen Höhenverlust in Kauf zu nehmen und zu hoffen, dass die Flugbedingungen in den tieferen Schichten besser sein werden (Achtung im Gebirge). Letztlich sollte man sogar an eine kontrollierte Bruchlandung denken. Sobald der Luftwiderstand anwächst und die Schubwerte nachlassen, ist von einem weiteren Flug im Vereisungsniveau unbedingt abzuraten.

Vergaservereisung: Im Vergaser wird die Luft beschleunigt und kühlt sich dadurch ab. Diese Abkühlung kann je nach Drosselklappenstellung 10 bis 20° betragen, wodurch sich an den Drosseln Eisablagerungen bilden können. Niedrige Temperaturen und hohe relative Luftfeuchtigkeit begünstigen die Vergaservereisung, weshalb vor allem im Herbst und im Frühjahr eine hohes Potenzial für Vergaservereisung besteht. Besonders gefährlich ist es in Wol-

1. Die Vereisung

ken, weil viel Flüssigwasser in der Ansaugluft vorhanden ist. Abhilfe schafft eine Vergaservorwärmung. Kann bis +17° C auftreten.

<u>Vereisung von Düsentriebwerken:</u> Durch den Eisansatz an den Ansaugschächten kann die Ansaugströmung verändert werden, was eine starke Leistungsabnahme und Temperaturerhöhung der Turbine zur Folge haben kann. Abbrechendes Eis kann die Turbine beschädigen und zu starkem Leistungsabfall führen.

<u>Blockieren der Steuerflächen durch Eis:</u> Am Boden können Schnee und Eisteile anfrieren, weshalb die Luftfahrzeuge vor dem Start penibel sauber gemacht und eventuell chemisch behandelt werden müssen. Besondere Vorsicht ist beim Start geboten, wenn Schneematsch auf den Verkehrsflächen liegt, oder wenn es schneit. Denn in höheren, kälteren Schichten kann Matsch und feuchter Schnee anfrieren und beispielsweise Teile der Mechanik blockieren.

<u>Vereisung von Pitot und Venturirohren:</u> Dies führt zu einer Verfälschung der Anzeige des Fahrtmessers, wodurch es zu gefährlichen Situationen kommen kann.

<u>Beschädigung von Antennen:</u> Mögliche Folgen sind Störungen, Leistungsabfall oder Ausfall von Funkempfängern (Antennenbruch).

VEREISUNG IN FRONTEN

<u>In der Warmfront:</u> Bereits in der Altostratusbewölkung, ca. 300 Meilen vor der Front, ist Vereisung möglich. Allerdings ist wegen der geringen Hebungsgeschwindigkeit in der Wolke die Intensität eher gering. Bei eingebetteter, konvektiver Bewölkung steigt aber die Gefahr erheblich an, und natürlich erhöht langes Verweilen (Breite der Front) in der Vereisungszone die Intensität. Im Winter bedeutet gefrierender Niederschlag eine hohe Vereisungsgefahr (Kaltluftseen).

<u>In der Kaltfront:</u> Kaltfronten sind im Vergleich zu Warmfronten viel schmäler. Da aber die Kaltfront hauptsächlich aus konvektiver Bewölkung (TCU, CB) besteht, ist die Vereisungsintensität wesentlich höher. Generell ist in Konvektionswolken eher „clear ice" und in stratiformen Wolken eher „rime ice" zu erwarten. Die gefährlichste Vereisungszone liegt üblicherweise zwischen 0° und -15° bis -20° C. Diese Zone verschiebt sich mit zunehmendem Aufwind (Stau, TCU, CB, Einfluss des Jet) nach oben.

1.4 MASSNAHMEN GEGEN DIE VEREISUNG

MECHANISCHE MITTEL

An den Eintrittskanten der Tragflächen ist eine Gummiverkleidung (Boots) angebracht, die mit Pressluft aufgeblasen werden kann. Ab 4–5 mm Eisansatz wird damit das Eis gelockert, abgesprengt und dann vom Luftstrom fortgerissen. Wird zu früh aufgeblasen, wird das Eis unter Umständen nicht entfernt, sondern nur abgehoben, was die Aerodynamik des Flugzeugs ungünstig beeinflussen kann.

THERMISCHE ENTEISER (HEISSLUFT, HEISSE FLÜSSIGKEITEN, ELEKTRIZITÄT)
Diese Arten von De-Icing (Entfernung von vorhandener Vereisung) und Anti-Icing (Verhindern der Vereisung) werden am häufigsten verwendet. Heißluft wird z. B. an die Scheiben im Cockpit sowie an die Eintrittskanten der Tragflächen geführt. Propellerblätter und Rotorblätter von Hubschraubern sind auch oft elektrisch beheizt, ebenso empfindliche Sensoren wie Pitot- und Venturirohre. Thermische Enteiser werden am besten vor dem Einfliegen in Vereisungszonen aktiviert. Eine gute, aktuelle Wetterberatung ist daher wichtig.

INFRAROT-ENTEISER
Auf einigen Flugplätzen gibt es bereits Infrarot-Enteiser, in welchen das Luftfahrzeug erwärmt (De- und Anti-Icing) wird. Im Vergleich zu chemischen Enteisungsverfahren sind Infrarot-Enteiser wesentlich umweltverträglicher, aber teurer.

Bild eines IR-Enteisers.   *Chemische Enteisung.*

CHEMISCHE ENTEISER
Alle Flächen, die für Auftrieb, Steuerung und Stabilität sorgen, müssen vor dem Start sauber sein. Daher wird das Flugzeug bei gefrierendem Niederschlag, Schneefall etc. mit Chemikalien eingesprüht. Das Enteisungsmittel soll einerseits Schnee- und Eisbeläge lösen, andererseits aber auch möglichst lange Schutz vor neuerlicher Vereisung bieten, um einen sicheren Start zu gewährleisten. Der Schutz, den die Flüssigkeiten bieten, ist zeitlich begrenzt und wird als Vorhaltezeit („hold-over-time" HOT) bezeichnet. Die Enteisungsflüssigkeiten werden nach Glykolgehalt und Beimengungen klassifiziert.

Klassen von Enteisungsflüssigkeiten: Typ I hat einen hohen Glykolgehalt und wird verdünnt zum De-Icing eingesetzt. Typ II/IV hat durch einen Verdicker eine höhere „hold-over-time" und wird daher hauptsächlich zum Anti-Icing eingesetzt.

An vielen internationale Flughäfen kann direkt am Startpunkt enteist werden. So kann der Start ohne Verzögerung erfolgen, eine nur kurze hold-over-time wird benötigt. Befindet sich die Enteisungsstelle vom Startpunkt weiter entfernt, so ist die Zeit bis zum Start zu berücksichtigen. Gegen Vergaser- und Turbinenvereisung werden Gefrierschutzmittel eingespritzt, die bei der Verbrennung zugleich den Heizwert erhöhen.

2. DIE TURBULENZ

050 09 02 00

Ungeordnete, abrupt sich verändernde Strömungsbewegungen, auf- und absteigende Luftströme mit Wirbelcharakter werden als Turbulenz bezeichnet, im Gegensatz zur glatten, störungsfreien und laminaren Strömung. Ursachen der Turbulenz:
- Dynamisch: Reibung der Luft an der Erdoberfläche, markante Änderungen von Windrichtung und/oder Windgeschwindigkeit in der Atmosphäre.
- Thermisch: Ungleichmäßige Erwärmung der Erdoberfläche (Konvektion).

Gebirge können starke Turbulenz erzeugen, vor allem im Lee der Gebirgskämme bilden sich Wirbel (Rotoren) und Leewellen. Die thermische Turbulenz, die hauptsächlich von den Untergrundverhältnissen, der Stabilität der Luft und von der Windgeschwindigkeit abhängt, kann in große Höhen reichen. In feuchten und labil geschichteten Luftmassen ist die Turbulenz gewöhnlich mit der Bildung hoch reichender Quellwolken (Cumulonimbus) verbunden, in denen kräftige Auf- und Abwinde herrschen. Außerhalb von Quellwolken können im Bereich von Jets (in der oberen Troposphäre) „Clear-Air Turbulences" (CAT) auftreten. Ist die Luft trocken und stabil geschichtet, entwickelt sich bei Sonneneinstrahlung eine schwache oder mäßige Turbulenz ohne Wolkenbildung (Blauthermik).

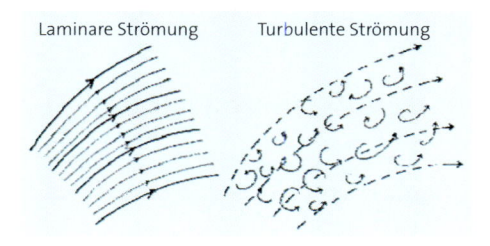

Beispiel einer turbulenten und einer laminaren Strömung.

Turbulenzen und Windscherungen führen beim Flugzeug zu unkontrollierten, zum Teil auch unkorrigierbaren Bewegungen. Während des Fluges werden Turbulenzen durch Anpassung der Flugroute und Wechseln der Flughöhe vermieden. Noch besser ist es, von vornherein Regionen mit hoher Turbulenz-Wahrscheinlichkeit zu umgehen (Wetterberatung). Die Auswirkungen einer turbulenten Strömung auf das Flugzeug können durch Verringerung der Reisegeschwindigkeit vermindert werden, denn ihre Intensität hängt sehr stark von der Art und Schnelligkeit des Flugzeuges ab. Je größer die Luftdichte, umso stärker ist die Turbulenz. Auch das Gewicht des Luftfahrzeuges beeinflusst seine Böenanfälligkeit, da die gleiche Kraft eine größere Masse weniger beschleunigen kann.

2.1 DIE TURBULENZ-INTENSITÄTEN

LEICHTE TURBULENZ
ist beispielsweise bei nachmittägiger Konvektion im hügeligen Gelände mit Windgeschwindigkeiten bis 25 kt anzutreffen. Nicht befestigte Gegenstände behalten ihre Lage. Änderung der TAS um 5–15 kt.

MÄSSIGE TURBULENZ
können verursacht werden durch:
- Hinderniswellen (Föhnströmung),
- nahe Gewitter oder quellende Cumulus-Wolken,
- wolkenfreie, labile Luft (Blauthermik),
- Windscherungen (VWS, HWS),
- nahe Höhentröge,
- nahe Jetstream-Achse.

Nicht befestigte Gegenstände beginnen zu gleiten und zu rollen. Änderung der TAS zwischen 15 und 25 kt.

SCHWERE TURBULENZ
kommt vor:
- bei Hinderniswellen bis 50 km im Lee,
- in Gewittern,
- in der Jet-Achse,
- in TCU (gelegentlich).

Nicht befestigte Gegenstände fliegen herum, das Flugzeug gerät kurz außer Kontrolle. Änderung der TAS um mehr als 25 kt.

EXTREME TURBULENZ
ist zu erwarten in:
- Rotoren,
- schweren Gewittern und
- im Bereich eines extrem starken Jetstreams.

Das Flugzeug gerät für längere Zeit außer Kontrolle, Beschädigungen sind möglich. Änderung der TAS um mehr als 25 kt.

2.2 BEISPIELE VON TURBULENZZONEN

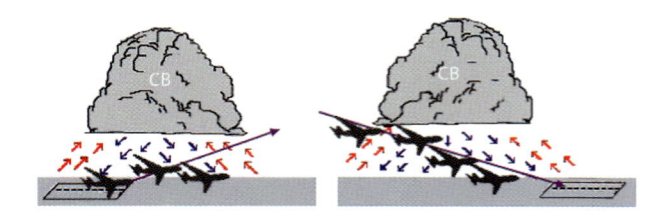

Bei Gewittern treten starke Windscherungen (in Richtung und Geschwindigkeit) auf. Gerade bei der sensiblen Start- und Landephase kann es zu gefährlichen Situationen kommen.

2. Die Turbulenz

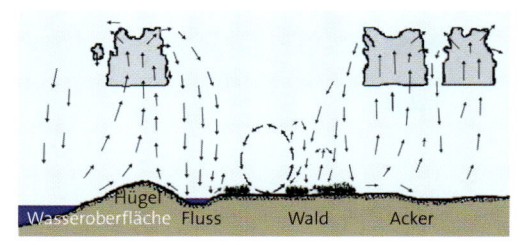

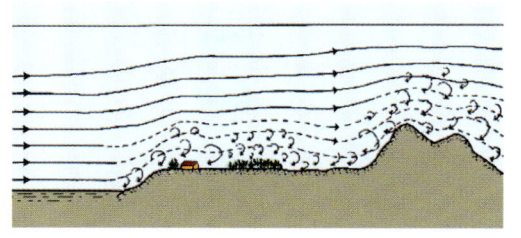

Links: Durch unterschiedliche Bodenerwärmung kommt es zu Konvektion mit und ohne Wolkenbildung und zu „unruhiger Luft". Rechts: In bodennahen Schichten bewirken Bodenreibung und Hindernisse Wirbel und Turbulenzerscheinungen.

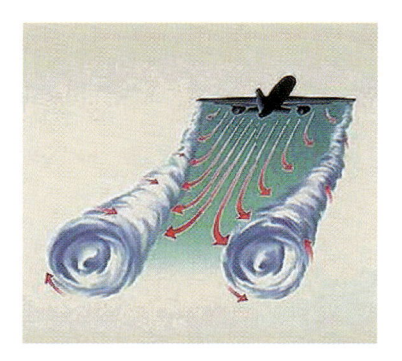

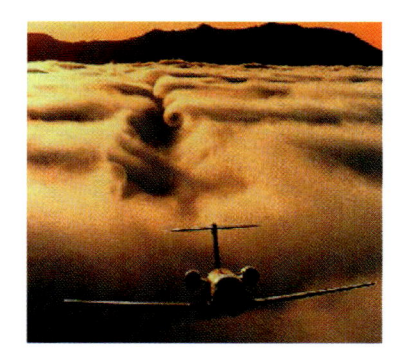

Wirbelschleppen vorangegangener Flugzeuge (Kategorie wird im Flugplan angegeben) können Start und Landung gefährlich machen. Die Versetzung durch Bodenwind bei parallelen Pisten ist zu beachten. In einzelnen Extremfällen sind auch schon Abstürze vorgekommen, und auch im Flug bleiben die Wirbelzöpfe einige Minuten erhalten.

Weitere typische Turbulenzzonen befinden sich an der Grenze zu Kaltluftseen und an der Basis von Quellwolken.
Inwieweit und in welcher Form es möglich ist, turbulente Zonen zu vermeiden, hängt von Auftrag (Passagiere, Fracht, Militär, etc.), Flugplanung und von der Flugphase ab.

2.3 CAT (CLEAR AIR TURBULENCE)

CAT ist Turbulenz in wolkenfreier Luft oberhalb der planetarischen Grenzschicht und außerhalb von Gebieten mit konvektiver Aktivität. Oft ist CAT mit Jetstreams verbunden, an deren Rändern die sehr hohe Windgeschwindigkeit rasch abnimmt (Windscherung) und stark verwirbelt wird. Diese Turbulenz ist oft nicht erkennbar und kommt meist in klarer Luft ohne Vorwarnung vor. Diese CAT kann sehr stark sein. Turbulenz tritt in der Atmosphäre zeitlich und räumlich sehr unregelmäßig auf. Nur ein geringer Prozentsatz der Flugzeuge beobachtet beim Durchfliegen ein und derselben Turbulenzzone tatsächlich Turbulenz.

Regionen mit potenziellen CAT-Areas sind in SIG-CHART eingezeichnet. Es ist aber nicht möglich, ihr Auftreten genau zu berechnen. Wichtig ist die Kommunikation zwischen den Piloten; bei Erfüllung bestimmter Kriterien sind SPECIAL AIREPs oder PIREPs abzusetzen.

Mit CAT ist zu rechnen
- im Bereich von Gebirgen, besonders bei Leewellen oder Rotoren (etwa die Hälfte aller CAT)
- im Scherungsbereich des Jetstreams
- in Höhentrögen im Bereich stark gekrümmter Isohypsen (bei entsprechender horizontaler Windscherung, HWS)

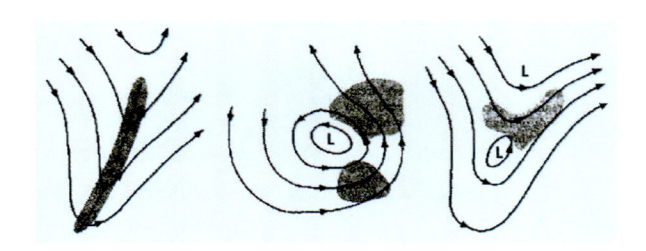

Potenzielle CAT-Regionen.

3. WINDSCHERUNGEN (WS)

050 09 03 00

Windscherungen entstehen durch starke Änderungen der Windrichtung und/oder Windgeschwindigkeit. Sie können auch starke Auf- und Abwinde verursachen, die das Flugzeug vom vorgesehenen Flugweg versetzen und einen Steuereingriff erforderlich machen.

3.1 VERTIKALE WINDSCHERUNG (VWS)

Die „vertical windshear" ist die Änderung der Windrichtung und/oder der Windgeschwindigkeit mit der Höhe.

Bevorzugte VWS-Zonen:
- Jet-Bereich
- Inversionen
- Fronten
- überadiabatische Schichten in Bodennähe (Thermikablösung)
- Umgebung von Gewittern
- vor dem Durchgreifen eines Fallwindes (Föhn)
- orographische Hindernisse

3. Windscherungen (WS)

3.2 HORIZONTALE WINDSCHERUNG (HWS)

Als „horizontal windshear" werden starke horizontale Änderungen im Windfeld bezeichnet.

Bevorzugte HWS-Zonen:
- Umgebung von CBs und Superzellen (erzeugt durch die starken Auf- und Abwindfelder „Downbursts, Microbursts, Macrobursts"
- Umgebung von aktiven Kaltfronten, entstanden durch eingebettete CB/TCU, starke Hebung im Frontbereich und durch stürmischen Wind in der vorlaufenden Böenlinie
- Jet-Bereich
- Höhentröge und Höhentiefs mit starker Richtungsänderung
- Thermikablösungen (unterschiedliche Bodenerwärmung)
- Inversionen, besonders bei Kaltluftseen
- in Bodennähe wegen unterschiedlicher Reibung
- Seebrise (sea breeze): die Temperaturdifferenzen zwischen Land und Wasser können in der Nähe von größeren Seen, Buchten oder dem Meer Änderungen in der Windrichtung und Windgeschwindigkeit erzeugen (lokale Kaltfront)

3.3 AUSWIRKUNGEN DER WINDSCHERUNG IM FLUG

Vertikale Windscherungen machen in geringer Höhe beim Endanflug und beim Starten am meisten Probleme. Horizontale Windscherungen hingegen kommen überwiegend im Reiseflug zu tragen.

Beispiel von rasch abnehmendem Gegenwind:

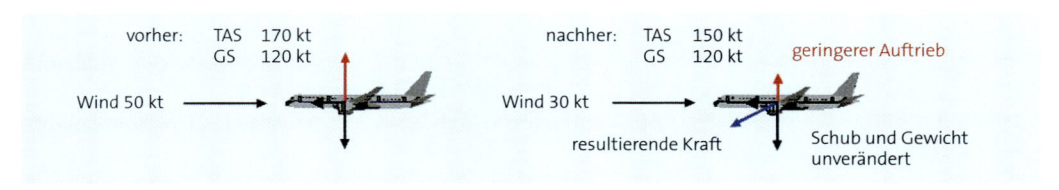

Bei abnehmendem Gegenwind nimmt der Auftrieb ab, und die Nase des Flugzeugs senkt sich. Durch Beschleunigung kann das Gleichgewicht wiederhergestellt werden.

4. DAS GEWITTER

050 09 04 00

4.1 VORAUSSETZUNG FÜR DIE GEWITTERBILDUNG

- Labile Luftschichtung,
- Hebung eines Luftquantums (Einstrahlung, orographisch, frontal, dynamisch),
- Hohe Luftfeuchtigkeit (vor allem in bodennahen Schichten, aber auch in der höheren Troposphäre).

Gewitter werden klassifiziert in „single cells", „multi cells" und „super cells". Die „single cell" haben eine relativ kleine Ausdehnung (5–10 km) und kurze Lebensdauer (ca. eine Stunde). Größere Gewitter bestehen aus mehreren Zellen, die organisiert sind und schon einige Stunden überleben können. Superzellen haben einen Durchmesser zwischen 50 und einigen hundert Kilometern; sie erzeugen auf dem Boden meist gut sichtbare Tiefdruckkerne und können auch in der Höhe zu kleinen abgeschlossenen Tiefs führen. Diese weitaus wetteraktivsten CB-Cluster bringen sehr oft schweren Hagel und können sich zu Tornados weiterentwickeln. Eine linienförmige Anordnung von Gewittern erfolgt an Fronten, an Gebirgen und Küsten, im Bereich von Höhentrögen und an den vorlaufenden Konvergenzlinien (squall lines) von Kaltfronten.

4.2 DIE DREI PHASEN EINER IDEALISIERTEN GEWITTER-ENTWICKLUNG (SINGLE CELL)

AUFBAUSTADIUM (INITIAL STATE)
Cumulus (CU) wachsen zu Towering Cumulus (TCU) mit Tops bis um FL 150/200 (im Sommer der mittleren Breiten). In der Wolke überwiegt der Aufwind (bis 25 m/sec). Die 0°-Grenze wird von warmen Aufwindfeldern etwas nach oben verlagert. Nahe der Tops sammelt sich der überwiegende Teil des unterkühlten Wassers. Die Turbulenz ist wegen fehlender Abwinde noch nicht so stark.

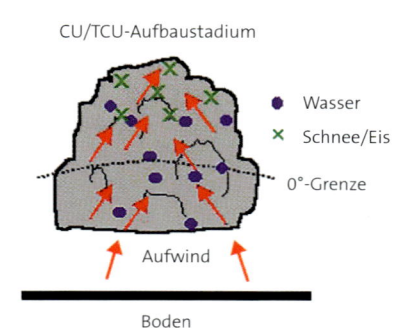

Schema eines CU/TCU mit Wasser und Eis.

4. Das Gewitter

REIFESTADIUM (MATURE STATE)

Der CB ist voll entwickelt, die Tops liegen in mittleren Breiten zwischen FL 250 und FL 400. Starke Auf- und Abwinde (8 bis 15 m/sec) erzeugen starke Turbulenz und Windscherungen, Hagelkörner wachsen, Starkniederschläge können niedergehen. Die starken Hebungen führen Flüssigwasser bis in große Höhen, weshalb die Vereisungsgefahr in reifen CBs besonders groß ist. An der Grenze zwischen der einfließenden Warmluft und der ausfließenden Kaltluft sind extreme Windscherungen bis 180 Grad und Sturmböen bis 80 kt möglich.

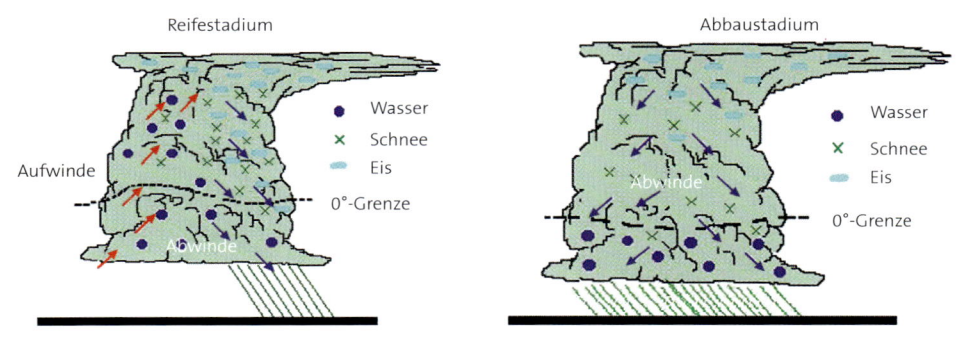

Links: Schema eines CB im Reifestadium. Rechts: Schema eines CB im Abbaustadium.

ABBAUSTADIUM (DISSIPATING STATE)

Die starke Schauertätigkeit führt dazu, dass sich die Abwärtsbewegung durchsetzt und der Aufwindstrom langsam zusammenbricht. Der CB regnet sich aus, der Wassergehalt nimmt ab, die Wolke beginnt sich aufzulösen und zu zerfallen.

DIE SUPERZELLE (SUPER CELL)

Superzellen sind meist größer, immer aber erheblich intensiver als die „einfachen" Gewitterwolken. Superzellen sind auch langlebiger, weil sie in ihrem Inneren oft ein stationäres, rotierendes Aufwindfeld haben und sich zu einem richtigen, kleinräumigen Tiefdruckgebiet entwickeln können. Wie normale Gewitter wachsen Superzellen bei hoher Luftfeuchtigkeit (vor allem in unteren Schichten) und labiler Schichtung. Im Unterschied zu normalen Gewitterwolken sind sie aber auf diese üblichen Krite-

Bild einer rotierenden Superzelle.

rien weniger angewiesen, viel wesentlicher erscheint die Existenz eines Strömungsfeldes mit mäßiger bis starker Windgeschwindigkeit, vor allem aber mit starker vertikaler Windscherung. Die Wechselwirkung zwischen Vertikalbewegung und Windscherung bestimmt die Intensität der Superzelle, weil durch sie Phänomene wie das Vorschießen von Höhenkaltluft (weitere Labilisierung) und die Rotation im Inneren der Zelle kontrolliert werden. Superzellen können aus mehreren Einzelzellen entstehen und können sich auch zu Tornados weiterentwickeln.

4.3 GEWITTER UND BLITZSCHLAG

Die Zahl der durch Blitzschläge beschädigten Flugzeuge steigt kontinuierlich mit dem zunehmenden Flugverkehr; aber auch die Gewitter über Mitteleuropa zeigen eine zunehmende Tendenz. Meist werden hervorstehende Teile wie Antennen oder das Leitwerk in Mitleidenschaft gezogen. Die stärkste Blitzgefahr droht im mittleren Teil der Gewitterwolke, besonders in der Nähe der 0°-Isotherme.

DIE BLITZENTLADUNG

Ladungsträger sind Ionen, negativ oder positiv geladene Teilchen in der Atmosphäre, deren Größenspektrum vom molekularen Bereich (Kleinstionen) bis zu Regentropfen oder Schneeflocken (Großionen) reicht. Zunächst bilden sich durch Ansammlung von Ladungsträgern Ladungswolken. Wird die Spannung zwischen verschiedenen Ladungswolken oder zwischen Ladungswolke und Erdboden zu groß, erfolgt ein Ladungsaustausch, ein Blitz. Leitende Teilchen (Staub, Verunreinigungen usw.) in der Luft begünstigen die Entladung. Es gibt Wolke – Erde-Entladungen, Wolke – Wolke-Entladungen und Wolke – Ionosphäre-Entladungen. Beim Erdblitz unterscheidet man zwischen Auf- und Abwärtsblitz. Aufwärtsblitze entstehen gerne an hohen Bauwerken, Türmen oder Berggipfeln (Spitzenwirkung).
Die Entladungen in die Atmosphäre werden „Kobolde" genannt und wurden von Flugzeugen und Raumstationen beobachtet. Sie sind noch nicht erforscht.
Elmsfeuer am Flugzeug deuten auf elektrische Ladung und auf hohe Blitzgefahr. In dieser Situation sollten keine schnellen Leveländerungen vorgenommen werden, da es zu Stoßentladungen kommen könnte. In den grellen Blitzkanälen werden Temperaturen bis 30.000° C erreicht. Dabei wird die Luft explosionsartig ausgedehnt, was den Donner verursacht. Dabei treten zwei Druckwellen auf, die in besonderen Fällen zu „Kompressor-Stall" führen können. Blitzentladungen laufen bevorzugt an der Außenhaut von Flugzeugen ab. Im Inneren tritt normalerweise kaum ein elektrisches Feld auf, denn das Flugzeug ist ein Faraday'scher Käfig.

Wolke – Erde-Blitz.

4. Das Gewitter

4.4 LUFTMASSENGEWITTER (AIR MASS THUNDERSTORMS)

Als Luftmassengewitter werden die so genannten Wärmegewitter und die orographischen Gewitter bezeichnet. Sie bilden sich in einheitlichen Luftmassen, meist vereinzelt in begrenzten Räumen und lassen sich relativ gut umfliegen. Reine Wärmegewitter sind selten. Meist spielt auch das Gelände (Gebirge, Küsten) mit seinen lokalen Windsystemen eine Rolle, und zusätzlich ist fast bei jedem Gewitter im Alpenraum auch ein „synoptisches Signal" vorhanden, in Form von kleinen, in die großräumige Strömung eingelagerten Störungen. Begünstigt wird die Bildung von Luftmassengewittern durch schwache Strömung (geringe Luftdruckunterschiede). Sie entstehen meist am frühen Nachmittag und lösen sich gegen Abend (keine weitere Sonneneinstrahlung) wieder auf. Die thermische Konvektion ist gut zu beobachten, die einzelnen Stadien lassen sich gut erkennen. Für die Fliegerei steigt die Gefahr, wenn sich mehrere Einzelzellen zusammenschließen (multi cell storm) und ein Umfliegen schwieriger wird. Über dem Meer kommen Luftmassengewitter vor allem nachts oder im Winterhalbjahr vor, wenn die kühlere Landluft über dem wärmeren Meer labilisiert wird.

Orographische Gewitter entstehen durch von Gebirgen erzwungenem Aufsteigen von labiler, feuchter Luft. Die frei werdende Kondensationswärme unterstützt die Hebung. Es entwickeln sich einzelne oder am Bergkamm linienförmig angeordnete Gewitter.

4.5 FRONTGEWITTER (FRONTAL THUNDERSTORMS)

Kaltfrontgewitter: An der Kaltfront bilden sich Gewitter wegen der starken Hebung der vorgelagerten feuchten, bedingt labilen Warmluft durch die nachrückende Kaltluft. Dabei bilden sich Gewitterlinien, die – in die restliche Kaltfrontbewölkung eingebettet – für den Flugbetrieb ein hohes Gefahrenmoment darstellen.

Konvergenzlinien: Im Sommer bilden sich vor der eigentlichen Kaltfront oft eine oder mehrere Gewitterlinien aus, die in ihrer Wetteraktivität die Kaltfront deutlich übersteigen können. Sie haben mehrere Ursachen wie vorschießende Höhenkaltluft, verstärkte horizontale Temperaturgegensätze (unterschiedliche Wolkenabschattung, Abkühlung beim Niederschlag), orographische Effekte usw.
Konvergenzlinien können nachts ganz verschwinden, um tagsüber durch die Sonneneinstrahlung wieder zu neuem Leben erweckt zu werden. Sie haben meist eine deutlich kleinere Horizontalausdehnung als die Kaltfronten und wandern rascher, womit sie der Kaltfront „entfliehen".

Warmfrontgewitter: sind in Mitteleuropa seltener als Kaltfrontgewitter und entwickeln sich bei sehr labiler Luftschichtung, wobei zusätzliche Hebungen durch Gebirge oft entscheidend mitwirken. Gefährlich sind Warmfrontgewitter vor allem deshalb, weil die CBs praktisch immer in die Warmfrontbewölkung eingebettet sind.

Okklusionsgewitter: Kombination aus WF und KF.

Abgesehen von Vorhersagemodellen werden hauptsächlich Radiosondenaufstiege zur Gewittervorhersage verwendet. Als Labilitätsvorboten werden auch die Altocumulus castallanus und Altocumulus flocus angesehen. Schwache Winde, feuchte, schwüle Luft und ungehinderte Sonneneinstrahlung sind ebenfalls beste Voraussetzungen für Überentwicklungen.

4.6 GEFAHREN DURCH GEWITTER

REGEN
Unterkühlte Tropfen bis teils unter -20° C. Im Reifestadium erreicht der Regen den Boden (meist heftig). Dadurch schlechte Sicht und Aquaplaning-Gefahr.

HAGEL
Bei Tops von FL 250 und mehr besteht Hagelgefahr. Hagelkörner wachsen durch oftmaliges Auf und Ab in der Wolke und Vergraupelung an. Hagelschlag ist auch außerhalb des CB möglich, besonders unter dem Amboss (vom Wind herausgeschleudert!).

VEREISUNG
Im CB ist mit meist starkem (große Tropfen) Klareis bereits ab der 0°-Grenze zu rechnen. Die Intensität ist mit schwer (severe ice) anzunehmen.

TURBULENZ
Wegen der starken Auf- und Abwinde ist mit schwerer bis extremer Turbulenz zu rechnen.

BLITZE
Die größte Blitzhäufigkeit herrscht zwischen 0° und -10° C. Mit Entladungen ist ab einer Temperatur der Tops um -35° C zu rechnen. Seltener sind Entladungen in den oberen Wolkenpartien.

TORNADOS
entstehen vorwiegend aus Superzellen.

BÖEN AM BODEN
Windsprung bis 180° und über 40 kt. Rascher Druckanstieg nach der Gewitterpassage.

SICHT / UNTERGRENZEN
Bei starkem TS sinkt die Sicht teilweise unter 1 km und die Basis unter 1000 ft.

MACRO- UND MICRUBURST
Diese starken Fallwindzonen können auch außerhalb der Wolke in der Umgebung des CBs vorkommen.

4. Das Gewitter

VERMEIDUNG VON GEWITTERFLÜGEN

Grundsätzlich muss jeder Flug durch ein Gewitter nach Möglichkeit vermieden werden. Neben der Eigenbeobachtung durch den Piloten stehen in vielen Flugzeugen technische Hilfsmittel wie Wetterradar (Achtung auf Fehlerquellen wie Dämpfung und schlechte Reflexion) und Stormscope (Blitzdetektor) zur Verfügung. Bodengestützte Wetterinformationen sind vor dem Flug einzuholen, denn nur eine gründliche Wetterberatung und eine sachkundige Interpretation der Wetterkarten vermitteln einen guten Überblick über die aktuelle Wetter- und Gewittersituation. Für Start und Landung stehen zusätzlich aktuelle Wetter- und Radarmeldungen (RAREPs) zur Verfügung.

4.7 DOWNBURSTS

Als Downbursts werden Zonen starken Fallwinds bezeichnet, die meist in Zusammenhang mit Gewittern stehen. In schweren Fällen können Downbursts Schäden anrichten, die an einen Tornado erinnern. Die maximalen Windgeschwindigkeiten erreichen 60 m/s. Je nach Andauer und Ausbreitungsfläche unterscheidet man zwischen Macrobursts (horizontale Ausdehnung über 4 km, Dauer 5 bis 20 Minuten) und Microbursts mit einer Ausdehnung von einigen hundert Metern und einer Lebenszeit von einigen Minuten.

Microbursts können in Gewittern, Regenschauern, besonders aber bei Hagel und in Fallstreifen vorhanden sein. Ein Fallstreifen („virga") wird von Regen gebildet, der verdunstet, bevor er den Boden erreicht. Fallstreifen sind fast immer mit trockenen Microbursts verbunden. Hagelkörner, die aus großer Höhe kommen, können den Abwind erheblich beschleunigen. Hagel und Fallstreifen tragen aber auch zur Abwärtsbeschleunigung der Luftmassen bei, weil bei der Verdunstung von Eis und Wasser die Umgebungsluft stark abgekühlt und damit schwerer wird. Beobachtungen in Amerika zeigen, dass etwa 5 Prozent der Gewitter einen Microburst erzeugen. Erreicht der kalte Fallwind den Boden, breitet er sich mehr oder weniger symmetrisch in horizontaler Richtung aus. Manchmal bildet sich um den Kaltluftschlauch ein horizontaler Wirbel, der bis in 2000 ft Höhe reichen kann.

FLUGVERLAUF IM MICROBURST

Der Pilot erkennt das Eindringen in einen Microburst zunächst an der Zunahme der Fluggeschwindigkeit, das Flugzeug beginnt zu steigen. Im Zentrum des Microburst ist es meist windstill, und die Fluggeschwindigkeit nimmt ab. Dann erreicht man die Abwindseite, es beginnt eine Phase mit hoher Sinkrate und zunehmendem Stall-Risiko. Nach Erkennen des Microburst bleibt nur sehr wenig Zeit zum Reagieren. Das Wichtigste ist das Erreichen der höchstmöglichen Fluggeschwindigkeit zum Halten der Höhe.

Microburst im Endanflug.

5. TROMBEN

050 09 05 00

Tromben werden in Groß- und Kleintromben klassifiziert, ihre Entstehung und Wetterwirksamkeit ist sehr unterschiedlich.

5.1 GROSSTROMBEN (TORNADOS)

Die Entstehung von Tornados ist immer noch in wissenschaftlicher Diskussion. Das bekannte Erklärungsmuster „feuchtwarme Tropenluft trifft auf trockenkalte Polarluft" ist eine starke Simplifizierung und kann bei weitem nicht alle Tornados erklären. Die zerstörerischsten Tornados entstehen aus Superzellen (organisierte, rotierende Gewitterzellen). Allen Tornados gemeinsam sind die mit unheimlicher Gewalt rotierenden Luftsäulen, die von den Wolken (meist CB) bis zum Boden reichen. Im Inneren dieser „Rüssel" herrscht extrem niedriger Luftdruck, und die Windgeschwindigkeit erreicht 100 bis 200 m/s. Tornados werden auch über Wasser beobachtet („water spouts"), sind dort aber üblicherweise deutlich kleiner als die großen Tornados über dem mittleren Westen der USA. Großtromben sind auch in den mittleren Breiten Europas nicht selten, erreichen aber nie die Gewalt der Tornados, die vor allem im Frühling zwischen Februar und Anfang Mai auftreten.

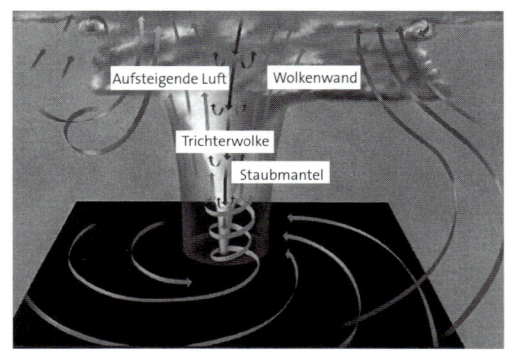

Schema eines Tornados.

Ein voll entwickelter Tornado erreicht immer den Boden.

Der Durchmesser des Tornado-Trichters beträgt maximal 1,5 km, meist aber nur 100 m oder weniger. Er besitzt ein trichter- oder zylinderförmiges Aussehen. Bis zu 500 km/h können erreicht werden, vermutet werden maximale Windstärken nahe der Schallgeschwindigkeit. Dadurch wären auch die Geräusche ähnlich einem Düsentriebwerk erklärbar. Beim Durchzug fällt der Druck innerhalb von Sekunden um 60–100 hPa und steigt ebenso rasch wieder an (Intensitätsangaben s. Seite 101).

6. Weitere Gefahren in der Fliegerei

5.2 KLEINTROMBEN (DUST DEVILS)

bilden sich in stark überhitzter (überadiabatischer) und damit labil geschichteter Luft, vor allem in den trockenen, heißen Regionen. Heiße, bodennahe Luft löst sich plötzlich nach oben ab, horizontal strömt Umgebungsluft nach und beginnt sich unter Umständen zu verwirbeln. Der Wirbel wächst in die Höhe, wird schlanker und nimmt an Rotationsgeschwindigkeit zu (Erhaltung des Drehmoments). Der mittlere Durchmesser eines dust devils liegt im Bereich von wenigen bis etwa hundert Meter, und seine Lebenszeit reicht von wenigen Sekunden bis zu einer Stunde. Auch in mittleren Breiten und über Wasser werden solche Wirbel an heißen Sommertagen beobachtet. Sie sind für die Fliegerei keine wirkliche Gefahr. Diese Kleintromben sind aber nicht zu verwechseln mit Verwirbelungen, die an umströmten Hindernissen entstehen.

Bild eines „dust devil".

6. WEITERE GEFAHREN IN DER FLIEGEREI

050 09 06/07 00

6.1 EINFLUSS VON INVERSIONEN AUF DIE TRIEBWERKSLEISTUNG

Die Triebwerksleistung ist von der Luftdichte und damit von der Lufttemperatur abhängig. Daher können Inversionen mit sprunghafter Temperaturänderung gefährlich sein. Markante Bodeninversionen können zu einem starken Leistungsabfall in geringer Höhe führen und damit kritische Situationen herbeirufen. Deshalb zählen Inversionen von 10° C oder mehr zwischen RWY und 1000 ft über der Piste zu den signifikanten Wettererscheinungen im An- und Abflugbereich. Sie werden über den MET REPORT dem Piloten mitgeteilt, damit diese Gefahr beim An- und Abflug (Abfluggewicht, Steigrate, Schwankungen der Triebwerksleistung, etc.) berücksichtigt werden kann. Höheninversionen und der damit verbundene plötzliche Leistungsverlust kann zu einem „Durchsacken" des Luftfahrzeuges und dadurch zu kritischen Situationen mit anderen Flugzeugen führen (Höhenstaffelung).

6.2 EINFLUSS DER STRATOSPHÄRE

An der Tropopause nimmt die Temperatur mit der Höhe nicht mehr ab, sondern meist sogar zu. Die Luft wird dünner, und die Triebwerksleistung nimmt stark ab. Ein Vorteil wäre, dass der Jetstream nicht mehr vorhanden ist und sich bei starkem Gegenwind die Stratosphäre zum Fliegen anbietet. Ein wenig angesprochenes Gefahrenmoment in der Stratosphäre stellt allerdings die verstärkte radioaktive Strahlung dar.

7. GEFAHREN IM GEBIRGE

050 09 08 00

7.1 TURBULENZ, VEREISUNG

Der Föhn (bzw. ähnliche orographische Winde) mit seinen Gefahren wurde bereits im Kapitel VII behandelt. Überströmungs- und Föhneffekte sind an jedem Gebirge oder jeder Erhebung zu erwarten. Turbulenzzonen sind Rotoren und Leewellen (MTW, mountain waves). Da sich gerade in den Tälern und Becken häufig Kaltluftseen bilden, ist an deren Grenzschicht immer mit Windscherungen und Verwirbelungen zu rechnen.
Die Vereisungszonen liegen hauptsächlich im Luv (Stau), ihre Intensität wird durch die orographische Hebung gesteigert. Die Kaltluftseen bilden durch ihre unterkühlten Hochnebeldecken (FZDZ) und ihre Anfälligkeit für gefrierenden Regen (FZRA) ein markantes Gefahrenmoment. Auch der gefrierende Nebel (Reifablagerungen) sollte nicht außer Acht gelassen werden.

7.2 FRONTEN

Auf Fronten hat die Orographie einen großen Einfluss (Verzögerung, Vorlaufen in der Höhe, Stau etc.).

Besonders der Stau kann die VFR-Fliegerei behindern, weil Übergänge schwer bis gar nicht befliegbar sind. Im Winter ist durch Schneefall sehr starker Sichtrückgang (unter 1000 m) möglich, wie eine Reihe von Flugunfällen demonstriert. Schneeschauer, die auf die Leeseite übergreifen, können daher Flugzeugführer mit plötzlichem Sichtrückgang überraschen. Warmfronten oder „maskierte" Kaltfronten (Erwärmung nach Frontdurchgang) produzieren im Winter gerne gefrierenden Regen. Im Sommerhalbjahr führt das „Vorlaufen" der Kaltluft in der Höhe zu Labilisierung und somit zur Gewitterbildung.

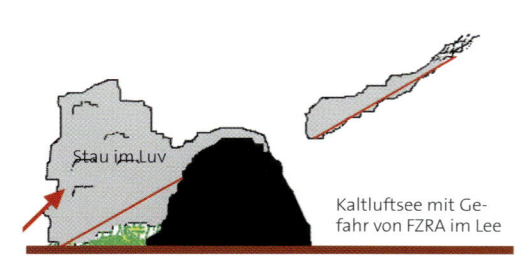

Gerade bei Warmfronten herrscht im windschwachen Lee oder in Beckenlagen eine große Gefahr für gefrierenden Niederschlag (Kaltluftsee im Winter). Stau bildet sich bei jeder Art von Front.

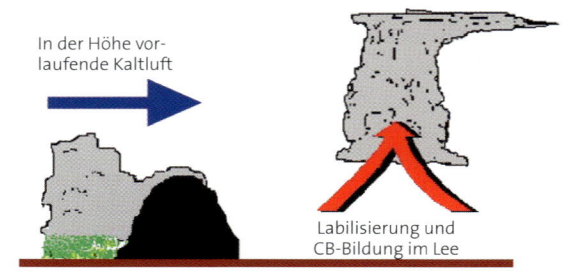

Vorschießende Kaltluft in der Höhe verursacht sehr oft Gewitterbildung im Lee.

8. SICHTBEEINTRÄCHTIGENDE WETTER-ERSCHEINUNGEN

050 09 09 00

DUNST
Ist eine Trübung der Luft durch Hydro- oder Lithometeore (flüssige oder feste Schwebstoffe), die Sichtweite (Bodensicht) liegt zwischen 1000 und 5000 m. Trockener Dunst (Haze, HZ), bei einer relativen Luftfeuchtigkeit unter 80 Prozent, entsteht durch Streuung des Lichts, meist an festen Teilchen in der Atmosphäre. Feuchter Dunst (Mist, BR) ist bei einer relativen Luftfeuchtigkeit über 80 Prozent gegeben.

RAUCH (FU), STAUB (DU), SAND (SA)
Diese Wettererscheinungen werden gemeldet, wenn Sichtbehinderungen unter 5000 m auftreten, die hauptsächlich durch Lithometeore (die RF beträgt weniger als 80 %) hervorgerufen werden. Rauch kann durch Industrieabgase, Hausbrand oder Brände verursacht sein. Trübungen durch Staub und Sand stehen immer in Verbindung mit Wind und sind in den trockenen Gebieten zu finden.

SANDSTURM (SS) UND SANDFEGEN (DRSA)
Der Harmattan (siehe jahreszeitliche Windsysteme), ein Regionalwind im Südwesten Afrikas, ist ein typischer Vertreter eines Sandsturms. Der Sand wird in große Höhen hochgewirbelt, und die Sichten liegen teils unter 1000 m. Der Himmel ist kaum noch erkennbar, vielmehr erscheint durch die Brechung des Lichtes alles rötlich. Hingegen wird „drifting sand (DRSA)" gemeldet, wenn der transportierte Sand nicht über 2 m Höhe reicht. Bei einer Obergrenze über 2 m wird „blowing sand (BLSA)" gemeldet, ein Sichtrückgang unter 5000 m ist zu erwarten.

Der heiße Ghibli in der Sahara.

SCHNEEFEGEN (DRSN) UND SCHNEETREIBEN (BLSN)

Diese Wetterverschlüsselungen finden Anwendung, wenn Schnee durch Wind in die Höhe gewirbelt wird. Wobei wiederum 2 m Höhe die Grenze zwischen drifting (DR, Fegen) und blowing (BL, Treiben) bildet. Eine stärkere Beeinträchtigung der Bodensicht ist nur bei BLSN gegeben.

Leichtes Schneefegen auf einem Flugplatz.

NIEDERSCHLAG UND SICHT

Die Sichtbeeinträchtigung ist von der Intensität und der Art des Niederschlags abhängig. Bei Nieseln (DZ) ist eine schlechte Sicht nur in Verbindung mit Nebel oder Dunst zu erwarten. Bei Regen (RA) sind markante Sichtrückgänge nur bei mäßiger bis starker Intensität möglich, besonders wenn der Regen in Schauerform (aus konvektiven Wolken) fällt. Graupel und Hagel führen ebenfalls zu Sichtreduktionen. Schneefall und Schneeschauer verursachen die größten Sichtrückgänge. Bei starker Intensität liegt die Horizontalsicht weit unter 1000 m. Eiskörner (PL) bringen eigentlich keine Sichtreduktionen, und Eisnadeln (IC) sind nur zu melden, wenn die Sicht unter 5000 m liegt, was eher selten der Fall ist.

Starker Regenschauer in Küstennähe.

8. Sichtbeeinträchtigende Wettererscheinungen

Schneeschauer im inneralpinen Gelände.

KAPITEL IX:

WETTER-SCHLÜSSEL

WETTER-BEOBACHTUNG

050 10 00 00

1. DAS METAR

050 10 01 00

Eine aktuelle international verbreitete Bodenwettermeldung für die Fliegerei ist das METAR (Meteorological Terminal Aerodrome Report).

METAR SA	Ortskennung / Location-Indicator	Datum / Zeitgruppe	AUTO	Bodenwind	Sicht (CAVOK)
Pistensicht RVR	Gegenwärtiges Wetter	Wolken oder SKC	Temperatur	Taupunkt	Höhenmesser-Einstellwert (QNH)
Nachwetter Erscheinung RE	Kennung für Windscherung WS	Pistenzustandsgruppe	Klartextzusätze RMK	TREND – Landewettervorhersage	

Aufbau des METAR. Kleinere und automatische Wetterbeobachtungsstationen mit reduzierter Messgeräte-Ausstattung melden nicht alle METAR-Schlüssel-Teile.

Eine Sondermeldung des METAR ist das SPECI, welches zu erstellen ist, wenn eine der folgenden gravierenden Wetteränderungen zwischen den Beobachtungszeiten eintritt. Flugplätze melden keine SPECI, sondern einen SPECIAL MET REPORT.
- Absinken der Sicht unter 5000 m oder unter 1500 m, oder Ansteigen der Sicht über 1500 m/5000 m.
- Wenn eine der folgenden Wettererscheinungen einzeln oder in Kombination beginnt oder endet: TS, GR, GS, PL, FZRA, FZDZ, SQ, FC.

METAR ODER SA (SURFACE ACTUAL)
Schlüsselname für die Routineflugwetterbeobachtungsmeldungen, die von den Stationen in eine Datenbank eingesteuert werden und von dort international abrufbar sind. Bestimmte Stationen werden in Sammelmeldungen (Bulletins) zusammengefasst, wie z. B. SAOS31 oder SADL90.

ORTSKENNUNG
Die Bezeichnung des Ortes ist üblicherweise eine 4-buchstabige ICAO-Ortskennung (location-indicator). Stationen, die nicht an einem Flugplatz liegen, haben eine 5-stellige Stationsnummer, österreichische Stationsnummern beginnen mit 11.

DATUM/ZEIT-GRUPPE
Hier werden der Monatstag und die Beobachtungszeit (UTC bzw. Z) verschlüsselt.
Die Beobachtungszeit ist üblicherweise HH +20 und HH +50, kann aber nach Wichtigkeit und Größe der Station variieren.

Beispiele: 17. Feb. 08 h 20 min UTC: 170820Z;   23. Nov. 10 h 50 min UTC: 231050Z

AUTO
Kennung für automatisch erstellte Meldungen (ohne menschliches Mitwirken). Nicht erfasste Wetterelemente werden durch Schrägstriche ersetzt.

BODENWIND
In der METAR-Meldung wird der mittlere Wind der letzten 10 Minuten vor der Beobachtungszeit verschlüsselt.
Die Richtung wird auf 10 Grad-Stufen gerundet (bezogen auf geografisch Nord) angegeben. Die vom Tower (TWR) übermittelte Windrichtung zum Starten und Landen ist auf magnetisch Nord bezogen, was in mittleren Breiten nur zu vernachlässigbaren Abweichungen führt (wenige Grad). Bei drehenden Winden von 60 Grad oder mehr wird der Wind als drehend (VRB) oder mit Extremwerten der Richtung (V) verschlüsselt.
Die Windgeschwindigkeit wird in Knoten (kt), meter per second (mps) oder in Kilometer pro Stunde (kmh) angegeben. Wind unter 1 kt wird als Windstille (00000 kt) verschlüsselt. Böen (gusts), die 10 kt oder mehr über der mittleren Windgeschwindigkeit liegen, werden mit der Kennung „G" an die Windgruppe angehängt.

Beispiele: 24006 kt, VRB03 kt, 10023 kt 050V150, 24015G28 kt

METEOROLOGISCHE SICHT (BODENSICHT)
An internationalen Flugplätzen wird üblicherweise die schlechteste Sicht (von befugten Personen geschätzte Sicht) in den Pistenbereichen inklusive der An- und Abflugsektoren gemeldet und verschlüsselt. Eine Sicht von 10 km oder mehr wird als 9999 (oder CAVOK) verschlüsselt, manche Stationen melden jedoch immer die genaue Sicht. Die Bodensicht wird in Metern (m), oder auch Kilometern (km) angegeben und in unterschiedlichen Stufen (50 m, 100 m, 1 km ...) verschlüsselt, wobei immer zum geringeren Wert abgerundet wird. Bei unterschiedlichen Sichtweiten und dem Unter- bzw. Überschreiten eines Schwellenwertes (wie 1500 m oder 5000 m) muss eine zweite Sicht mit Richtungsangabe gemeldet werden. Was die Richtungsangabe betrifft, gibt es nationale Unterschiede.

Beispiele: 4500, 8000, 20 km, 7000W 2000E, 1200 3000W

PISTENSICHTWEITE (RUNWAY VISUAL RANGE, RVR)
Bei Unterschreitung definierter Sichtweiten wird die gemessene Pistensicht gemeldet. Im Gegensatz zur meteorologischen Sichtweite (= Augensicht) wird mittels Lichtimpulsen die Lufttrübung in einem Referenz-Luftvolumen gemessen und daraus die RVR berechnet. Dieses Wetterelement ist durch R gekennzeichnet, mit nachfolgender Pistenkennzahl (runway in use). Bei schwankender Pistensicht steht ein V zwischen den Extremwerten; Tendenzen werden bei entsprechender Geräte- und Softwareaustattung ebenfalls angegeben.

1. Das Metar

AUFBAU DER RVR-MELDUNG
- Kennung R (Runway in use),
- parallele Pisten werden mit L (left), R (right) oder C (central) unterschieden,
- Kennzeichnung, ob RVR über P (plus) dem Maximalwert (1500 m) oder unter M (minus) dem Minimalwert (50 m) liegt,
- aktuelle Pistensichtweite,
- V wird bei Schwankungen verwendet,
- bei entsprechender elektronischer Ausrüstung: RVR-Tendenz: U = ansteigend D = absinkend, N = keine markante Tendenz.

R16/M0050	Piste 16, Pistensicht unter 50 m
R16/0325	Piste 16, Pistensicht 325 m
R16/P1500	Piste 16, Pistensicht über 1500 m
R26/0175V0500	Piste 26, Pistensicht schwankend zwischen 175 m und 500 m
R07/0150U	Piste 07, Pistensicht 150 m – bessernd
R16/0400D	Piste 16, Pistensicht 400 m – verschlechternd
R26/0600N	Piste 26, Pistensicht 600 m – keine Änderung

Beispiele für die Meldung von RVR-Sichten.

GEGENWÄRTIGES WETTER

Beim METAR können <u>bis zu drei Gruppen</u> für den Flugplatz relevanter, aktuell auftretender Wettererscheinungen gemeldet werden. Dazu stehen Kombinationen zur Verfügung, die sich aus Intensität, Beschreibung und Erscheinungsart zusammensetzen können. Unterschiedliche Niederschlagsarten, die gleichzeitig auftreten, werden zusammengefasst.

BEZEICHNUNG		WETTERERSCHEINUNG		
Intensität oder Nähe	Beschreibung	Niederschläge	Trübungserscheinungen	Andere Erscheinungen
– Leicht	MI – Flach	DZ – Nieseln	BR – feuchter Dunst	PO – Sand- oder Staubwirbel
+ Stark	BC – Schwaden	RA – Regen	HZ – trockener Dunst	SQ – Böenlinie
Mäßig ohne Bezeichnung	PR – Teilweise	SN – Schnee	FG – Nebel	FC – Trichter-Wolke
VC in der Umgebung	DR – Fegend	SG – Schneegriesel	FU – Rauch	SS – Sandsturm
	BL – Treibend	IC – Eisnadeln	VA – Vulkanasche	DS – Staubsturm
	SH – Schauer	PL – Eiskörner	DU – Staub	
	TS – Gewitter	GR – Hagel	SA – Sand	
	FZ – Gefrierend	GS – Graupel		

Schlüssel für gegenwärtiges Wetter.

- RA	leichter Regen an der Station
RASN	mäßiger Schneeregen, Regen vorherrschend
- RA VCSH	leichter Regen an der Station, Schauer in der Umgebung
TS	Gewitter an der Station nur Donner, kein Niederschlag
+TSRA	Gewitter an der Station mit starken Regen
RA MIFG	mäßiger Regen an der Station, flacher Bodennebel an der Station
TS -DRDU VCSH	Gewitter ohne Niederschlag an der Station, leichtes Staubfegen an der Station, Schauer in der Umgebung

Beispiele für Kombinationen aus Wettererscheinungen.

WOLKEN

Gemeldet wird der Bedeckungsgrad der einzelnen Wolkenschichten, wobei mit den tiefsten Wolken begonnen wird. Der Himmel wird in 8/8 unterteilt, der Bedeckungsgrad und die Untergrenze der einzelnen Schichten werden geschätzt. Auf den meisten Flugplätzen stehen aber bereits Wolkenhöhenmesser (Ceilometer) zur Verfügung, welche die Höhe der Wolkenbasis messen. Folgende Abkürzungen für den Bedeckungsgrad werden verwendet:

SKC	0/8	wolkenlos
FEW	1–2/8	heiter
SCT	3–4/8	wolkig
BKN	5–7/8	stark bewölkt
OVC	8/8	bedeckt
VV		Kennung für Vertikalsicht (vertical visibility), wenn die Wolkenbasis nicht erkennbar ist

Die Verschlüsselung erfolgt nach dem „1-3-5 Prinzip". Das heißt, die zweite gemeldete Schicht muss (unabhängig vom Bedeckungsgrad der ersten) 3/8 oder mehr bzw. die dritte Schicht 5/8 oder mehr betragen. Von dieser Regelung ausgenommen sind TCU und CB; sie werden immer und zusätzlich gemeldet. Ein METAR enthält somit maximal fünf Wolkengruppen, ausgenommen METARs von Bergstationen, die auch Wolken unterhalb der Station melden. Die Wolkenuntergrenze wird 3-stellig in Fuß (ft) verschlüsselt, die Unterteilung erfolgt bis 10.000 ft in 100-ft-Stufen, darüber in 1000-ft-Stufen.

1. Das Metar

BEOBACHTETE WOLKEN	ZIVIL INTERNATIONAL	STATIONEN, DIE ALLE WOLKENARTEN MELDEN
2/8 CU 3500FT	FEW035	FEW035CU
5/8 AC 11000FT	BKN110	BKN110AC
1/8 CU 2000FT	FEW020	FEW020CU
2/8 TCU 2500FT	FEW025TCU	FEW025TCU
1/8 CB 3500FT	FEW035CB	FEW035CB
4/8 CU 4000FT	SCT040	SCT040CU
5/8 CI 25000FT	BKN250	BKNCI
4/8 ST 800FT	SCT008	SCT008ST
8/8 ST 1200FT	OVC012	OVC012ST
1/8 CB UNTERGRENZE NICHT ERKENNBAR		FEWCB (siehe Klartext)
VERTIKALSICHT 400FT	VV004	VV004

Beispiele für Wolkenverschlüsselung.

HAUPTWOLKENUNTERGRENZE (CEILING)

Unter „ceiling" versteht man die Untergrenze der tiefsten Wolkenschicht, die mehr als die Hälfte des Himmels bedeckt (5/8 oder mehr) und unter 20.000 ft liegt.
Ist eine eindeutige Wolkenuntergrenze nicht erkennbar (Nebel, Schneefall, starker Niederschlag oder andere Erscheinungen wie SA, DU, BL), wird die Vertikalsicht VV gemeldet. Sie wird entweder durch Augenbeobachtung oder durch Wolkenhöhenmesser ermittelt.

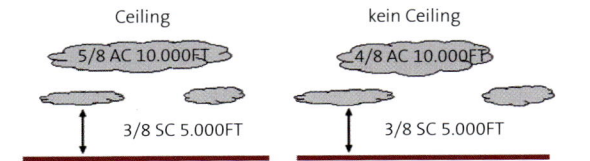

Der Begriff ceiling wird erst ab einem Bedeckungsgrad von 5/8 angewandt, bei weniger Wolken wird die tiefste Wolkenschicht über dem Flugplatz als „cloud base" bezeichnet.

TEMPERATUR / TAUPUNKT

Die Temperatur und der Taupunkt werden ganzzahlig (mit führender Null) in Grad Celsius angegeben (auf- oder abgerundet, 0,5 wird immer zum Wärmeren gerundet). Negative Temperaturen werden mit „M" gekennzeichnet.

Beispiel: Lufttemperatur = +6,5° C
Taupunkt = -3,5° C
Verschlüsselung: 07/M03

HÖHENMESSEREINSTELLWERT (QNH)

Der QNH-Wert wird unter Weglassung der Zehntel vierstellig angegeben. Vorangestellt wird die Kennung „Q" bei Angabe in hPa und „A" bei Angabe des Druckwertes in Inches (INS). Der QNH-Wert wird immer zum tieferen Druck gerundet.

Beispiel: QNH = 1012,8 hPa = Q1012; 998,2 hPa = Q0998; 2991inches = A2991

NACHWETTERERSCHEINUNG

Wenn im Stationsbereich bei oder seit der letzten METAR-Meldung signifikante Wettererscheinungen aufgetreten sind, die zum neuen METAR-Termin nicht mehr oder nur noch mit schwächerer Intensität existieren, werden sie als Nachwettererscheinung (RE für recent) angegeben. Maximal zwei RE-Gruppen können gemeldet werden.

aktuelles Wetter	Wetterentwicklung	Nachwettererscheinung(en)
leichter Regen	Gewitter in der letzten halben Stunde	RETS
leichter Schneefall	mäßiger Schneefall und mäßiges Schneetreiben in der letzten halben Stunde	RESN REBLSN

Beispiele für Nachwettererscheinungen.

INFORMATIONEN ÜBER WINDSCHERUNG

Wenn Informationen über signifikante Windscherungen im An- und Abflugbereich unterhalb von 1600 ft above aerodrome level (AAL) vorliegen, sind diese als Klartext der METAR-Meldung hinzuzufügen.
Manche Stationen (je nach geltender Vorschrift) melden ähnlich dem MET REP mehrere Klartextzusätze, um das aktuelle Wetter noch genauer zu beschreiben.

Beispiel: WS ALL RWY

PISTENZUSTANDSGRUPPE

Der Pistenzustand wird aus dem SNOWTAM erstellt und dem METAR hinzugefügt.

Format: $D_R D_R E_R C_R e_R e_R B_R B_R$

$D_R D_R$	Pistenbezeichnung
E_R	Niederschlagsbelag
C_R	Ausmaß der Pistenverunreinigung
$e_R e_R$	Stärke/Höhe des Niederschlagbelages
$B_R B_R$	Reibungskoeffizient oder Bremswirkung

PISTENBEZEICHNUNG ($D_R D_R$):
Es wird immer die niedrigste Pistenbezeichnungszahl verwendet, „88" für alle Pisten und „99", wenn keine gültige Meldung vorliegt und die alte wiederholt wird.

Beispiele: 26, 08, 88, 99

1. Das Metar

NIEDERSCHLAGSBELAG (E_R):

E_R	Niederschlagsbelag
0	rein und trocken
1	feucht
2	nass oder Wasserstellen
3	mit Reif oder Raureif bedeckt (normalerweise < 1 mm)
4	trockener Schnee
5	nasser Schnee
6	Matsch
7	Eis
8	gepresster oder gewalzter Schnee
9	gefrorene Rillen, Furchen oder Höcker
/	Art des Niederschlagbelages nicht gemeldet (z. B. Pistenräumung)

AUSMASS DER PISTENVERUNREINIGUNG (C_R):

C_R	Ausmaß der Pistenverunreinigung
1	10 % oder weniger von der Piste verunreinigt bzw. bedeckt
2	11–25 % der Piste verunreinigt bzw. bedeckt
5	26–50 % der Piste verunreinigt bzw. bedeckt
9	51–100 % der Piste verunreinigt bzw. bedeckt
/	nicht gemeldet (z. B. Pistenräumung)

STÄRKE / HÖHE DES NIEDERSCHLAGBELAGES ($e_R e_R$):

$e_R e_R$	Stärke / Höhe des Niederschlagbelages
00	weniger als 1 mm
01	1 mm
02	2 mm
:	:
90	90 mm
91	entfällt
92	10 cm
93	15 cm
94	20 cm
95	25 cm
96	30 cm
97	35 cm
98	40 cm oder mehr
99	Piste(en) wegen Schnee, Matsch, Eis usw. nicht benutzbar oder keine Meldung
//	Die Stärke/Höhe ist betrieblich nicht signifikant oder messbar

REIBUNGSKOEFFIZIENT ODER BREMSWIRKUNG ($B_R B_R$):

$B_R B_R$	Reibungskoeffizient	
28 (z. B.)	Reibungskoeffizient beträgt 0,28	
35	Reibungskoeffizient beträgt 0,35	
$B_R B_R$	Bremswirkung (geschätzt), entspricht Reibungskoeffizient	
95	gut	0,40
94	mittel bis gut	0,39–0,36
93	mittel	0,35–0,30
92	mittel bis schlecht	0,29–0,26
91	schlecht	0,25
99	unzuverlässig	
//	nicht festgestellt, Piste nicht betriebsbereit	

CAVOK

An internationalen Zivilflughäfen wird unter folgenden Bedingungen „CAVOK" gemeldet:

- Sicht 10 km oder mehr (9999),
- keine TCU/CB und keine Wolken unterhalb 5000 ft MSL oder unterhalb der Sektor-Mindestflughöhe (der höhere Wert gilt als Kriterium),
- im Flugplatzbereich oder in dessen Nähe (VC) keine Wettererscheinung(en).

METAR-BEISPIELE

WIEN_SCHWECHAT   VIE/LOWW
SALOWW 221220Z 34016KT 300V010 9999 VCSH FEW035 M03/M11 Q1021 NOSIG 11490533 16420195=

LINZ_HOERSCHING   LNZ/LOWL
SALOWL 221220Z 32006KT 290V350 9999 FEW030 M03/M09 Q1022 NOSIG 0915//95=

SALZBURG_MAXGLAN   SZG/LOWS
SALOWS 221220Z VRB01KT 4000 5000N -SN FEW010 BKN025 BKN300 M04/M07 Q1021 BECMG 6000 1619//95=

INNSBRUCK_FLUGH.   INN/LOWI
SALOWI 221220Z VRB01KT 9999 FEW020 SCT110 M02/M08 Q1019 NOSIG 0829//68=

GRAZ_THALERHOF   GRZ/LOWG
SALOWG 221220Z 17005KT 150V210 9999 FEW012 SCT060 M00/M11 Q1018 WS ALL RWY BECMG 35010G20KT=

1. Das Metar

KLAGENFURT_FLUGH. KLU/LOWK
SALOWK 221220Z VRB03KT 9999 FEW050 M01/M08 Q1016 NOSIG=

VOESLAU_KOTTINGBRUNN   ;/LOAV
SALOAV 221200Z 36012KT 27KM SCT040CU Q1021 SCT=

WIENER_NEUSTADT_OST   ;/LOAN
SALOAN 221200Z 36014KT 12KM VCSH SCT030SC BKN050SC BKN=

HOHENEMS_DORNBIRN_FLUGF   HOH/LOIH
SALOIH 221100Z 00000KT 15KM FEW010CU BKN050SC 00/M04 Q1021 BKN=

RIJEKA_KOZALA   RJK/LDRI
SALDRI 221230Z 03008KT 350V080 9999 FEW030 02/M10 Q1018=

ZAGREB_PLESO   ZAG/LDZA
SALDZA 221230Z 02006KT 330V050 8000 FEW013 SCT020 BKN043 M03/M05 Q1019 RESN NOSIG =

OSIJEK_KLISA   OSI/LDOS
SALDOS 221230Z 34019KT 9999 FEW030 SCT040 M01/M12 Q1016 NOSIG=

PULA_AERODROME   PUY/LDPL
SALDPL 221230Z 07006KT 020V120 9999 FEW037 03/M09 Q1018 NOSIG =

ZADAR_ZEMUNIK   ZAD/LDZD
SALDZD 221230Z 34004KT 9999 FEW033 02/M11 Q1016 NOSIG=

SPLIT_RESNIK   SPU/LDSP
SALDSP 221230Z 01017KT 320V050 CAVOK 03/M16 Q1015 NOSIG =

DUBROVNIK_CILIPI   DBV/LDDU
SALDDU 221230Z 33013G23KT 280V010 9999 FEW040 02/M15 Q1007 TDZ30 36018G30KT 300V070 NOSIG=

MALI_LOSINJ   LSZ/LDLO
SALDLO 221200Z 01015KT CAVOK 04/M07 Q1017=

BRAC   BWK/LDSB
MEDAS: SA LDSB NOT FOUND

LJUBLJANA_BRNIK   LJU/LJLJ
SALJLJ 221230Z VRB01KT 9999 FEW023 M01/M07 Q1017 NOSIG=

MARIBOR_SLIVNICA   MBX/LJMB
SALJMB 221230Z 04005KT 010V120 9999 -SN FEW030 BKN050 M03/M06 Q1019=

2. MET REPORT

050 10 01 00

Im Gegensatz zum international verbreiteten METAR erfolgt die Verteilung des MET REP nur auf nationaler Ebene. Der MET REP findet Anwendung in der Flugsicherung (TWR, VOLMET, ATIS) und wird hauptsächlich für Start und Landung erstellt.

2.1 BODENWIND (MAGNETISCH NORD)

Die Grundsätze der Windverschlüsselung im MET REP stimmen mit dem METAR überein; es gibt leichte Abweichungen bei der Verschlüsselung und zusätzliche Angaben.
So wird bei Windspitzen (MAX) auch der schwächste Wind (MNM) der letzten 10' gemeldet.

Windstille	CALM
variabel über 180°	VRB 14KT
mittl. Richtung u. Geschw.	260/6KT
variable Windrichtung	VRB BTN 220/ AND 280/6KT
Windspitzen	240/15KT MAX 28 MNM 10
variable Richtung u. Spitzen	VRB BTN 220/ AND 280/15KT MAX 28 MNM 10

2.2 METEOROLOGISCHE SICHT

Kriterien wie beim METAR, mit leicht abweichender Verschlüsselung.

beobachtet	gemeldet
Sicht unter 50 m	VIS BLW 50M
Sicht 1600 m	VIS 1600M
Sicht 7300 m	VIS 7000M
Sicht 120.000 m	VIS 120KM

2.3 PISTENSICHTWEITE

Beobachtungsgrundsätze wie bei der METAR-Meldung.

gemeldet	gemessen
RVR RWY 16 RVR BLW 50M	Piste 16, Pistensicht unter 50 m
RVR RWY 16 RVR 325M	Piste 16, Pistensicht 325 m
RVR RWY 16 RVR ABV 1500M	Piste 16, Pistensicht über 1500 m
RVR RWY 16 RVR MNM 175M MAX 500M	Piste 16, Pistensicht zwischen 175 m und 500 m schwankend
RVR RWY 16 RVR 150M/U	Piste 16, Pistensicht 150 m, bessernd
RVR RWY 16 RVR 150M/D	Pistensicht 150 m, verschlechternd
RVR RWY 16 RVR 150M/N	Pistensicht 150 m, keine Änderung

2. Met Report

2.4 WETTERERSCHEINUNG

Die Angabe der Wettererscheinung erfolgt analog zur METAR-Meldung. Der einzige Unterschied liegt in der Intensitätsangabe:
leicht = **FBL**, mäßig = **MOD**, stark = **HVY**

Beispiele: FBL RA, HVY SHSN, MOD TSRA, HVY SS

2.5 WOLKEN

Die Höhe der Wolkenuntergrenze wird in ft genau angegeben, die Bezeichnung der Wolkenart entfällt; ausgenommen bei TCU und CB. Die Vertikalsicht (VV) wird als VER VIS bezeichnet.

METAR	MET REP
BKN120AC	BKN 12000FT
SCT030CB	SCT CB 3000FT
FEW300	FEW 30000FT
VV003	VER VIS 300FT

Zusätzliche Anmerkungen sind möglich: **dif** = diffus, **fluc** = schwankend, rasch wechselnd, **rag** = zerrissen.

Beispiele:
BKN 200FT
SCT 12000FT
SCT 700FT RAG SCT CB 2500FT BKN 8000FT
SCT 2300FT SCT CB 5000FT BKN 25000FT
OVC 500FT DIF
BKN 300FT FLUC OVC 1000FT
VER VIS 400FT
SKC

2.6 TEMPERATUR / TAUPUNKT

Auch im MET REP werden die Temperatur und der Taupunkt auf ganze Grad gerundet. (0,5 immer zum Wärmeren). Als Kennung für die Temperatur wird „T", für den Taupunkt „DP" verwendet. Negative Temperaturen werden mit MS gekennzeichnet.

Beispiel: T 1 DP 0; T MS2 DP MS16

2.7 LUFTDRUCK

Im MET REP werden QFE und QNH in ganzen Hektopascal und zusätzlich auch in Inches (INS) angegeben. Flughäfen mit mehreren Pisten können weitere QFE-Schwellenwerte (THR) angeben.

Beispiele:

QNH	1015	2999	INS	QFE	937				
QNH	1019	3010	INS	QFE	984	THR	27/984		
QNH	1019	3011	INS	QFE	997	THR	11/998	16/997	34/998

2.8 KLARTEXTZUSÄTZE

In folgenden Fällen sind im MET REP Klartextzusätze zu geben:

- Windangaben geschätzt (Geräteausfall) – WIND EST
- BLSN, FG, BR: Obergrenze und Sicht darüber
- TS, TCU, CB: Richtung, Entfernung, Zugrichtung
- zusätzliche Wettererscheinungen
- Verlagerung bzw. Lagebeschreibung einzelner Wetterelemente
- Windscherungen
- Turbulenz im An- und Abflug
- Vereisung im An- und Abflug
- markante Temperaturinversion
- Berichte über GR, SQ, FZ, MTW, SS, DS, BLSN, FC
- Entnebelungsverfahren in Betrieb DENEB
- Nachwettererscheinungen RE, analog dem METAR

Beispiele:
WIND INFO EST
TOP OF FG APRX 120FT AAL
TS OVER AD
HVY SHSN N OF AD
TCU FAR SE
CB SW
LOW CLD IN APCH
WS TKOF LDG RWY26
RERA

2. Met Report

2.9 RADAR-WETTERMELDUNG (RAREP)

Stationen mit entsprechender Geräteausrüstung melden RAREPs im MET REP. Sie beginnen mit der Kennung WXR OBS und sind in Englisch gehalten unter Verwendung der ICAO Abkürzungen. WXR = Wetterradar.

Beispiele:
WXR OBS ISOL ECH RISK HAIL ECH OVER SNU MOV E AT 20KT =
WXR OBS BKN LINE OF SIG ECH S-PART OF TMA, MOV NE AT 15KT =
WXR OBS SCT SIG ECH AREA VALIK-STO-WGM MOV S =
WXR U/S =

2.10 BEISPIELE FÜR MET REP

MET REP LOWI 171220Z
170/3KT VIS 40KM SCT 8000FT BKN 30000FT
T 8 DP 3 QNH 1020 3012INS QFE 951 THR 26/952
EST WIND LOWI AREA 10000FT MSL 270/35KT
NOSIG

MET REP LOWW 141150Z
VRB 2KT CAVOK (VIS 12KM TO NW 70KM TO SW SCT 10000FT
BKN 15000FT BKN 22000FT)
T 10 DP 6 QNH 1018 3007INS QFE 996 THR 11/997 16/996 34/997
MOD TURB RWY16
NOSIG

MET REP LOWG 050750Z
VRB 1KT VIS 4000M 50KM TO N BR FEW 15000FT
T 3 DP 2 QNH 1027 3033INS QFE 986 THR 35/987
T AT 1000FT AAL PS17
BECMG VIS 10KM =

3. VORHERSAGEN UND WARNUNGEN

050 10 03 00

METAR, SPECI und MET REP SPECIAL sind aktuelle Beobachtungsmeldungen. Für die Flugplanung sind aber vor allem Vorhersagen von Interesse.

3.1 TRENDVORHERSAGE (TREND)

(Landewettervorhersage, nowcasting, valid 2 hours)
Der TREND wird jeder METAR-Meldung von Flugplätzen und jeder MET REP-Meldung angehängt und darf nur von berechtigten Personen formuliert werden. Die Trendvorhersage erstreckt sich über die Dauer von zwei Stunden, kann aber mit den Zeitgruppen FM, TL und AT präzisiert werden.

Wird in den nächsten 2 Stunden keine signifikante Wetteränderung erwartet, lautet der TREND – „NOSIG" = no significant change (keine markante Änderung).

Die signifikante Änderung von Sicht, Wind, Wetter oder Wolken wird mit folgenden Indikatoren beschrieben bzw. vorhergesagt:
- BECMG becoming langsamer Übergang
- TEMPO temporary zeitweise

Zeitgruppen:
- FM from ab einem Zeitpunkt beginnend
- TL till bis zu einem bestimmten Zeitpunkt
- AT at ab diesem Zeitpunkt

Auf FM, TL und AT folgt jeweils eine vierstellige Uhrzeit (UTC). „NSW" bedeutet no significant weather.

TREND-BEISPIELE MET REP:
BECMG FM 1130 VIS 1600 M
BECMG TL 1700 TS
TEMPO FM2215 TL2315 VIS 4000 M
BECMG TL1100 190/20 KT MAX 35

TREND-BEISPIELE METAR:
TEMPO TSRA
BECMG NSW
TEMPO TL 1600 +TSRAGR
NOSIG

3. Vorhersagen und Warnungen

3.2 TAF – TERMINAL AERODROME FORECAST

(Flugplatzwettervorhersage, valid 9 hours)
Für die Flugplanung ist die Wettervorhersage für den Zielflugplatz und für die Ausweichflugplätze von entscheidender Bedeutung. Der TAF enthält dieselben Wetterelemente wie das METAR und darf nur von berechtigtem Personal formuliert werden. Er ist zu interpretieren als die <u>wahrscheinlichste Wetterentwicklung</u> der nächsten Stunden. Der TAF wird in dreistündigen Zeitabständen erstellt und gilt, abgesehen vom LONG TAF, für einen Zeitraum von <u>9 Stunden</u>. Bei markanten Abweichungen des aktuellen Wetters vom vorhergesagten Wetter wird der TAF abgeändert („AMD" für amendment) und bei formalen Fehlern korrigiert (COR).

TAF FC	Location Indicator	Datum/ Erstellungszeit	Datum/Gültig- keitszeitraum	Ausgangs- wetterlage	eine oder mehrere Änderungsgruppen

Aufbau eines Terminal Aerodrome Forecast, TAF.

TAF ODER FC (FORECAST)
Kennung des TAF.

LOCATION INDICATOR
Kennung des Flugplatzes, für den die Vorhersage erstellt wurde.

DATUM UND ERSTELLUNGSZEIT
Nach dem Tagesdatum steht die Erstellungszeit des TAF, üblicherweise eine Stunde vor dem Beginn des Gültigkeitszeitraumes (UTC).
<u>Beispiel:</u> 250600Z, 081200Z

DATUM UND GÜLTIGKEITSZEITRAUM
Nach dem Tagesdatum wird vierstellig der Zeitraum (9 Stunden) angegeben, für welchen der TAF gültig ist (UTC).

Gültigkeitszeiträume (UTC):
0100–1000	0110	1300–2200	1322
0400–1300	0413	1600–0100	1601
0700–1600	0716	1900–0400	1904
1000–1900	1019	2200–0700	2207

<u>Beispiel:</u> 250716, 081322, 302207

AUSGANGSWETTERLAGE
Die Ausgangslage sollte wenn möglich nicht den aktuellen Wetterzustand beschreiben, sondern nach Möglichkeit den vorherrschenden, überwiegenden Wettercharakter!

ÄNDERUNGSGRUPPE(N)
Änderungsgruppen sollten nur bei signifikanten Abweichungen (mit genauen Kriterien) von der Ausgangslage angefügt werden. Es gibt definierte Kriterien nach deren Erfüllung Änderungsgruppen mit folgenden Kennungen beginnen:

BECMG: von engl. BECOMING, beschreibt eine allmähliche Wetteränderung (BEC, BCM, GRADU, RAPID, EVOL evolution).
Der Zeitraum des Änderungsvorganges sollte sich zwischen zwei und vier Stunden bewegen, wobei der nachfolgende Wetterzustand schon am Anfang oder am Ende erreicht werden kann.

TEMPO: von engl. TEMPORARY, kennzeichnet eine zeitweilig auftretende Wetteränderung, einen wechselhaften Wettercharakter (INTER, OCNL, BRF briefly, VRBL variable).
Die zeitweilige Änderung sollte nicht länger als eine Stunde andauern, kann aber des Öfteren auftreten (nie länger andauern als der Grundzustand).

FM: von engl. FROM, gibt den Zeitpunkt einer markanten Änderung an (FRONT, FROPA passage of front, CFP passage of coldfront, WFP, OFP).
FM bedeutet den ehest möglichen Zeitpunkt einer grundlegenden Wetteränderung (± 1 Stunde), wobei sich mindestens drei Wetterparameter ändern sollten.
FM darf nicht als „genau ab diesem Zeitpunkt" interpretiert werden. Vielmehr soll ausgedrückt werden, dass etwa um diese Zeit eine markante Wetteränderung zu erwarten ist, welche dann den überwiegenden Wettercharakter bis zum Ende des Gültigkeitszeitraumes darstellt.

PROB-Gruppen: Die Änderungsgruppen können auch mit einer Wahrscheinlichkeit versehen werden, wenn diese unter 50 Prozent liegt. Verwendet werden PROB30 und PROB40 (von engl. probability), verbunden mit einer 4-stelligen Zeitgruppe. PROB40 bedeutet ein erwartetes Eintreten in 4 von 10 Fällen.
Die Berücksichtigung dieser Gruppe bei der Flugplanung hängt von den einzelnen Fluggesellschaften ab.
Beispiel: PROB40 TEMPO 1016 TSRA =

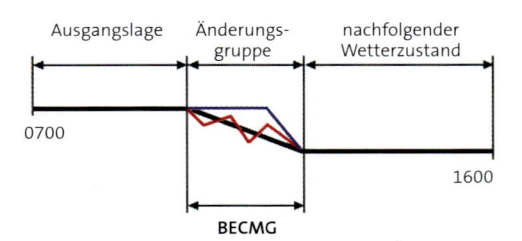

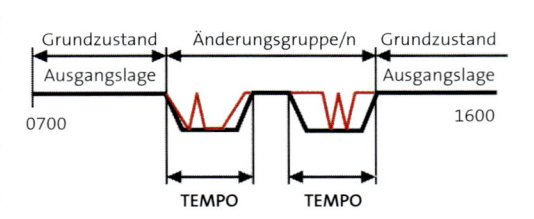

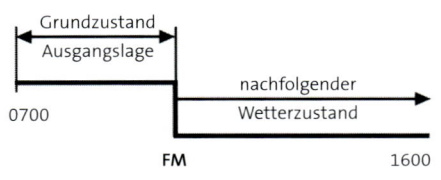

3. Vorhersagen und Warnungen

WETTERKURZBESCHREIBUNGEN
- NSC = NO SIGNIFICANT CLOUDS (keine Wolke unter Sektor-Mindestflughöhe)
- NSW = NO SIGNIFICANT WEATHER
- SKC = SKY CLEAR (wolkenlos)

TAF-BEISPIELE
WIEN_SCHWECHAT   VIE/LOWW
FCLOWW 221200Z 221322 33017KT 9999 FEW035=

LINZ_HOERSCHING   LNZ/LOWL
FCLOWL 221200Z 221322 30008KT 9999 FEW030 BECMG 2022 28004KT CAVOK=

SALZBURG_MAXGLAN   SZG/LOWS
FCLOWS 221200Z 221322 34005KT 9999 FEW025 SCT040 TEMPO 1316 7000 -SHSN SCT020 BKN035 BECMG 1618 VRB03KT=

INNSBRUCK_FLUGH.   INN/LOWI
FCLOWI 221200Z 221322 VRB03KT 9999 FEW025 BKN110 TEMPO 1922 7000 BKN025=

GRAZ_THALERHOF   GRZ/LOWG
FCLOWG 221200Z 221322 15005KT 9999 SCT030 SCT060 PROB30 TEMPO 1316 32017KT=

KLAGENFURT_FLUGH.   KLU/LOWK
FCLOWK 221200Z 221322 02004KT 9999 FEW050 PROB30 TEMPO 1318 35010G20KT BECMG 2022 6000 NSC=

VOESLAU_KOTTINGBRUNN   ;/LOAV
FCLOAV 221200Z 221322 36013KT 9999 SCT040=

WIENER_NEUSTADT_OST   ;/LOAN
FCLOAN 221200Z 221322 36014KT 9999 SCT030 BKN050 TEMPO 1315 36017G27KT 6000 -SHSN BECMG 1517 SCT045=

HOHENEMS_DORNBIRN_FLUGF   HOH/LOIH
FCLOIH 221200Z 221322 VRB02KT 9999 FEW010 BKN050 TEMPO 1316 SCT050=

RIJEKA_KOZALA   RJK/LDRI
FCLDRI 221200Z 221322 06008KT 9999 FEW040=

ZAGREB_PLESO   ZAG/LDZA
FCLDZA 221200Z 221322 02010KT 9999 SCT040 BKN060 TEMPO 1317 5000 -SN SCT020 BKN035 BECMG 1719 03006KT CAVOK=

OSIJEK_KLISA   OSI/LDOS
FCLDOS 221200Z 221322 34018KT 9999 FEW030 SCT040 PROB40 TEMPO 1522 -SN SCT030 BKIN040=

PULA_AERODROME   PUY/LDPL
FCLDPL 221200Z 221322 07012KT 9999 FEW040=

ZADAR_ZEMUNIK   ZAD/LDZD
FCLDZD 221200Z 221322 05008KT 9999 FEW040=

SPLIT_RESNIK   SPU/LDSP
FCLDSP 221200Z 221322 0315G25KT CAVOK BECMG 1518 02020G35KT=

DUBROVNIK_CILIPI   DBV/LDDU
FCLDDU 221200Z 221322 01020G30KT CAVOK TEMPO 1315 35015G25KT
BECMG 1518 02025G35KT=

MALI_LOSINJ   LSZ/LDLO
FCLDLO 221200Z 221322 02015KT 9999 FEW040=

VERONA_VILLAFRANCA   VRN/LIPX
FCLIPX 221100Z 221221 11005KT 8000 BKN040=

AVIANO   AVB/LIPA
FCLIPA 221100Z 221221 VRB05KT 9999 FEW040 BECMG 1721 SCT080=

TORINO_CASELLE   TRN/LIMF
FCLIMF 221100Z 221221 VRB04KT 2500 BR SCT015 SCT060=

UDINE_RIVOLTO   ;/LIPI
FCLIPI 221100Z 221221 VRB05KT 9999 FEW050 BECMG 1721 SCT080=

MILANO_MALPENSA   MXP/LIMC
FCLIMC 221100Z 221221 VRB04KT 1200 MIFG SCT015 SCT025=

BERGAMO_ORIO_AL_SERIO   BGY/LIME
FCLIME 221100Z 221221 VRB04KT 7000 SCT030SCT090=

VICENZA   VIC/LIPT
FCLIPT 221100Z 221221 07005KT 6000 BKN060=

TREVISO_ISTRANA   ;/LIPS
FCLIPS 221100 221221 09009KT 9999 SCT030 SCT070=

TREVISO_S_ANGELO   TSF/LIPH
FCLIPH 221100 221221 09009KT 9999 SCT030 SCT070=

VENEZIA_TESSERA   VCE/LIPZ
FCLIPZ 221100Z 221221 VRB05KT 9999 SCT035=

RONCHI_DEI_LEGIONARI   TRS/LIPQ
FCLIPQ 221100Z 221221 VRB04KT 9999 SCT040=

3. Vorhersagen und Warnungen

LONG-TAF

Der LONG-TAF hat eine Gültigkeitsperiode von 18 (eventuell auch bis 24) Stunden und wird alle 6 Stunden erneuert. Der große Vorhersagezeitraum wird für Langstreckenflüge benötigt. Der Aufbau der Vorhersage ist identisch mit dem „normalen" TAF. LONG-TAFs sind wegen ihres langen Gültigkeitszeitraumes vorsichtiger zu interpretieren.

Gültigkeitsperioden: 12/06, 18/12, 00/18, 06/24 Uhr UTC.

Beispiele:
SAARBRUECKEN_ENSHEIM   SCN/EDDR
FTEDDR 221000Z 221812 11004KT 8000 SCT020 BKN035 PROB30 TEMPO 0412 3000 -SN SCT004 BKN008=

STUTTGART_ECHTERDINGEN   STR/EDDS
FTEDDS 221000Z 221812 VRB03KT 9999 BKN030=

NUERNBERG   NUE/EDDN
FTEDDN 221000Z 221812 11005KT 9999 BKN040 PROB30 TEMPO 2312 2000 -SN BKN014=

MUENCHEN_FJS   MUC/EDDM
FTEDDM 221000Z 221812 10005KT 9999 SCT040 BECMG 0003 4000 BR BECMG 0609 8000 PROB30 TEMPO 0612 1500 -SN=

PRAHA_RUZYNE   PRG/LKPR
FTLKPR 221000Z 221812 17006KT CAVOK TEMPO 0609 4000 BR NSC PROB30
0608 2000 BR=

BRNO_TURANY   BRQ/LKTB
FTLKTB 221000Z 221812 34010KT CAVOK TEMPO 0609 4000 BR NSC=

BUDAPEST_FERIHEGY_INTL   BUD/LHBP
FTLHBP 221000Z 221812 34007KT CAVOK BECMG 0811 SCT043=

ZAGREB_PLESO   ZAG/LDZA
FTLDZA 220400Z 221206 03006KT 9999 SCT050 BECMG 1618 VRB03KT CAVOK=

PULA_AERODROME   PUY/LDPL
FTLDPL 221000Z 221812 08010KT CAVOK=

SPLIT_RESNIK   SPU/LDSP
FTLDSP 221000Z 221812 36015G30KT CAVOK BECMG 0710 34012KT 9999 FEW035=

DUBROVNIK_CILIPI   DBV/LDDU
FTLDDU 221000Z 221812 02025G35KT CAVOK BECMG 0810 02015G25KT=

3.3 WARNUNGEN IN DER ZIVILLUFTFAHRT

Folgende Protokolle werden zur Warnung vor fliegerisch relevanten Wetterereignissen ausgegeben:

- SIGMET
- AIRMET
- Flugplatzwarnungen
- Windscherungswarnungen (unter 1600 ft AAL)
- Special Airep

AIRMET und SIGMET werden in englischer Sprache unter Verwendung von ICAO-Abkürzungen abgefasst. Sie haben eine maximale Gültigkeitsperiode von vier Stunden und werden nach internationalen Richtlinien verschlüsselt.

SIGMET (WS = WARNING SIGMET)

SIGMET sind Warnungen für den internationalen Flugverkehr und warnen vor Gefahren von mindestens mäßiger Intensität. Sie geben auch eine Beschreibung der zeitlichen und räumlichen Wetterentwicklung wieder. Beim Eintreffen und/oder erwartetem Eintreffen einer oder mehrerer der folgenden Wettererscheinungen wird ein SIGMET erstellt:

- thunderstorms   TS (OBSC; EMBD; FRQ; SQL)
- severe turbulance   SEV TURB
- severe icing   SEV ICE
- severe icing due to freezing rain   SEV ICE (FZRA)
- severe mountain wave   SEV MTW
- heavy duststorm   HVY DS
- heavy sandstorm   HVY SS

Treten mehrere Wettererscheinungen gleichzeitig auf, sind diese gesammelt anzugeben. SIGMET-Meldungen sind zu widerrufen, wenn die Wettererscheinung(en) nicht mehr beobachtet oder erwartet werden.

Beispiel:
LOVV SIGMET 1 VALID 130225/130400 LOWW-
WIEN FIR SQL TS OBS AT 0220 NW-PART TOPS FL 400 MOV SE 20 kt INTSF =

LOVV SIGMET 4 VALID 151600/1900 LOWW-
WIEN FIR CNL SIGMET 3 151500/1900 =

WSOS31 LOWM 221148
LOVV SIGMET 4 VALID 221200/221500 LOWW-
WIEN FIR MOD, OCNL SEV TURB FCST ESP E HALF BTN FL170 AND FL390.
SLOWLY WKN FM W.=

3. Vorhersagen und Warnungen

WSIY31 LIIB 220901
LIRR SIGMET SST 02 VALID 220930/221530 LIMM-
ROMA FIR SEV TURB FCST ABV FL360 MAINLY CENTRAL AND EAST PART STNR NC=

WSIY31 LIIB 220846
LIBB SIGMET SST 02 VALID 220900/221500 LIMM-
BRINDISI FIR MOD TURB FCST ABV FL360 MAINLY NORTH AND PART MOV SE INTSF=

WSIY31 LIIB 221209
LIBB SIGMET 04 VALID 221230/221430 LIMM-
BRINDISI FIR EMBD TS FCST SOUTH PART STNR WKN
SEV TURB FCST GND/FL360 MOV E NC
SEV ICE FCST FL040/080 MAINLY CENTRAL AND S PART STNR NC=

WSIY31 LIIB 220859
LIMM SIGMET SST 02 VALID 220930/221530 LIMM-
MILANO FIR SEV TURB FCST ABV FL380 MAINLY CENTRAL AND EAST PART STNR NC=

WSIY31 LIIB 221029
LIRR SIGMET 04 VALID 221100/221500 LIMM-
ROMA FIR SEV TURB FCST ABV FL080 MAINLY CENTRAL AND EAST PART MOV E NC
EMBD TS FCST S PART MAINLY APPENNINIAN PART AND IONIAN AREA STNR NC=

WSIY31 LIIB 221027
LIMM SIGMET 03 VALID 221045/221445 LIMM-
MILANO FIR SEV TURB FCST ABV FL150 MAINLY CENTRAL AND EAST PART
MOV E NC=

Sonderformen des SIGMET gibt es bei:
- tropical cyclone TC (WC..)
- volcanic ash VA (WV..)
- Angaben zur Ausbreitung der vulkanischen Asche mittels Trajektorien, wobei eine weitere Vorhersage (outlook = OTLK) für Verbreitung bzw. Verlagerung angegeben wird.

Beispiel: TC GLORIA OBS 27N 73W AT 1600UTC FRQ TS TOPS FL 500 WITHIN 150NM OF CENTRE MOV NW 10 kt INTST NC: OTLK TC CENTRE 260400 28.5N 74.5W 261000 31.0N 76.0W

AIRMET (WA = WARNING AIRMET)

AIRMET-Meldungen geben eine kurze Beschreibung der spezifischen Streckenwettererscheinungen inklusive der räumlichen und zeitlichen Entwicklung. In Österreich sind AIRMETs für Luftfahrzeuge, die unterhalb von FL 240 operieren, gedacht. Gewarnt wird bei OCNL, LOC TS (TSGR), MOD ICE, MOD TURB und MOD MTW. Es gelten sinngemäß die Regelungen und Formen des SIGMET, allerdings nur bis zur Intensität moderate (MOD). Intensivere Wettererscheinungen erfordern ein SIGMET.

<u>AIRMET-Beispiele:</u>
WAOS41 LOWM 221152
LOVV AIRMET 4 VALID 221200/221500 LOWW-
WIEN FIR LOC MOD ICE FCST ALONG, N AND E OF ALPS BLW FL090. WKN.
LOC MOD TURB FCST S OF ALPS BLW FL170. WKN.=

WAIY31 LIIB 221020
LIMM AIRMET 03 VALID 221030/221430 LIMM-
MILANO FIR SFC VIS 0500/5000 M FG BR OBS WEST PO VALLEY AND
W PO RIVER AREA STNR WKN
MOD TURB FCST GND/FL150 STNR NC
MOD ICE FCST SW ALPINE AREA AND W PO VALLEY PART FL030/150
STNR NC=

WAIY31 LIIB 220841
LIBB AIRMET 03 VALID 220900/221300 LIMM-
BRINDISI FIR MT OBSC FCST APPENNINIAN AREA STNR NC
MOD TURB FCST GND/FL150 STNR INTSF
SFC WSPD 30/40 KT OBS STNR NC
MOD ICE FCST FL030/080 MAINLY STNR NC
SFC VIS 1000/5000 M SN RA BR OBS APPENNINIAN AREA STNR NC=

WAIY31 LIIB 221240
LIBB AIRMET 04 VALID 221300/221500 LIMM-
BRINDISI FIR MT OBSC FCST APPENNINIAN AREA STNR NC
MOD TURB FCST GND/FL150 STNR INTSF
SFC WSPD 30/40 KT OBS STNR NC
MOD ICE FCST FL030/080 MAINLY STNR NC
SFC VIS 1000/5000 M SN RA BR OBS APPENNINIAN AREA STNR NC=

WAIY31 LIIB 220929
LIRR AIRMET 04 VALID 221000/221400 LIMM-
ROMA FIR MOD TURB FCST GND/FL080 STNR NC
MT OBSC FCST CENTRAL AND S APPENNINIAN AREA STNR NC
MOD MTW FCST WEST APPENNINIAN AREA AND S SICILY AREA STNR NC
SFC WSPD 30 KT FCST MAINLY CENTRAL AND SOUTH PART STNR NC=

3. Vorhersagen und Warnungen

In Deutschland werden AIRMETs ebenfalls in der englischen Klartextkurzform der ICAO formuliert, der Meldungsaufbau entspricht dem SIGMET. Sie werden international ausgetauscht und sind für den unteren Luftraum bis FL 100, im FIR München bis FL 150 gültig. AIRMET-Informationen werden kontrolliert fliegenden Piloten von der DFS beim Einflug in ein FIR (flight information region, Fluginformationsgebiet) über Funk mitgeteilt.

AIRMET-Kriterien in Deutschland:	
Bodenwind	Surface Wind Speed above 30 kt
Beispiel:	BERLIN FIR SFC WSPD SW/35KT FCST 52 DEG N INTSF
Horizontale Sichtweite am Boden	Surface Visibility below 5000 m
Beispiel:	MUENCHEN FIR SFC VIS OBS AND FCST 2000M NC
Gewitter mit oder ohne Hagel	isolated or occasional thunderstorms (with hail: TSGR)
Beispiel:	FRANKFURT FIR OBS AT 1330 AND FCST ISOL TSGR MOV E WKN
Berge in Wolken	mountain obscuration above
Beispiel:	BERLIN FIR MTN OBSC ABV 2000FT MSL OBS AND FCST IN S-PARTS NC
Bewölkung a) BKN or OVC clouds with base below 1000 ft GND b) CB (ISOL CB, OCNL CB, FRQ CB)	
Beispiele:	a) DUESSELDORF FIR OVC 600FT FCST FIR EDLL NC b) MUENCHEN FIR OCNL CB FCST E-PARTS INTSF
Vereisung	moderate ice out of CU and CB
Beispiel:	BREMEN FIR MOD ICE FCST FL 050/080 WKN
Turbulenz	moderate turbulence out of CU and CB
Beispiel:	FRANKFURT FIR MOD TURB OBS AT 1425 ABV FL 080
Leewellen	moderate mountain waves
Beispiel:	MUENCHEN FIR MOD MTW OBS AT 1730 ABV FL 090 INTSF

Beispiel eines AIRMET aus München:
EDMM AIRMET 2 VALID 040400/040800 EDZM
MUENCHEN FIR OCNL TSGR FCST E-PARTS EDMM MOV E NC=

WARNZUSÄTZE IM MET REP
Vor markanten Wettererscheinungen oder Gefahren im An- und Abflugbereich wird zusätzlich im MET REP gewarnt:

- Windscherungswarnungen, WS WRNG
- Turbulenz im An- und Abflugbereich
- Vereisung im An- und Abflugbereich
- markante Temperaturinversionen
- Signifikante Wetterradarechos im An- und Abflugbereich, WXR

Beispiele:
- WS WRNG VWS IN FNA
- WS WRNG STRONG VWS BLW 1500 ft AAL IN APCH FOR RWY 12
- MOD TURB IN CLIMB OUT
- SEV ICE IN APCH BLW 5000 ft MSL
- T AT 1000 ft AAL PS 17
- WXR OBS SIG ECHO RISK HAIL OVER SNU MOV E AT 20 kt

FLUGPLATZ-WETTERWARNUNGEN MET WARN (WO)

Flugplatz-Wetterwarnungen werden in der Landessprache ohne Verwendung von ICAO-Abkürzungen für den jeweiligen Platz erstellt. Die Warnungen werden fortlaufend nummeriert und haben einen beliebig langen Gültigkeitszeitraum, der allerdings 12 Stunden nicht überschreiten soll. Sie werden für Luftfahrzeuge am Boden und im Flug, für Flughafeneinrichtungen und Flughafendienste für folgende Wetterereignisse erstellt:

Kriterien und Wettererscheinungen in Österreich:
- Windgeschwindigkeit am Boden mit Böen ab 30 kt
- Gewitter und / oder Hagel
- gefrierender Niederschlag
- starker Schneefall, Neuschneehöhe ab 5 cm
- plötzliches Tauwetter
- Glatteis, Frost

Warnungen für kleine Plätze werden von internationalen Flughäfen in der Nähe übernommen. So ist beispielsweise LOWI (Innsbruck) für LOIH (Hohenems) zuständig.

Beispiele:
MET WARN LOWL 3 220600/220900 WIND
ES IST WEITERHIN MIT STÜRMISCHEN WEST- BIS NORDWESTWIND MIT SPITZEN BIS 40 kt ZU RECHNEN.

MET WARN LOWK 1 060500/060600 SCHNEE
ES IST IN DER NÄCHSTEN STUNDE MIT EINEM NEUSCHNEEZUWACHS VON MEHR ALS 5 cm ZU RECHNEN.

Es gibt auch Warnungen vor Blitzeinschlägen am bzw. im Umkreis des Flughafens zur Sicherheit aller sich im Freien aufhaltenden Personen und Passagiere.

3. Vorhersagen und Warnungen

SPECIAL AIREP

SPECIAL AIREPS müssen erstellt werden, wenn Meldungen über Wettererscheinungen vorliegen, die den SIGMET-Kriterien entsprechen, aber keine Warnung hinsichtlich dieser Gefahr in Kraft ist. Der SPECIAL AIREP ist eine Stunde gültig und ist als Warnung anzusehen.

Kriterien für SPECIAL AIREPS:
- SEV TURB bei transonic oder supersonic Flügen
- SEV ICING
- SEV MTW
- MOD TURB
- TS without hail
- hail
- TS with hail
- CB
- HVY DS OR HVY SS
- volcanic ash cloud
- pre-eruption volcanic activity or a volcanic eruption

DER PILOTENBERICHT (PIREP)

Pilotenberichte werden von Flugzeugführern oder automatischen Anlagen während des Fluges oder nachher abgesetzt und von den Wetterdienststellen verbreitet. Pilotenberichte sollen insbesondere dann abgesetzt werden, wenn beobachtete Wetterverhältnisse die Sicherheit und Effizienz des Flugbetriebes beeinträchtigen. Pilotenberichte werden in englischer Sprache unter Verwendung von ICAO-Abkürzungen formuliert.

Inhalt des PIREP oder SPECIAL AIREP:
- Luftfahrzeugtype oder Kategorie (L, M, H)
- eventuell Flugphase
- Position
- Zeit
- meteorologische Information

Beispiele:
UAOS51 LOWW 221307Z
PIREP
MOD TURB AT FL 350 ENROUTE SNU – LNZ BY B727 =

UAOS31 LOWM 291147Z
SPECIAL AIREP
MOD TO SEV ICE BTN FL 130 AND FL 240 AREA STO =

4. WETTERKARTEN FÜR DIE LUFTFAHRT

050 10 02 00

Für die Flugvorbereitung und Planung wird dem Piloten an Wetterberatungsstationen ein Folder mit folgendem Inhalt ausgehändigt:
SIG-CHARTs (= Significant Weather Charts), Wind-, Temperaturkarten (FL 050, 100, 180, 240, 300, 340, 390), TAFs und METARs für Destination und Alternates (eventuell auch für Flughäfen auf der Strecke). Zusätzlich relevante SIGMETs, AIRMETs, Radar- und Satellitenbilder, bei VFR-Flügen auch aktuelle Wettermeldungen von Stationen an der Flugstrecke.

Die speziellen Wetterkarten für die Piloten werden von WAFCs (World Area Forecast Centers) erstellt. EUROPA wird von der WAFC in LONDON unter anderem mit folgenden Produkten versorgt:
- Höhenwinde
- Höhentemperaturen
- Maxwind
- Tropopausenhöhe
- Significant weather

Ein weiteres WAFC ist in Washington angesiedelt. Viele Staaten betreiben regionale Zentren, RAFC genannt (Regional Area Forecast Center), welche Wetterkarten für die Fliegerei zur Verfügung stellen. Die Verbreitung erfolgt zur Zeit über SADIS (Satellite Distribution System). SADIS läuft über den britischen Wetterdienst „MetOffice" in Bracknell. Hier werden sämtliche Beobachtungsdaten von Flugzeugen (ASDAR Aircraft to Satellite Data Relay) verarbeitet. Terrestrische und Satellitenübertragungsnetze sorgen für die weitere Verbreitung der Wetterkarten.

4.1 SIG-CHARTS

SIG CHARTs werden zur Zeit alle sechs Stunden neu berechnet und haben üblicherweise einen Geltungszeitraum von 18 oder 24 Stunden. Sie werden für Großregionen der Erde wie Europa (EURO), Nordatlantik (NATL), Vereinigte Staaten (US) erstellt. Diese Regionen werden auch in ICAO-AREAS unterteilt, allerdings unterliegt die Einteilung einem ständigen Wechsel. Der Europa-Ausschnitt erstreckt sich von FL 100 bis FL 450, die übrigen Karten von FL 250 bis FL 630.

4. Wetterkarten für die Luftfahrt

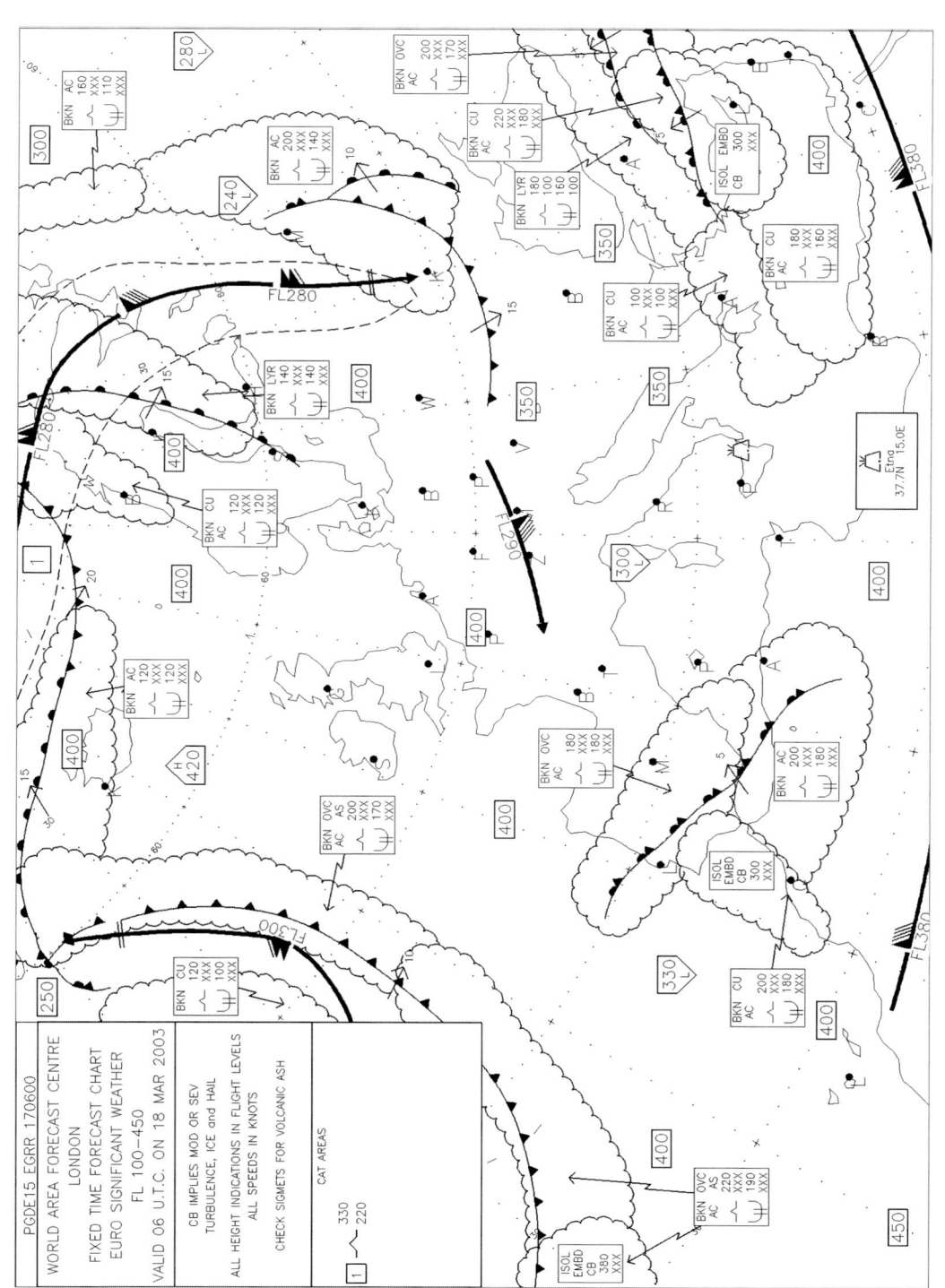

SIG CHART Europa.

IX. WETTERSCHLÜSSEL – WETTERBEOBACHTUNG

ERLÄUTERUNGEN ZUR SIG-CHART

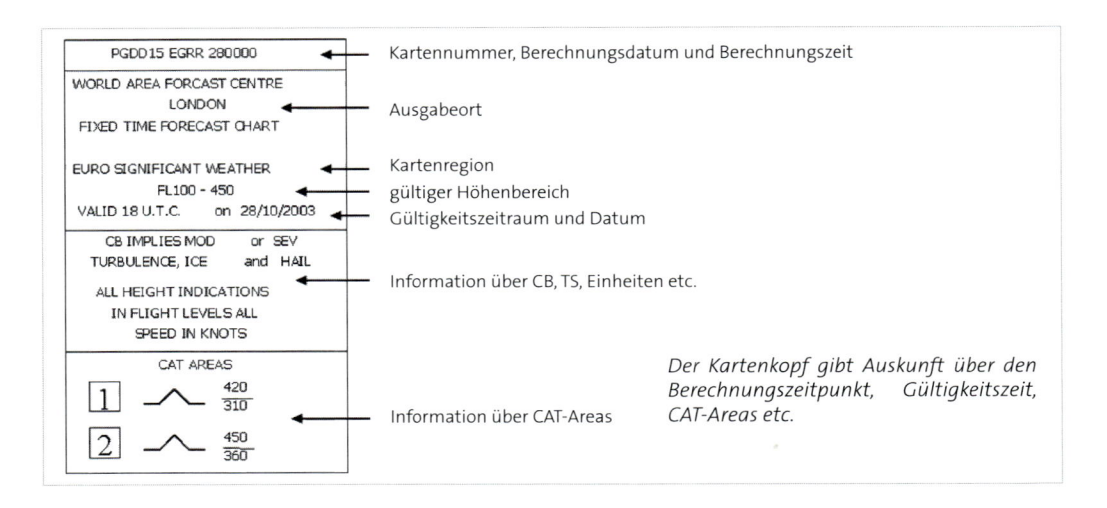

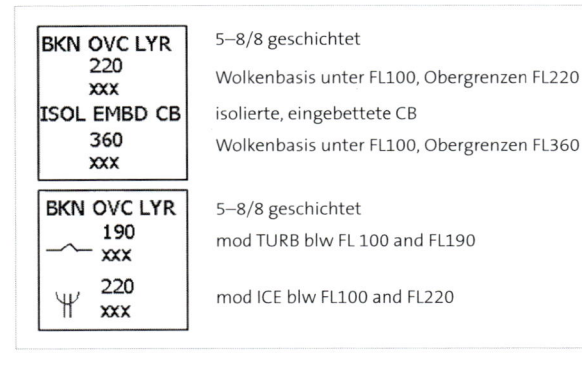

PGDD15 EGRR 280000	Kartennummer, Berechnungsdatum und Berechnungszeit
WORLD AREA FORCAST CENTRE LONDON FIXED TIME FORECAST CHART	Ausgabeort
EURO SIGNIFICANT WEATHER	Kartenregion
FL100 – 450	gültiger Höhenbereich
VALID 18 U.T.C. on 28/10/2003	Gültigkeitszeitraum und Datum
CB IMPLIES MOD or SEV TURBULENCE, ICE and HAIL ALL HEIGHT INDICATIONS IN FLIGHT LEVELS ALL SPEED IN KNOTS	Information über CB, TS, Einheiten etc.
CAT AREAS 1 420/310 2 450/360	Information über CAT-Areas

Der Kartenkopf gibt Auskunft über den Berechnungszeitpunkt, Gültigkeitszeit, CAT-Areas etc.

BKN OVC LYR 220 xxx	5–8/8 geschichtet Wolkenbasis unter FL100, Obergrenzen FL220
ISOL EMBD CB 360 xxx	isolierte, eingebettete CB Wolkenbasis unter FL100, Obergrenzen FL360
BKN OVC LYR 190 xxx	5–8/8 geschichtet mod TURB blw FL 100 and FL190
220 xxx	mod ICE blw FL100 and FL220

Erläuterungen zu Bewölkung, CB, Vereisung, Turbulenz.

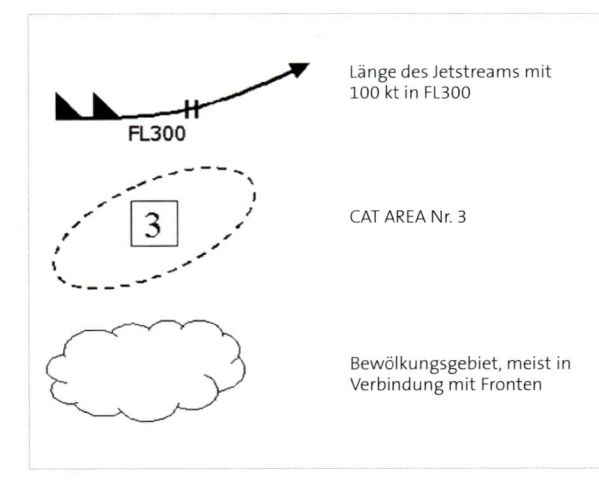

Länge des Jetstreams mit 100 kt in FL300

CAT AREA Nr. 3

Bewölkungsgebiet, meist in Verbindung mit Fronten

Weitere SIG-CHART-Symbole. Der Doppelstrich beim Jet bedeutet einen Flugflächenwechsel um 3000 ft oder eine Geschwindigkeitsänderung um 20 kt; gestrichelte Linien grenzen CAT-Areas ein, geschwungene Linien Gebiete mit signifikantem Wetter. Weiters werden Fronten (einziger Parameter am Boden), Tropopausenhöhen, Konvergenzlinien, 0°-Grenze, Innertropische Konvergenzlinien und weitere Symbole in SIG-Charts eingezeichnet. In Österreich erhält man vom Flugwetterdienst einen Folder mit sämtlichen Symbolen, Abkürzungen und einer Erklärung der Wetterschlüssel ausgehändigt.

4. Wetterkarten für die Luftfahrt

4.2 HÖHENVORHERSAGEN: WIND- UND TEMPERATURKARTEN

Die Wind- und Temperaturkarten werden gleich der SIG CHART alle sechs Stunden neu berechnet und haben üblicherweise einen Geltungszeitraum von 18 oder 24 Stunden.

Flight Level (FL)	Druckfläche
FL 050	850 hPa
FL 100	700 hPa
FL 180	500 hPa
FL 240	400 hPa
FL 300	300 hPa
FL 340	250 hPa
FL 390	200 hPa

Diese Druckflächen werden auch als Hauptdruckflächen bezeichnet. Negative Temperaturen haben kein Vorzeichen, positiven Temperaturen ist ein „PS" vorangestellt. Aus diesen Werten kann sofort die Abweichung zur ISA bestimmt werden. Die Windstärke wird in Knoten angegeben.

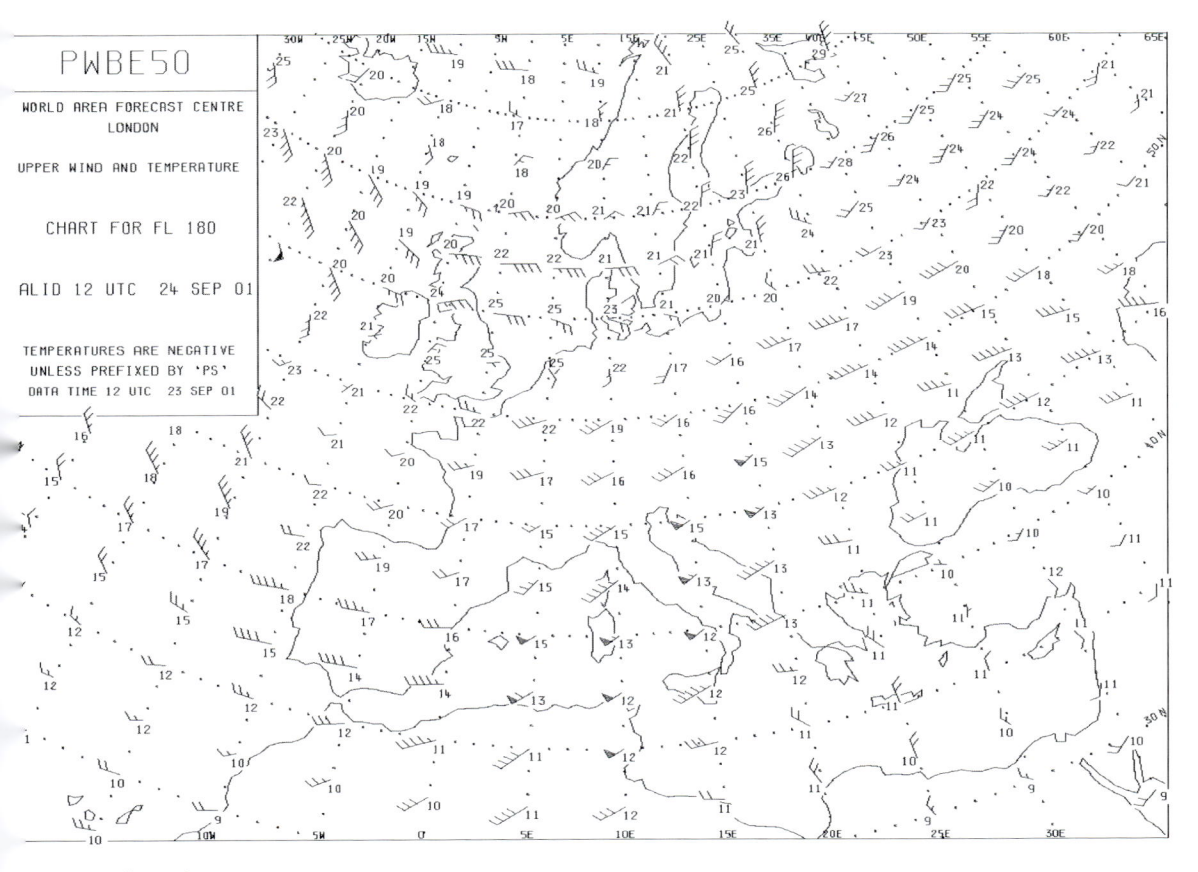

Windkarte für Europa.

4.3 GAFOR – GENERAL AVIATION FORECAST

Der GAFOR ist eine Vorhersage für die allgemeine Luftfahrt und wird für Schlechtwetterflüge als Streckenvorhersage erstellt. GAFORs gibt es nur von häufig beflogenen Strecken, sollen aber trotzdem das Bundesgebiet möglichst gleichmäßig überdecken. Der GAFOR ist sechs Stunden gültig und wird von den verantwortlichen internationalen Flughäfen alle drei Stunden erneuert.

Der GAFOR-Schlüssel:

Aufbau des GAFOR-Schlüssels:				
CCCC	G1G1G2G2	AAAA	agag	wgwgwg

Beschreibung der GAFOR-Schlüssels:	
CCCC	Ortskennung der Ausgabestelle (location indicator)
G1G1G2G2	Beginn und Ende der Gültigkeitsperiode 0700–1300 UTC (0600–1200 zur Sommerzeit) 1000–1600 UTC 1300–1900 UTC (1400–2000 zur Sommerzeit)
agag	Kennziffer der Strecke
wgwgwg	Wetterkategorie für 3 aufeinanderfolgende Zeitabschnitte von jeweils zwei Stunden O = offen, D = schwierig, M = kritisch, X = geschlossen

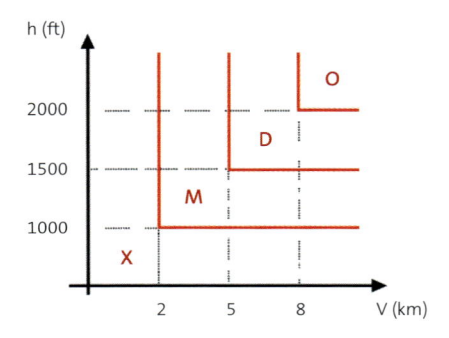

h = Höhe der Wolkenuntergrenze über der Bezugshöhe ab Bedeckungsgrad SCT (Bergland) und BKN (Flachland). V = Bodensicht. Im GAFOR gibt es keine TEMPO-Gruppe, daher wird der schlechtere Erwartungswert verschlüsselt. Schrägstriche bedeuten den Entfall von Wettermeldungen (z. B. nach ECET).

O: offen
D: schwierig
M: kritisch
X: geschlossen

4. Wetterkarten für die Luftfahrt

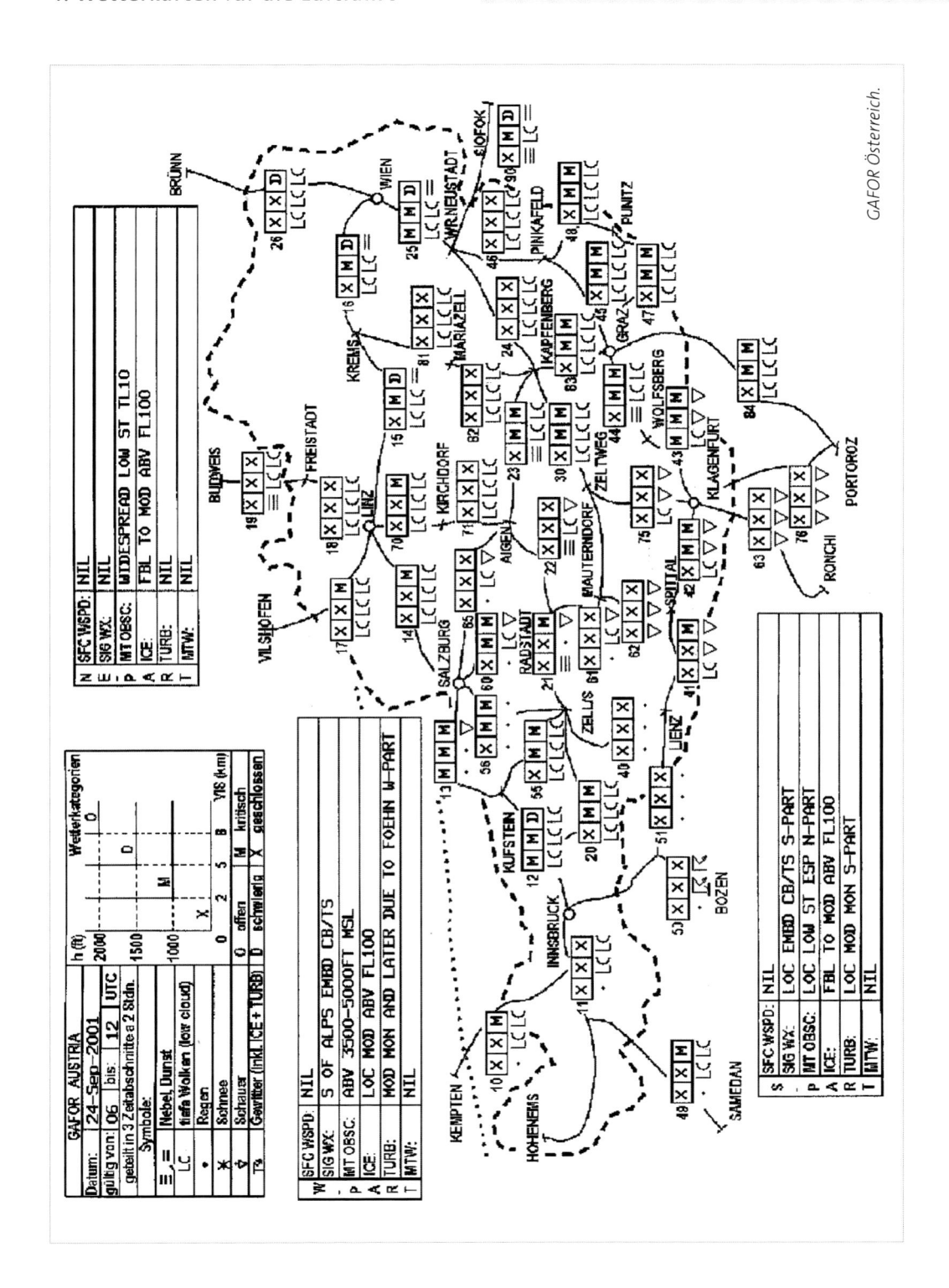

GAFOR Österreich.

4.4 GAMET

Das GAMET ist eine Gefahreninformation für Flieger unter FL 150, wird zusätzlich zum GAFOR während des Tage erstellt und mit dem GAFOR-Blatt verbreitet. Im GAMET erfolgen keine Angaben über Sicht oder Untergrenzen. Der GAMET unterliegt AMD-Kriterien.

Es gibt folgende Bereiche in der FIR WIEN: W-PART (LOWI; LOWS), N-AND E-PART (LOWL, LOWW), S-PART (LOWG, LOWK).

SFC WSPD	bei Böen von > 25 kt im Flachland (unter 3000 ft MSL)
SIG WX	Angaben über TS, TSGR, CB, TCU, FZRA, Tops of FG or low ST
MT OBSC	Berge in Wolken und Behinderungen für Alpenüberquerungen in Verbindung mit einer Höhenangabe
ICE	Auftreten von fbl oder mod ICE
TURB	Auftreten von fbl oder mod TURB
MTW	Auftreten von fbl oder mod Downdrafts in Verbindung mit Wellen
HAZARDOUS WX NIL	innerhalb der FIR wird kein GAMET-Kriterium erwartet

GAMET-Kriterien. Wird ein Kriterium nicht erwartet, ist NIL zu geben. Bei ICE, TURB und MTW sind zusätzlich Unter- und Obergrenzen angegeben.

4.5 GAFOR – DEUTSCHLAND

Deutschland wird in insgesamt 84 Gebiete aufgeteilt. Die einzelnen Gebiete sind so gewählt, dass in dem jeweiligen Gebiet durch Bodenbeschaffenheit, Bodenoberfläche und weitere Einflüsse ein in etwa gleiches Wetter zu erwarten ist.
GAFOR-Berichte werden getrennt für den Bereich NORD (Gebiete 01–47), SÜD (Gebiete 24–84) und einen Überlappungsbereichen der Mitte (Gebiete 24–47) herausgegeben. Es werden fünf Sichtflugstufen mit den folgenden Grenzwerten für die horizontale Sichtweite am Boden und die Wolkenuntergrenze voneinander unterschieden:

CHARLIE = C (clear, frei, nur nationale Verwendung):
Horizontale Sichtweite am Boden 10 km oder mehr und keine Wolken mit einem Bedeckungsgrad von 4/8 oder mehr unterhalb 5000 ft über der jeweiligen Bezugshöhe.

OSCAR = O (open, offen):
Horizontale Sichtweite am Boden 8 km oder mehr und keine Wolkenuntergrenze (4/8 oder mehr) unter 2000 ft über der jeweiligen Bezugshöhe.

4. Wetterkarten für die Luftfahrt

DELTA = D (difficult, (schwierig)):
Horizontale Sichtweite am Boden weniger als 8 km, mindestens jedoch 5 km und/oder Wolkenuntergrenze (4/8 oder mehr) unter 2000 ft, jedoch nicht unter 1000 ft über der jeweiligen Bezugshöhe.

MIKE = M (marginal, kritisch):
Horizontale Sichtweite am Boden weniger als 5 km, mindestens jedoch 1,5 km und/oder Wolkenuntergrenze (4/8 oder mehr) unter 1000 ft, jedoch nicht unter 500 ft über der jeweiligen Bezugshöhe.

X-RAY = X (closed, geschlossen):
Horizontale Sichtweite am Boden weniger als 1,5 km und/oder Wolkenuntergrenze (4/8 oder mehr) unter 500 ft über der jeweiligen Bezugshöhe. Achtung! Flüge nach Sichtflugregeln sind nicht möglich.

Wird ein Gebiet mit M eingestuft, muss eine gesonderte Wetterberatung eingeholt werden!

Ausgabe (UTC)	Vorhersagezeiträume (UTC), Perioden I, II, III
05:30	0600–1200 (06–08 / 08–10 / 10–12)
08:30	0900–1500 (09–11 / 11–13 / 13–15)
11:30	1200–1800 (12–14 / 14–16 / 16–18)
14:30	1500–2100 (15–17 / 17–19 / 19–21)
20:30	Aussichten für den Folgetag

GAFOR Deutschland.

4.6 ALPFOR

Zur Zeit werden zweimal täglich ALPFOR-Karten in LOWW erstellt. Diese graphischen Vorhersagen sind für Thermikflüge ausgelegt. Abkürzungen wie in SIG-CHARTs übliche Wettersymbole:

SICHTWEITEN (Angaben in km):

- Nebel
- Nebeldunst
- Dunst

WETTERERSCHEINUNGEN:

- Regen
- Nieseln
- Schnee
- Schauer

THERMIK:

- schwache Thermik
- mäßige Thermik
- starke Thermik
- Konvektionswolken mit mäßiger Thermik
- Ausbreitungsschichten

GEFAHREN:

- mäßige Vereisung
- starke Vereisung
- mäßige Turbulenz
- starke Turbulenz
- Leewellen mit Windrichtung
- Gewitter
- Gewitter mit Hagel
- gefrierender Niederschlag

4. Wetterkarten für die Luftfahrt

ALPFOR $\frac{FL240}{SFC}$

gültig f.d. **13.03.2003** 1200 utc
ausgegeben von LOWW am **12.03.** um **1200 utc**

Tendenz: Zufuhr feuchtkalter Luftmassen aus NE.

WESTEN

	kt	kt	kt	Nullgradgrenze
5000ft msl	360/10			
10000ft msl	010/30			
14000ft msl	010/40			3000
18000ft msl	020/40-50			ft msl

NORDEN / OSTEN

	kt	kt	kt	Nullgradgrenze
5000ft msl	350/30			
10000ft msl	010/30			
14000ft msl	010/40			2000
18000ft msl	010/40-55			ft msl

SÜDEN

	kt	kt	kt	Nullgradgrenze
5000ft msl	350/30			
10000ft msl	360/35			
14000ft msl	360/40			3000
18000ft msl	360/45			ft msl

austro CONTROL

SCT/BKN CU SC FL080 4500FT

TEMPO SHSN/SHRASN (VIS 3-7KM)

BKN SC FL100 3-5000FT / 3-8KM

N.FÖHN

SCT/BKN AC ABV-FL100

VIS 50-100KM

ISOL SHRA

VIS 30-50KM

SCT/BKN SC FL070 4000FT

VIS 20-35KM

SCT ACCI

LOC VIS 6-10KM

ALPFOR-Blatt.

KAPITEL X:

SATELLITEN-
METEOROLOGIE

050 10 01 03

1. Polarumlaufende Satelliten

Ein weltweites Wetter-Beobachtungssystem mit geostationären und polarumlaufenden Wettersatelliten dient zur Fernüberwachung des Wetters, insbesondere zur Beobachtung der Wolken in verschiedener Höhe, sowie der Messung der Temperatur- und Feuchteverteilung in der Troposphäre. Im Prinzip messen die an den Satelliten angebrachten Radiometer erstens die von der Erde und der Atmosphäre reflektierte Sonnenstrahlung und zweitens die von Atmosphäre und Erde ausgehende langwellige Strahlung. Alle Körper, Flüssigkeiten und Gase strahlen, und das Spektrum der abgestrahlten Wellenlängen hängt von ihrer Temperatur und von ihrem Emissionsvermögen ab. Damit ein Satellit energetisch sinnvoll und über längere Zeit betrieben werden kann, wird er in eine Erdumlaufbahn gebracht, in der sich seine Zentrifugalbeschleunigung (aufgrund seiner gekrümmten Bahn) und die Gravitationsbeschleunigung (Schwerkraft) der Erde aufheben. Je weiter der Satellit von der Erde entfernt ist, desto langsamer ist seine Gleichgewichts-Rotationsgeschwindigkeit um die Erde. Je näher ein Satellit um die Erde fliegt, desto höher muss seine Geschwindigkeit sein, um nicht auf die Erde zu stürzen. Es haben sich also auch aus diesem Grunde zwei unterschiedliche Typen von Satelliten entwickelt, erdnahe polarumlaufende und erdferne geostationäre.

1. POLARUMLAUFENDE SATELLITEN

umkreisen die Erde in einer Distanz von etwa 800 bis 900 km von Pol zu Pol. Eine Umrundung dauert etwa 100 Minuten. Die Radiometer tasten dabei einen etwa 2500 km breiten Streifen ab, während sich die Erde unter den Satelliten wegdreht. Somit überstreichen die polarumlaufenden Satelliten die gesamte Erdkugel. Das horizontale Auflösungsvermögen

Bild eines NOAA-Satelliten.

Das graphisch aufbereitete Bild zeigt nicht nur Einzelheiten bei der Bewölkung, sondern lässt auch viele Details der teilweise verschneiten Alpen erkennen.

ist wegen der Nähe zur Erde recht gut und liegt zur Zeit bei etwa 1 x 1 km. Die von der NOAA (National Oceanic and Atmospheric Agency) eingesetzten Satelliten messen zur Zeit in sechs Kanälen in einem Spektralbereich zwischen 550 und 12.500 nm (ein Nanometer = ein milliardstel Meter oder ein tausendstel Millimeter) vom sichtbaren Licht bis zum fernen Infrarot. Dadurch ist es möglich, bei günstigen Verhältnissen Nebel- und Hochnebelfelder von Schnee und von höheren Wolken auch in der Nacht zu unterscheiden.

2. GEOSTATIONÄRE SATELLITEN

Die geostationären Satelliten bewegen sich auf einer Umlaufbahn, die sich in der Äquatorebene befindet, in etwa 36.000 km Entfernung um die Erde. Sie haben exakt dieselbe Winkelgeschwindigkeit wie die Erde. Von einem irdischen Standpunkt „steht" der Satellit deshalb über uns. Im Gegensatz zu den polarumlaufenden Satelliten misst der geostationäre immer dasselbe Gebiet, das von Norden nach Süden in 1 bis 10 km breiten Streifen abgetastet wird. Der Europa erfassende METEOSAT-Satellit steht knapp südlich von Ghana über dem Null-Meridian und sendet zur Zeit alle 15 Minuten aktuelle Bilder. Bilder von geostationären Satelliten eignen sich zum filmartigen Abspielen, die eine gute Vorstellung von den Strömungsabläufen in der Atmosphäre geben („loops"). Die horizontale Auflösung der Satellitenbilder hängt von der geografischen Breite ab, beträgt aber im günstigsten Fall 2,5 km bei den Infrarot- und Wasserdampfbildern und 1 km beim Bild im sichtbaren Bereich.

Diese neue Generation von geostationären Satelliten, die mit verbesserter Technik eine Bildschärfe ähnlich den aktuellen, polarumlaufenden Satelliten erreicht, hat Ende Jänner 2004 den operationellen Betrieb aufgenommen. Darüber hinaus stehen Bilder in 12 meteorologischen Kanälen zur Verfügung, und der Großteil der Bilder wird alle 15 Minuten gesendet. Von dieser neuen Satellitengeneration werden Verbesserungen in der Kurzfristvorhersage erwartet.

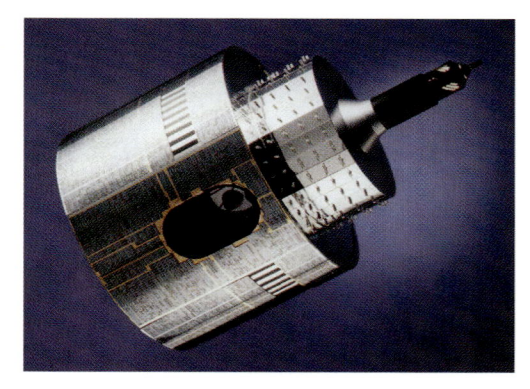

Bild eines METEOSAT-Satelliten.

3. SICHTBARER SPEKTRALBEREICH (VIS)

Dieser Wellenlängenbereich kommt dem menschlichen Sehen sehr nahe. Das Radiometer registriert die reflektierte Sonnenstrahlung im sichtbaren und infrarotnahen Bereich. Die Helligkeit der reflektierten Strahlung hängt vom Reflexionsvermögen („Albedo") der Oberfläche ab. Je heller ein Objekt, desto höher ist seine Albedo. Das VIS-Satellitenbild ist daher ein Bild von der Erde, wie es das menschliche Auge aus dem Weltraum sehen würde, allerdings stark vergrößert und „aufgesteilt". Mit einer Rechenprozedur wird damit der schräge Betrachtungswinkel des Satelliten auf die nördlichen Breiten ausgeglichen. Die besten Ausleuchtungsverhältnisse herrschen von Anfang März bis Mitte Oktober, die Helligkeit der Bilder hängt aber noch mehr vom Tagesgang der Sonne ab. Ein wesentlicher Nachteil der VIS-Bilder besteht darin, dass sie nur zur Tageszeit brauchbar sind. Da die unterschiedlichen Oberflächen auch im sichtbaren Bereich verschieden stark reflektieren, lässt sich prinzipiell gut zwischen Land, Gewässer und Wolken unterscheiden.

Der Grauwert, mit dem die Bewölkung im VIS-Bild dargestellt wird, hängt von mehreren Faktoren wie vertikale Erstreckung, Bedeckungsgrad, Flüssigwasser- und Eisgehalt und Oberflächenstruktur ab. Die Unterscheidung zwischen Schnee und Wolken, die Darstellung dünner Wolken (Cirren) oder kleinräumiger Wolken ist im VIS-Bild nur beschränkt möglich.

Oberfläche	Albedo (%)	Oberfläche	Albedo (%)
Meer, Wasseroberfläche	8	dickere Wolken	50–80
Wald	5–15	Schnee, einige Tage alt	40–70
unbewachsener Boden	10–15	frischer Schnee	75–95
dünnere Wolken	10–50		

Durchschnittliche Albedo verschiedener Oberflächen. Genau betrachtet hängt die Albedo auch vom Einfallswinkel der Strahlung ab. Besonders stark ist dieser Effekt bei Wasser. Aus steilem Winkel erscheint es dunkel (kleine Albedo), aus sehr flachem Winkel silbrig (hohe Albedo).

VIS-Satellitenbild METEOSAT 7.

4. INFRAROTER SPEKTRALBEREICH (IR)

Jeder Körper (fest, flüssig oder gasförmig) sendet elektromagnetische Strahlung aus. Diese wird hauptsächlich bestimmt durch die Temperatur, aber auch von sonstigen Eigenschaften. Ein „absolut schwarzer Körper" ist ein Körper, der alle Strahlung, die auf ihn trifft, absorbiert. Dies ist eine Idealisierung; kein wirklicher Körper ist tatsächlich ganz schwarz. IR-Bilder sind also ein Temperatursignal der Erde und der Wolken. Bei der in Europa üblichen Darstellung werden helle Graustufen (bis weiß) als kalte Oberflächen und dunkle Graustufen (bis schwarz) als warme Oberflächen dargestellt. So erscheinen tiefe, warme Wolken dunkel, hingegen sind hohe, kalte Wolken hell. Der große Vorteil der meisten IR-Kanäle besteht darin, dass sie vom Sonnenlicht und damit von der Tageszeit unabhängig sind. Da der größte Teil der Temperaturinformation von der Wolkenoberfläche kommt, ist es möglich, die Höhe der Wolkentops aus IR-Bildern abzuschätzen. Ein Nachteil des IR-Bildes liegt in der schlechteren Auflösung orographischer Strukturen.

Schwarz	warmer Ozean, Wüsten, überhitztes Land
Dunkelgrau	ST, CU hum, teilweise SC, kalter Ozean
Grau	ST + SC, mittelhohe Bewölkung, dünne CI, Wälder
Hellgrau	dichtere mittelhohe Bewölkung, CI, CS, NS, TCU
Weiß	CI + AS, CB, TCU, dichter CI, CS, Gewitter-Amboss

Eine grobe Klassifizierung der invertierten Graustufen im IR-Bild.

IR-Satellitenbild, METEOSAT 7.

5. DER WASSERDAMPF-KANAL (WV)

Die WV-Satellitenbilder zeigen den Gehalt an (gasförmigem) Wasserdampf in der Atmosphäre. Im Gegensatz zum IR-Bild kommt das Messsignal nicht nur von der Wolkenoberfläche, sondern auch aus tieferen Schichten. Üblicherweise werden WV-Bilder so aufbereitet, dass dunkle Stellen trockene Luft anzeigen und das Bildpixel mit steigendem Wasserdampfgehalt immer heller wird. Wasserdampf ist ein guter Tracer für Luftbewegungen, weshalb WV-Bilder sich am besten zur Beurteilung der Strömungen in der mittleren und hohen Troposphäre eignen. Eine wesentliche Einschränkung besteht darin, dass die Strahlungsintensität im WV-Kanal nicht nur vom Wasserdampfgehalt, sondern auch von seiner vertikalen Verteilung abhängt. Deshalb werden WV-Bilder zusammen mit zusätzlicher Information aus Satellitenbildern, Vorhersagemodellen oder (Radiosonden-)Messungen interpretiert.

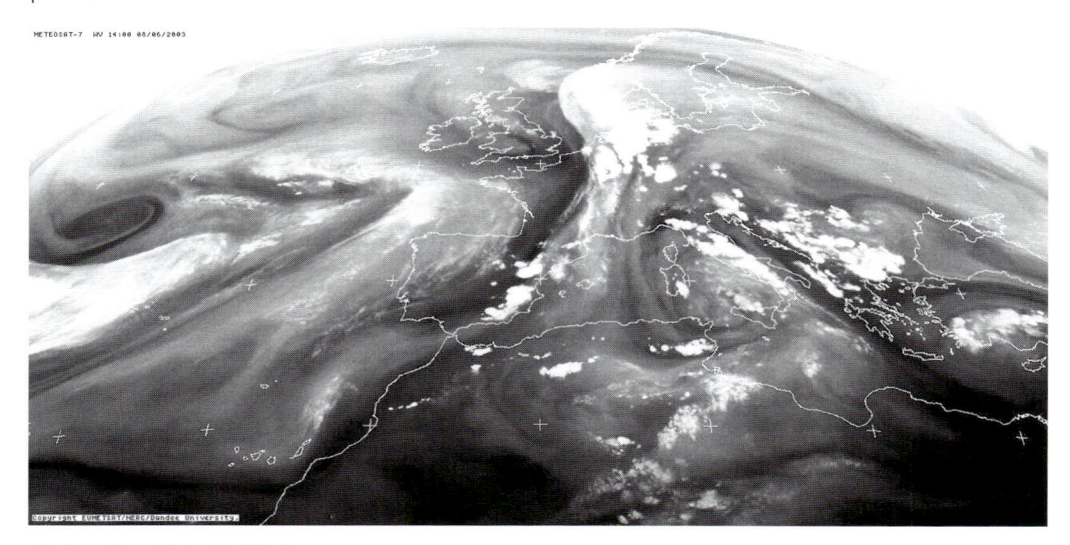

WV-Satellitenbild, METEOSAT 7.

Eingefärbtes Mischbild aus VIS-, IR- und WV-Kanälen, METEOSAT 8.

ZUSAMMENFASSUNG SATELLITENBILDER

Mit Satellitenbildern lassen sich viele für die Fliegerei wichtige Wettererscheinungen erkennen. Dazu gehören Fronten, Gewitter, Tiefdruckwirbel, Jetstreams, Turbulenzregionen, Nebel oder Hochnebel. Die neue Satellitengeneration (ab METOSAT 8, im operationellen Betrieb ab Februar 2004) wird darüber hinaus deutlich feinere Strukturen auflösen und wesentlich bessere Informationen über den Phasenzustand der Wolken (Vereisung, unterkühltes Wasser, Mischformen), das Größenspektrum der Wolkenteilchen und über den Wassergehalt der Troposphäre geben. Des Weiteren kann man durch das wiederholte Abspielen mehrerer Bilder hintereinander („loop") die Verlagerungsgeschwindigkeit von Wettersystemen abschätzen, aber auch Hinweise auf die Abschwächung oder Verstärkung eines Wetterphänomens bekommen. Trotzdem sagen r alleine relativ wenig aus, und die Gefahr von falschen Schlussfolgerungen ist groß. Erst im Zusammenspiel mit anderen Wetterdaten und Vorhersagemodellen gelingt es, die wesentlichen Informationen aus den Satellitenbildern zu destillieren.

6. DAS WETTERRADAR

050 10 01 04

RADAR ist eine Abkürzung aus dem Englischen: Radio Detecting And Ranging. Prinzip der Radarmessung: Das Radargerät sendet einen elektromagnetischen Impuls aus, der von Wassertropfen und Eispartikeln reflektiert und von der Empfangseinheit des Radars gemessen wird. Aus der Laufzeit des Impulses ergibt sich die Entfernung, aus dem Richtungs- und Höhenwinkel der Ort des reflektierenden Objektes. Im Gegensatz zum Radiometer im Satelliten, welches rein passiv misst, sendet das Radar einen Impuls aus, um dessen Echo zu messen. Das Wetterradar kann unter günstigen Voraussetzungen viele Wettergefahren für die Luftfahrt erfassen, wie Hagel, Gewitter, Vereisung, starken Schneefall und starke Konvektion. Mit Dopplerradargeräten kann zusätzlich die Radialgeschwindigkeit der reflektierenden Teilchen gemessen werden, wodurch Informationen über das dreidimensionale Windfeld in den Wolken abgeleitet werden können. Radarbilder machen es damit möglich, bei der Flugplanung auf Gefahrenzonen hinzuweisen. Außerdem können mit der Loop-Darstellung von Radarechos die Verlagerung von signifikanten Wettererscheinungen erfasst und Kurzfristprognosen („nowcasting") erstellt werden. Der Zeitrahmen für derartige Vorhersagen reicht zwar selten über eine Stunde hinaus, doch ist das Radar für die Erstellung von Trends und Warnungen von großer Bedeutung.

Der österreichische Radarverbund deckt Österreich zum größten Teil ab.

6. Das Wetterradar

In Österreich gibt es zur Zeit ein Netz von vier Wetterradarstationen. Die nationalen Radarbetreiber haben sich zu internationalen Großverbänden zusammengeschlossen. Einer davon ist „CERAD" (Central European Weather Radar Network), das Radarinformation aus Österreich, Deutschland, der Schweiz, Slowenien, Ungarn, Tschechien und Polen in halbstündigem Abstand zur Verfügung stellt. Weitere Mitgliedsländer werden erwartet.
Allerdings ist die Troposphäre im Bergland unterhalb von 2000–3000 m sehr schlecht abgedeckt, weil das RADAR nicht nach unten blickt. Größere Räume ohne Radarabdeckung gibt es auch noch im Westen Österreichs wegen der Abschattung durch Gebirge.

6.1 INTERPRETATION VON RADARBILDERN

GEBRÄUCHLICHE FARBABSTUFUNG DER NIEDERSCHLAGSINTENSITÄT (REFLEXIVITÄT)

Die mathematische Nachbearbeitung der Radarmessung macht es möglich, nicht nur den Ort von Niederschlagspartikeln festzustellen, sondern auch ihre Größenverteilung abzuschätzen und damit Hinweise auf die Niederschlagsintensität zu bekommen. Prinzipiell kann die Darstellung der Intensitäten individuell eingefärbt werden, doch sind verbreitet die Farbgebungen der folgenden Abbildung im Einsatz.

Stufe	Bezeichnung	Niederschlagsintensität	Farbe
1		0.2 mm/h	Dunkelblau
2		0.6 mm/h	Hellblau
3		1.7 mm/h	Grün
4	moderate	5.0 mm/h	Gelb
5	strong	15.0 mm/h	Orange
6	very strong	50.0 mm/h	Violett
7	extreme	95.0 mm/h	Rot

REICHWEITE DES RADARS

Die Radarstrahlen werden an den Niederschlagsteilchen gestreut, wobei die Intensität der Streuung stark vom Radius des streuenden Niederschlagspartikels abhängt. Daher werden die Radarstrahlen beim Durchqueren von Wolken gedämpft, und ihre Reichweite hängt von der Art der enthaltenen Partikel ab. So streut oder reflektiert ein Wassertropfen rund fünfmal stärker als ein gleich großer Schneekristall. Eine grobe Abschätzung der daraus resultierenden Radarreichweite ist in der folgenden Tabelle angeführt.

Niederschlagsart	Radarecho bis zu einer Entfernung von
Nieseln oder leichter Schneefall	20 km
leichter Regen	70 km
starker Schneefall	100 km
starker Regen	150 km
Regenschauer (Sommerhalbjahr)	180 km
Gewitter	230 km
Hagelgewitter	über 250 km

X. SATELLITENMETEOROLOGIE

EINSCHRÄNKUNGEN

Radardämpfung (Entfernungs- und Ausbreitungsdämpfung):
Das Radarsignal wird auf verschiedene Arten gedämpft. Aus geometrischen Gründen nimmt die Strahlung mit dem Quadrat der Entfernung ab; Reflexionssignale aus der Ferne sind daher sehr viel schwächer. Daher sollte bei einer Entfernung von 100 km die Intensität um eine Stufe hinaufgesetzt werden, bei 200 km Entfernung um zwei Stufen. Diese Dämpfung wird Entfernungsdämpfung genannt. Im Gegensatz dazu bezeichnet die Ausbreitungsdämpfung die Dämpfung der Radarstrahlen beim Durchqueren von Wolken mit vielen Niederschlagspartikeln. Große Niederschlagsgebiete können daher durch ein einzelnes Radar nicht erfasst werden. Vor allem große Gewitterwolken können die Reichweite eines Radars auf 10 Prozent reduzieren.

Unerwünschte und unreale Echos:
Natürlich reflektieren nicht nur Wolkenteilchen, sondern auch feste Gegenstände wie zum Beispiel Gebirge. Diese sind zwar prinzipiell als konstantes Signal leicht auszufiltern, werden allerdings unter bestimmten atmosphärischen Bedingungen, wie bei starken Inversionen oder starken Temperatur- und Feuchteabweichungen wieder sichtbar. Denn dann werden die Radarstrahlen an den Diskontinuitäten zur Erde hin gebrochen, was nicht nur zu falschen Festechos, sondern auch zu falschen Entfernungsangaben oder zu unrealen Echos führen kann. Auch bei Sonnenauf- und -untergang gibt es falsche Echos.

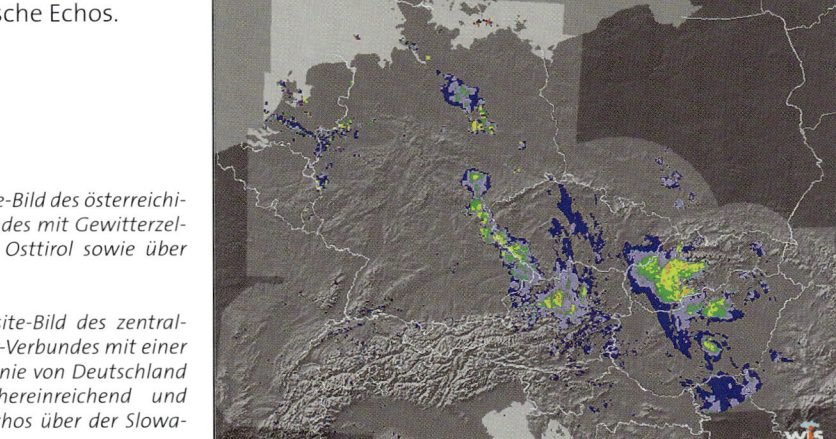

Abb. oben: Compsite-Bild des österreichischen Radar-Verbundes mit Gewitterzellen über Süd- und Osttirol sowie über Bayern.

Abb. unten: Compsite-Bild des zentraleuropäischen Radar-Verbundes mit einer signifikanten Echolinie von Deutschland nach Österreich hereinreichend und markanten Radarechos über der Slowakei und Ungarn.

7. RADIOSONDEN

050 10 01 02

Radiosondenaufstiege gehören zu den wichtigsten Mess-Systemen in der Atmosphäre. Kein anderes System ist in der Lage, ein derart detailliertes Bild von der Vertikalstruktur der Atmosphäre zu liefern. Moderne Radiosonden senden im 10-Sekunden-Takt Messungen der Lufttemperatur, der Feuchte und des Luftdruckes an die Empfangsstation. Über ein Navigationssystem wird die Verlagerung der Radiosonde mit den Luftströmungen erfasst, woraus sich schichtweise der herrschende Windvektor bestimmen lässt. Der Nachteil der Radiosonden liegt im relativ hohen finanziellen Aufwand. Deshalb werden nur wenige Radiosondenstationen betrieben, welche ein- bis viermal täglich Aufstiege durchführen. Somit ergibt sich eine deutlich reduzierte zeitliche und räumliche Auflösung der Messungen. Doch die Güte der Vertikalmessung ist so gut, dass ohne sie kein Wettervorhersagemodell betrieben werden könnte. Darüber hinaus ermöglichen die Radiosondenmessungen (TEMPs) eine Reihe von wichtigen Aussagen über die Atmosphäre, wie zum Beispiel:
- Temperaturverteilung
- Feuchteschichtung (Luftmassenbestimmung)
- Höhe der Nullgradgrenze
- Kondensationsniveau
- Auslösetemperaturen
- Wolkenschichtung (Basis, Tops)
- Stabilität
- Inversionen
- Vereisungsprognose
- Wahrscheinlichkeit von COTRA (Kondensstreifen)

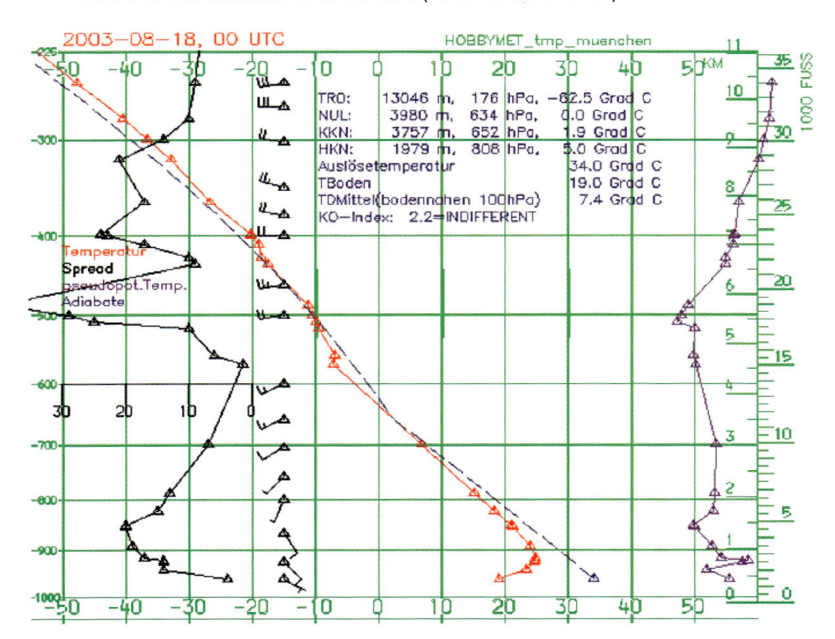

TRO: Tropopause,
NUL: Nullgradgrenze,
KKN: Kumuluskondensationsniveau,
HKN: Hebungskondensationsniveau,
Auslösetemperatur: Temperatur, die ein Luftpaket haben muss, um beim Aufstieg das KKN zu erreichen,
TBoden: Temperatur am Boden in Grad Celsius,
TDMittel: mittlerer Taupunkt zwischen dem Bodenwert und einer Höhe unterhalb des KKN,
KO-Index: Index für die Gewittervorhersage.

Darstellung der Daten eines Radiosondenaufstieges von München am 18. 08. 2003 um 00UTC.

8. SNOWTAM

050 10 03 01

Vor dem Abflug ist bei der AIS das SNOWTAM erhältlich. Das SNOWTAM wird ebenfalls vom Wetterdienst verschlüsselt (050 10 01 01) und dem METAR angefügt. Diese Meldung gehört dann zur Standarddokumentation, wenn die Wettersituation (Schnee, Eis etc.) einen schlechten Pistenzustand erwarten lässt. Erstellt wird sie meist von der Flughafenbetriebsgesellschaft, um dann der Flugabfertigung und dem Wetterdienst weitergeleitet zu werden.

Inhalt eines SNOWTAM:
- Flugplatz (location indicator)
- Datum und Zeit der Beobachtung
- Pistenkennzahl
- gereinigte Pistenlänge
- gereinigte Pistenbreite
- Niederschlagsbelag auf der ganzen Piste (aufgeteilt in 3/3)
- mittlere Stärke des Niederschlagsbelages (aufgeteilt in 3/3)
- Bremswirkung auf jedem Drittel der Piste
- gefährliche Schneewälle
- Pistenfeuerverdeckungen
- Beginn geplanter Reinigung
- Ende geplanter Reinigung
- Rollweg
- Schneewälle entlang der Rollwege
- Abstellfläche
- nächste geplante Beobachtung/Messung
- unverschlüsselte Anmerkung

9. BLITZORTUNG

1992 gingen in Österreich die ersten Blitzsensoren in Betrieb. ALDIS (Austrian Lightning Detection & Information System) dient zur Erfassung der Gewitteraktivität im ganzen Bundesgebiet. Im Laufe der Jahre wurden benachbarte Netzwerke integriert, und seit dem Jahr 2000 besteht das EUCLID-Netzwerk (European Cooperation for Lightning Detection), welches die Blitzaktivität über fast ganz Europa erfasst.
Funktionsweise: Sensoren (Empfangsbereich ca. 400 km) bestimmen den Einfallswinkel und den Zeitpunkt des elektromagnetischen Feldes, das jeder Blitzentladung folgt. Da jede Entladung von mehreren Sensoren erfasst wird, kann sie rechnerisch geortet werden.
Die Blitzdaten werden entweder als Rohdaten zur Integration in meteorologische Software oder grafisch aufbereitet im Internet den berechtigten Benutzern zur Verfügung gestellt.

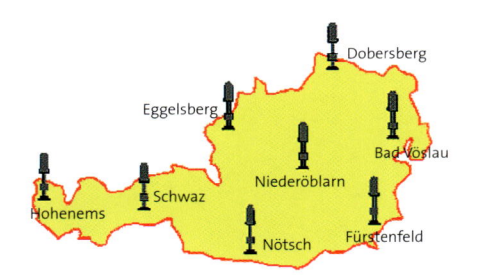

ALDIS-Sensorstandorte in Österreich, Stand 2001.

ANHANG

WEITERE LOKALWINDSYSTEME AUS ALLER WELT

Name	Land, Region	Name	Land, Region
Abrolhos, Abrolhos squalls	Ostküste Brasiliens	Borasco (oder Burrasca)	zentrales Mittelmeer, Italien
Afghanetz	Afghanistan	Bat Hiddan	Arabisches Meer
Afternoon Burner	Kanada, Vancouver	Bordelais	Quercy, Frankreich
Agueil, Aiguolas	Cévennes méridionales, Frankreich	Bauju	Hochsavoyen, Frankreich
Albe (Vent d'Espagne)	Südfrankreich	Boreas	Antikes Griechenland
Albtalwind	Nördl. Schwarzwald	Bayamos	Kuba
Alpenföhn	Alpen	Borino	Dalmatien
Andro (Ander)	Gardasee	Bayrischer Wind	Zillertal, Tiroler Unterland, Oberösterreich
Aparktias	Antikes Griechenland	La boulbie	Ariège, Frankreich
Apeliotes	Antikes Griechenland	Belat	Südarabien
Aperwind	Schweiz	Bourget (vent du)	Savoyen, Frankreich
Argestes	Antikes Griechenland	Bent de biso	Gers, Frankreich
Arouergue, Rouergue	südl. Zentralmassiv, Frankreich	Bramont (vent du col de)	Savoyen, Frankreich
		Bent de bourdéou	Gers, Frankreich
Aspre	Zentralmassiv, Südfrankreich	Bregenzer Fallwind	Bodensee
		Bent de darre	Gers, Frankreich
Aurassos	Provence, Südfrankreich	Breva	Comer See
Aure	südl. Cevennen, südl. Zentralmassiv, Frankreich	Berg Wind	Südafrika
		Brezza di mare	Italien
Auster	Antikes Italien, England	Bernstein-Wind	Ostpreußen
Austru	Walachei, Rumänien	Brickfielder	Australien
Autan, Autan blanc	Südfrankreich	Bhoot	Indien
Auvergnasse	Zentralmassiv, Südfrankreich	Brisa	Philippinen
		Binaude (binante)	französisches Jura, Frankreich
Ayalas	Zentralmassiv, Südfrankreich	Brisas	Uruguay
Aygalas	südl. Cevennen, Südfrankreich	Bise	Französische Alpen, Nordostschweiz
		Brises solaires	Provence, Südfrankreich
Aziab	Rotes Meer	Bise brune	Drôme und Isère, Frankreich
Bad-e-Simur	Iran		
Blanc	Lozère, Frankreich	Broebroe	Celebes (Indonesien)
Bad-i-sad-o-bistroz	südliches Afghanistan	Bise de Bayard	Frankreich
Blés (vent des)	Ardèche, Frankreich	Brüscha	Oberengadin
Baguio	Philippinen	Bise du haut	französisches Jura, Frankreich
Blizard	Savoyen, Frankreich		
Balaton-Wind	Plattensee, Ungarn	Brughierous	Montagne noire, Frankreich
Blizzard	Kanada, USA		
Bali-Wind	Java	Bise du vallon	Drôme, Frankreich
Boaren	Gardasee	Buesh (vent de la vallée du)	Drôme, Frankreich
Balì	Gardasee		
Bochorno	Ebrotal in Spanien	Bise noire	Frankreich
Barat	Celebes (Indonesien)	Buhrga	Iran
Böhmischer Wind	Böhmerwald	Bise nègre (biso negro)	Rouergue, Frankreich
Barban (vent de)	Frankreich	Buran	Sibirien
Bohorok	Sumatra	Bissorte (vent du col de la)	Savoyen, Frankreich
Barber	Ostkanada	Burga	Alaska
Bora	Dalmatien	Burster	Australien
Bardanis	Narbonne, Frankreich	Burst of the monsoon	Indien
Bora von Noworossijsk	Schwarzmeerküste		
Barines	Venezuela	Cambûeiros	Ostküste Brasiliens
Boraccia	Adria, Dalmatien	Canigonenc	Roussillon, Frankreich
Bat Furan	Arabisches Meer	Cantaleso	Rouergue, Frankreich

Name	Land, Region	Name	Land, Region
Cape doctor	Tafelbai, Südafrika	Elvegust	Norwegen
Carcanet	Frankreich	Embat	Frankreich
Carola	Roussillon, Frankreich	Emvatis (Embatis, Batis)	Griechenland
Cers	Provence, Südfrankreich	Encombres (vent du col des)	Savoyen, Frankreich
Ceruse	Frankreich		
Challiho	Indien	Erler Wind	Bayerisches Inntal
Champsaur	Isère, Frankreich	Espagne (vent d')	Frankreich
Chamsin	Ägypten	Etesien	Griechisches Mittelmeergebiet
Chanduy	Guayaquil, Ecuador		
Chavière (vent du col de)	Savoyen, Frankreich	Etschwind	Südtirol
Chergny	Isère, Frankreich	Euros	Antikes Griechenland
Chergui	Marokko	Euryklydon	Kreta
Chichili	Südalgerien	Eyalais	Ardèche, Frankreich
Chili	Tunesien		
Chinook	Rocky Mountains, USA	Falscher Föhn	Bregenzer Bucht am Bodensee
Chocolatero	Mexiko		
Chortiatis	Chalkidike bei Saloniki	Farou	Frankreich
Chota barsat	Indien	Favonius	Antikes Italien
Chouillère haute	Corrèze, Frankreich	Feclaz	Savoyen, Frankreich
Chouillère	Corrèze, Frankreich	Feuillet	Savoyen, Frankreich
Churadas	Marianen	Finsterniswind	Allg. bei Sonnenfinsternis
Churer Express	Schweizer Rheintal	Firnwind	Allg. im Hochgebirge
Cierzo	Ebrotal in Spanien	Föhn	Alpen
Cisampo	Südfrankreich	Forano	Neapel, Italien
Clusaz (vent de la)	Savoyen, Frankreich	Fouis	Südfrankreich, Bas Languedoc
Coche (vent de la)	Isère, Frankreich		
Cold waves	USA, Mexiko	Fremantle Doctor	Südwestaustralien
Colla	Philippinen	Friagem	Amazonasbecken, Brasilien
Collado	Golf von Kalifornien	Furiani	Po-Mündung, Italien
Contrastes	Spanische Mittelmeerküste, Straße von Gibraltar	Galerne (Giboulé)	Bretagne
		Gales	Südküste Australiens
Cordonazo(s)	Ostpazifik	Galibière	Frankreich
Coromell	Kalifornischer Golf	Galize (vent du col de la)	Savoyen, Frankreich
Crachin	Vietnam	Gallego	Nordspanien
Criador	Spanien	Galserne	Frankreich
Crivetz	Rumänien	Garbé	Katalonien, Spanien
Croix-de-Fer (vent du col de)	Savoyen, Frankreich	Garbi	Südfrankreich
		Garbin	Bas Languedoc und Roussillon, Frankreich
Davoser Talwind	Davos, Schweiz		
Dévoluy (vent du)	Isère, Frankreich	Garbis (Livas)	Griechenland
Dijonnaise	Jura, Frankreich	Gargal	Roussillon, Frankreich
Dimmerföhn	Schweizer Alpenvorland	Gelbe Winde (Yellow winds)	Ostasien
Diver's storm	Alexandria, Ägypten		
Doktor	Tropen	Gending	Java
Doldrums	Äquatorialzone	Genève (vent de)	Frankreich
Dong Feng	China	Gharbi	Marokko
Doron de Bozel (vent du)	Savoyen, Frankreich	Gharra	Libyen
Dramundan	Perpignan, Südfrankreich	Ghibli	Libyen
Dramundana	Bulgarien	Glarner Wind	Schweiz
Drévent	Morvan, Frankreich	Görlitzer Wind	Sachsen
Droit vent	Langres, Frankreich	Graegos	Antikes Griechenland
Dschani	Sahara	Grand Chatelard (vent du)	Savoyen, Frankreich
		Grec	Frankreich
Ebe-Wind	Alakulsteppe, Kasachstan	Grégal	Frankreich
Ecir	Frankreich	Grégale	Malta
Eifel-Föhn	Eifel	Grégau	Frankreich
Eissero	Rhône-Delta, Südfrankreich	Grenoble (vent de)	Savoyen, Frankreich
Elbtalwind	Sachsen	Großer Wind	Alatau
Elephanta	Malabar-Küste, Indien	Guter Monsun	Indien

Weitere Lokalwindsysteme aus aller Welt

Name	Land, Region
Hababai	Port Sudan, Westküste des Roten Meeres
Haboob	Sudan
Hale de mars	Frankreich
Harmattan	Westafrika, Westsahara, Oberguinea
Harz-Föhn	Harz
Havgull (Havgula)	Schottland, Norwegen
Heidelberger Talwind	Neckartal bei Heidelberg
Hellespontias	Antikes Griechenland
Helm Wind	Nordengland
Himmelsbesen	Mallorca
Höllentäler (Höllenwind)	Höllental bei Freiburg i. Br.
Hot winds	Nordamerika
Hurrikan	Nord- und Mittelamerika, Westindien
Imbat (Imbad)	Kleinasien (Türkei)
Imbatto	Adria, Dalmatien
Inferno (Inverna)	Lago Maggiore
Irifi	Westliches Marokko
Iseran	Savoyen, Frankreich
Jaloque	Balearen
Jauk	Klagenfurter Becken
Jinovec	Tschechien
Jochwind	Tauern
Joran (auch Juran)	Schweizer und Französisches Jura
Junta	Anden
Justistaler	Thuner See
Kabakmeltem	Griechenland, Balkan
Kachchan	Ceylon
Kaikias	Antikes Griechenland
Kal-baishakhi	Indien
Kalmen (Calmen)	Äquatorialzone
Kandertaler	Thuner See
Karaburan	Ostturkestan
Karajol	Bulgarien
Karif	Somaliküste
Karpusmeltem	Griechenland, Balkan
Kaus	Persischer Golf
Kharif	Sudan
Kirasmeltem	Griechenland, Balkan
Kite- and junkwinds	Golf von Siam
Kogarashi	Japan
Kona-Sturm	Hawaii
Kossava	Serbien
Krowotenwind	Wien, Österreich
Kü-fun	Chinesisches Meer
Kuma Kuma	Arafura-See, Insulinde
Kumbang	Java
Kynuria	Ebene von Sparta, Peloponnes
La boulbie	Ariège, Frankreich
Labbé (auch Labé)	Provence, Südfrankreich
Labech	Var (Provence), Südfrankreich
Laheimar	Persischer Golf
Lampaditsa	Zakynthes
Lan San	Neue Hebriden
Largade (auch large)	Südfrankreich
Lautaret (vent du)	Frankreich
Lebeccio	Frankreich
Lenzbote	Alpen
Leste	Kanarische Inseln
Leukonotoi	Antikes Griechenland
Levant blanc	Südfrankreich
Levant	Südfrankreich
Levantades (Llavants)	Ostspanien
Levante	Straße von Gibraltar, Korsika
Levantera	Adria
Levantis	Griechenland
Levanto	Kanarische Inseln
Leveche (Aire de Cartagena)	Spanien
Libeccio (Libecciu)	Nordwestl. Mittelmeer, Italien, Adria, Côte d'Azur, Korsika
Lipo fango	Provence, Südfrankreich
Lips	Antikes Griechenland
Lisieux	Ardèche, Frankreich
Lissero	Frankreich
Ljuka	Kärnten
Llebetg	Roussilion, Frankreich
Llebetjado	Roussilion, Frankreich
Llevant	Roussilion, Frankreich
Lodos	Bulgarien
Loisieux (vent du col de)	Savoyen, Frankreich
Lombarde	Französische Alpen
Longet (vent du col de)	Französische Alpen
Loo (Look)	Indien
Lou cantalie	Frankreich
Lou mango fango	Provence, Südfrankreich
Madeleine (vent du col de la)	Savoyen, Frankreich
Madras-Monsun	Koromandelküste, Indien
Maestral	Spanien
Maestro	Adria
Mageriaz (vent de)	Savoyen, Frankreich
Magistral	Cévennen, Bas Languedoc, Frankreich
Magne (vent de la)	Savoyen, Frankreich
Maistral	Adria
Maistrau	Provence, Südfrankreich
Maistre	Provence, Südfrankreich
Maistros	Adria
Maledetto levante	Sardinien
Mallungen	Äquatorialzone, subtrop. Hochdruckgebiete
Malojawind	Oberengadin
Mangeofango (auch Mango fango)	Provence, Südfrankreich (Nimes)
Manse (bise de)	Frankreich
Marin	Südfrankreich
Marinada	Katalonien, Roussilion

Name	Land, Region	Name	Land, Region
Marinade	Pyrénées-Orientales, Frankreich	Nevados	Anden, Ecuador
Maringh	Oberitalien	Norder (Norther, Norte)	Mittel- und Nordamerika, Mexiko
Mary (vent du col de)	Frankreich	Nord-este pardo	Spanien
Maskat	Golf von Oman	Nordet	Frankreich
Matinal	Zentralmassiv, Frankreich	Noroet (Norout, Norroit)	Bretagne
Matinale	Isère, Frankreich	Nortadas	Philippinen
Matiniere	Grenoble, Südfrankreich	Norte	Argentinien, Spanien
Maurienne (vent de)	Frankreich	Nortes	Spanien
Mauritius-Orkan	Indischer Ozean	North Easter	Neuseeland
Méan Martin (vent de)	Savoyen, Frankreich	Norther	Südaustralien, Sacramento-Tal (Kalifornien)
Melan	Isère, Frankreich		
Meltem (auch Meltemi)	Bulgarien	Northwester	Neuseeland
Meltemia	Griechenland, Ägäis	Noruest	Roussilion, Aude, Frankreich
Mendeso	Lozère, Frankreich		
Merisi	Ägypten	Nor'wester	Bengalen
Messin (vent du)	Champagne, Frankreich	Notos (Notia)	Griechenland
Metel	Innerrussland	Nowaki	Japan
Miejour	Provence, Alpes méridional, Frankreich	Oberwind	Oberösterreichische Seen
Mikuni-Oroshi	Japan	Oberwind	Thuner See
Minuano	Ostbrasilien	Olympias	Antikes Griechenland
Mistral bru	Marseille, Frankreich	Onchesmites	Antikes Griechenland
Mistral intre	Provence, Südfrankreich	Orage du bois	Isère, Frankreich
Mistral plein	Provence, Südfrankreich	Orsure	Löwengolf, Frankreich
Mistral	Südfrankreich	Ostria	Bulgarien
Mistralas	Provence, Südfrankreich	Ostro	Adria, Italien
Mistralet (petit mistral)	Provence, Südfrankreich	Outo	Frankreich
Mitgjorn	Roussilion, Frankreich		
Mit-Jorn	Menorca, Balearen	Pacific wind	Colorado, USA
Mitternachter	Thuner See	Paesano	Gardasee
Mitternachtswind	Oberbayern	Pampero	Argentinien
Molan	Hochsavoyen, Frankreich	Papagayos	Pazifische Küste Mittelamerikas
Mont (vent du col du)	Savoyen, Frankreich		
Mont Thabor (vent du)	Savoyen, Frankreich	Peesash	Indien
Montagne	Frankreich	Perche (vent du col de la)	Savoyen, Frankreich
Montagnere	Provence, Südfrankreich	Perth doctor	Südwestaustralien
Montagnero	Provence, Südfrankreich	Petit-Saint-Bernard (vent du col du)	Isère und Savoyen, Frankreich
Montagneuse	Provence, Südfrankreich		
Montaine	französisches Jura	Pfänderwind	Bodensee
Montana-monsoon	Montana, USA	Plaouvinaou	Südfrankreich
Montbéliar (vent de)	Belfort, Frankreich	Ploudzaou	Cantal, Frankreich
Monterese	Italien, Golf von Manfredonia	Plutzal (Pluvial)	Quercy, Frankreich
		Polake	Tschechien
Montets (vent des)	Hochsavoyen, Frankreich	Poledne	Tschechien
Montlambert (vent de)	Savoyen, Frankreich	Ponent(e)	Italien, Mittelmeerküste Frankreichs
Montmélian (vent de)	Isère, Frankreich		
Morget	Genfer See	Ponentis	Griechenland
Morvan	Saussy (Côte-d'Or), Frankreich	Poniente	Straße von Gibraltar
		Pontias (Pontiar)	Nyons, Südfrankreich
		Pontiau	Isère, Frankreich
Nachtwind	Südwestafrika	Portugiesischer Norder	Portugal
Namib-Wind	Südwestafrika	Posjemok	Russische Arktis
Nan (traverse du fond du)	Savoyen, Frankreich	Pot au noir	Äquatorialzone
Narbonès	Roussilion, Frankreich	Potat (vent du)	Savoyen, Frankreich
Narbonnais	Bas Languedoc, Cévennen, Frankreich	Premontais (vent)	Hochsavoyen, Frankreich
		Prés (vent du col des)	Savoyen, Frankreich
N'aschi	Persischer Golf	Puelche (Pulche)	Anden
Nemere	Siebenbürgen	Pulnoc	Tschechien
Nevadas de San Juan	Anden, Bolivien	Purga	Sibirien

Weitere Lokalwindsysteme aus aller Welt

Name	Land, Region	Name	Land, Region
Quarajel	Bulgarische Schwarzmeerküste	Sharkia	Palästina
Quarnero	Istrien, Kroatien	Shiokaze	Japan
Queensland hurrican	Nordostaustralien	Siebengebirgswind	Bonn-Beuel
Raboutin (oder auch Raboubine)	Frankreich	Simoom	Wüstengebiete Nordafrikas und Arabiens
Rachasse (vent des)	Frankreich	Siwier	Polen
Rageas	Golf von Alexandrette (Iskenderum)	Sno	Norwegen
Ramier	Frankreich	Snow eater	Colorado, USA
Raou	Frankreich	Solano	Spanien
Raumet (Roumet)	Ardèche, Frankreich	Solaures	Französische Westalpen
Rebat	Genfer See	Sopero (Sover)	Gardasee
Reboyos	Ostküste Brasiliens	South Easter	Südamerika
Refoli	Istrien	Soyokaze	Japan
Respos	Südfrankreich	Stockhorner	Thuner See
Retornos des aliseos	Brasilien	Suarzo (Suracon)	Bolivien
Rhonet	Ardèche, Frankreich	Suchowei (Ssuchowej)	Südrussland
Ribut	Malakka	Suestados	Argentinien
Robin Hood Wind	England	Suhaili	Persischer Golf
Rochebrune (vent de)	Hochsavoyen, Frankreich	Sumatrane	Malakka-Straße
Rochilles (vent des)	Hochalpen, Frankreich	Sumatras	Malakka-Straße
Rognet (vent du)	Savoyen, Frankreich	Suroet (Surout)	Bretagne
Röhnwind	Sinntal, Unterfranken	Suzukaze	Japan
Rok	Island		
Roßbreiten (Horse latitudes)	subtrop. Hochdruckgebiete	Taifun	Ostasien
		Talmescher Wind	Siebenbürgen
Rotenturmwind	Siebenbürgen	Talwind	Münstertal im Elsaß
Rouergas	Frankreich	Tanga Mbili	Sansibar, Ostafrika
Rouergue	südl. Zentralmassiv, Frankreich	Tarraou	Frankreich
		Tauernwind	Oberkärnten
Roumet	Ardèche, Frankreich	Tehuantepecers	Mexiko, Golf von Tehuantepec
Roumidou	Ardèche, Frankreich	Temporal	Pazifische Küste Mittelamerikas
Rousseau	Frankreich		
Rumillien	Hochsavoyen, Frankreich	Tenggara	Celebes
		Terral	Spanien, Westküste Südamerikas
Sahel	Marokko		
Samum (Samun)	Wüstengebiete Nordafrikas und Arabiens	Terre Altos	Rio de Janeiro, Brasilien
		Texas Norther	Texas, USA
Sankt Gilles Wind	Reunion	Thraskias	Antikes Griechenland
Santa Ana	Los Angeles, USA	Tiempo del monte	Teneriffa
Sarma	Baikalsee, Sibirien	Tivano	Comer See
Scharki	Persischer Golf	Tongara putih	Karimata-Straße, Insulinde
Scheheli	Südalgerien	Tornado	hauptsächl. Mittlerer Westen der USA
Scheitan	Belutschistan		
Schemal	Persischer Golf	Tornado	Westküste Afrikas
Schergui	Marokko	Toureillo	Südfrankreich
Schirokko (Scirocco)	Mittelmeergebiet	Tramontana	Italien, Spanien, Dalmatien
Schläfer	Ägäis	Tramontane	Südfrankreich
Schlernwind	Etschtal bei Bozen	Traubenkocher	Nordtirol
Schmutziger Nordwind	Philippinen	Traverse basse	Zentralmassiv, Frankreich
Schneefresser	Alpen	Traverse de Villefranche	Frankreich
Schobe	Wüstengebiete Nordafrikas und Arabiens	Traverse haute	Zentralmassiv, Frankreich
		Traverse	französische Alpen
		Tropaia	Antikes Griechenland
Schwarze Bise	Thuner See	Tsiknias	Griechenland
Schwarze Stürme	Ukraine	Turbonados	Nordspanien, Argentinien
Seistan	Iran	Türkenröster	Nordtirol
Sever	Tschechien	Twärwind	Thuner See
Sharav	Israel		
		Ungarischer Wind	Oberösterreich

Name	Land, Region	Name	Land, Region
Unterwind	Oberösterreichische Seen	Vent noir	Quercy, Corrèze, Cantal, Frankreich
Usummeltem	Griechenland, Balkan	Vent oureso	Provence, Frankreich
Val froide (vent de)	Savoyen, Frankreich	Vent prussien	Oise, Frankreich
Vallonet (vent du)	Basses-Alpes, Frankreich	Vent sous le Soleil	Maine, Perche, Frankreich
Vanoise (vent du col de la)	Savoyen, Frankreich	Vent	Frankreich
Vardarac (Vardar-Wind)	Vardartal, Balkan	Vente subran	Nice, Frankreich
Vars (vent du col de)	Frankreich	Ventoux	Montélimar, Frankreich
Vaudaire	Nordküste des Genfer Sees	Verne (la)	Langres, Frankreich
Veindoess	Picardie, Frankreich	Viehtauer Wind	Traunsee, Oberösterreich
Vendavales	Spanische Mittelmeerküste	Villards (vent de la vallée des)	Savoyen, Frankreich
Vent au brûlant	Normandie, Frankreich	Vingtaines	Perche, Frankreich
Vent au sec	Normandie, Frankreich	Vintschgauer (Vintschger)	Ötztal, Oberes Gericht
Vent blanc	Isère, Jura, Hochsavoyen, Frankreich	Viracao	Kongomündung
Vent d'amont	Normandie, Cantal, Boulonnais, Frankreich	Viraysse (vent de)	Basses-Alpes, Frankreich
Vent marin	Frankreich	Virazon	Westküste Südamerikas
Vent d'Ardennes	Flandern, Frankreich	Vorias	Griechenland
Vent d'Aval	Normandie, Boulonnais, Frankreich	Vosges (les)	Nancy, Frankreich
Vent de bas	Frankreich	Vriajem (Friagem)	Bolivien
Vent de Bayonne	Gers, Ariège, Frankreich	Vychod	Tschechien
Vent de Cévenno	Rouergue, Frankreich		
Vent de France	Flandern, Frankreich	Waldwind	Reinersreuth, Kreis Münchberg
Vent de Grenoble	Savoyen, Frankreich	Walliser Talwind	Oberes Rhône-Tal, Wallis
Vent de la pluie	Gers, Quercy, Rouergue, Frankreich	Wam-andai	Westneuguinea
Vent de la poussée	Bas-Beaujolais, Lyon, Frankreich	Wambraw	Neuguinea
		Wasatch wind	Utah, USA
Vent de la vallée d'Azergue	Villefranche-sur-Saône, Frankreich	White South-Easter	Karimata-Straße, Insulinde
Vent de Langres	Besançon, Frankreich	White squalls, Williwaw (auch Rachas)	Magellan-Straße, Südamerika
Vent de mer	Loire tourangelle, Frankreich	Willy-Willies	Nordwestaustralien
Vent de Montluel	Dombes, Bresse, Frankreich	Wisperwind	Mittelrheintal, Rheingau
Vent de pluie	Isère, Frankreich	Wjuga	Sibirien
Vent de retour	Kanarische Inseln		
Vent de Souleu	Provence, Frankreich	Xaloc (auch Xalock)	Katalonien, Menorca (Balearen)
Vent d'en bas oder vent au sec	Orne, Frankreich	Xaloque (auch Jaloque)	Spanien
Vent d'en bas	Artois, Frankreich	Xaroco	Portugal
Vent d'en haut	Artois, Normandie, Corrèze, Orne, Frankreich	Yalka	Nordperu
Vent des dames	Rhône-Delta, Frankreich	Zapod	Tschechien
Vent d'Espagne	Südfrankreich	Zephir (auch Zephiros)	Antikes Griechenland
Vent d'Italie	Italienische Grenze, Frankreich	Zephyr	Colorado, USA
		Zisampe	Ardèche und Montélimar, Frankreich
Vent du bas	französisches Jura	Zonda	Argentinien
Vent du haut	französisches Jura	Zyklon	Golf von Bengalen
Vent du Midi	Zentralmassiv, Cévennes méridionales, Frankreich		
Vent du Soleil	Drôme, Frankreich		
Vent du trou à eau	Tal der Somme, Frankreich		
Vent froirin	Boulonnais, Frankreich		
Vent lorrain	Oise, Frankreich		
Vent mou	Rouergue, Frankreich		
Vent nègre	Rouergue, Frankreich		

ISOLINIEN

Isolinien (iso griech. = gleich) sind Linien, die vor allem auf Karten benachbarte Punkte (Orte) mit gleichen Werten des betrachteten Merkmals verbindet.

ISO-Linie	Merkmal
Isallo- (z. B. Isallobare)	zeitliche Änderung (z. B. Luftdruck)
Isamplituden	gleiche mittlere Temperaturunterschiede
Isanemonen	gleiche mittlere Windgeschwindigkeit
Isanomalen	gleiche Abweichung
Isentrope	potenzielle Temperatur
Isobare	Druck, insbesondere Luftdruck
Isobronte	Gewitter (z. B. Auswahl der Gewittertage)
Isochione	Schneefall (z. B. Schneedeckendauer)
Isochore	Volumen
Isochrone	Zeit (z. B. Eintrittszeit bestimmter Phänomene)
Isodense	Dichte (Luftdichte)
Isogone	Richtung, insbesondere Windrichtung
Isohaline	Salzgehalt (des Ozeans)
Isohelie	Sonnenscheindauer
Isohumide	Feuchte (Luftfeuchtigkeit)
Isohyete	Niederschlag
Isohygromenen	trockene und feuchte Monate
Isohypse	geopotenzielle Höhe (von Isobarenflächen)
Isoluxe	Helligkeit
Isomenen	gleiche Monatsmittel
Isonephe	Bewölkung (Bedeckungsgrad)
Isoombre	Verdunstung
Isophanen	Beginn phenologischer Erscheinungen
Isoplethen	gleiche Menge, Fülle
Isopotenziale	Geopotenzial
Isopykne	Dichte (Luftdichte)
Isotache	Geschwindigkeit (Wind)
Isotherme	Temperatur
Isovapore	Dampfdruck

WETTERREKORDE

Temperatur:

	Weltweit	Deutschland
Maximum:	57,3° C, El Asisija/ Libyen, August 1923	40,2° C, Germersdorf bei Amberg, 1983
Minimum:	-89,2° C, Wostok/Antarktis, 1983	-37,8° C, Hüll in Niederbayern, 1929
Durchschnitt / Jahr:	Max.: 34,6° C, Dallol/Äthiopien	
	Min.: -57,8° C, Nedostupnosti/Antarktis	

Höchsttemperatur am Südpol: -13,6° C, 1978
Größte Temperaturspanne Maximum-Minimum/Jahr: 106,7° C, Werchojansk (GUS)
Größte Temperaturspanne Maximum-Minimum/Tag: 55,5° C, Browing (USA)
Minimale Temperaturdifferenz/Jahr: 11,8° C, Saipan/Marianeninseln
Tiefste Temperatur an einem bewohnten Ort: -71,1° C, Oymyakon (GUS)

Niederschlag:

	Weltweit	Deutschland
12-stündig:	1340 mm, Belouve, La Réunion, 1964	
24-stündig:	1870 mm, Cilaos/Insel La Réunion, 1952	312,0 mm, Zinnwald im Ostergebirge, 2002
1 Monat:	9300 mm, Cherrapunji/Indien	
Maximaler Jahresniederschlag:	26461 mm, Cherrapunji/Indien	3503,1 mm, Balderschwang/Allgäu, 1970
Durchschnittlicher Jahresniederschlag:	11684 mm, Mt. Waialeale/Hawaii	
Niedrigster Jahresdurchschnitt:	0,7 mm/Jahr, Oase Dachla/Ägypten	242 mm, Straußfurt in Thüringen
Ort mit den meisten Regentagen/Jahr:	350 Tage, Kauai/Hawaii 325 Tage, Bahia Felix/Chile	
Regenintensität:	38,1 mm/min, Barst Guadelupe 31,2 mm/min, Unionville/USA, 1956	

Schneedecke:

Gesamtneuschnee pro Jahr:	31,1 m (1234 inch), Rainer Paradise Ranger/ US-Bundesstaat Washington, 1972
Gesamtneuschnee pro Wintersaison:	26,1 m (1027 inch), Rainer Paradise Ranger/ US-Bundesstaat Washington, 1972
An einem Tag:	1,93 m, Silver Lake/Colorado

Sonnenscheindauer:

Höchste durchschnittliche Sonnenscheindauer:	4040 Stunden (91 % des astronomischen Maximums), Yuma/Arizona
Geringste durchschnittliche Sonnenscheindauer:	478 Stunden (11 % des astronomischen Maximums), Süd-Orkney-Inseln/südlich Falklandinseln

Wetterrekorde

Luftdruck:

	Weltweit	Deutschland
Maximum:	1083,8 hPa, Agata/Nordwestsibirien, 1968	1057,8 hPa, Berlin/Dahlem, 1907
Minimum:	870 hPa, im Taifun „Tip"/Pazifik, 1979	955,4 hPa, Bremen, 1983

Wind:

	Weltweit	Deutschland
Maximum 10 min:	372 km/h, Mt. Washington (1909 m), USA/New Hampshire, 1934	335 km/h, Zugspitze (2975 m), 1985
Höchste Böe:	416 km/h, Mt. Washington, 1934	

Nebel in Deutschland:

Längste Andauer:	242 Stunden, Neuhaus/Rennweg (Thüringer Wald), 1996
Max. Anzahl von Tagen:	330 Tage/Jahr, Brocken (Harz), 1958

WEITERE EXTREMWERTE

Teuerster Hagelsturm in Deutschland 1984 in München ca. 1,5 Milliarden Euro Schaden.

Längste Beobachtungsreihe: Berlin seit Dezember 1701 ohne Unterbrechung; 1780 Hohenpeißenberg, älteste Bergwetterstation (977 m).

Die tiefste künstlich erzeugte Temperatur wurde 1979 in der Kernforschungsanlage Jülich gemessen. Sie wurde mit nur 0,00016 Grad über dem niemals erreichbaren absoluten Nullpunkt gemessen, der bei -273,16 Grad Celsius liegt!

Die ersten Wetterkarten wurden schon im Jahre 1820 von dem Physiker und Astronomen Heinrich Wilhelm-Brandes gezeichnet. Im Jahre 1849 gelang es in England erstmals, aufgrund telegrafischer Wettermeldungen vom gleichen Tage Wetterkarten zu veröffentlichen. Mit der Herausgabe täglicher Wetterkarten wurde 1863 in Frankreich begonnen.

Die höchstgelegene bemannte Wetterwarte Deutschlands befindet sich auf der Zugspitze in 2964 Meter Höhe über dem Meeresspiegel. Die höchste bemannte Wetterwarte Österreichs liegt in 3105 Metern in den Hohen Tauern auf dem Sonnblick.

Die meisten Gewitter in einem Jahr: 322 Tage in Bogor (Indonesien). Der Wert wurde in den Jahren von 1916 bis 1919 ermittelt.

ERDBEBEN-SKALA

Die gebräuchlichen Erdbebenskalen sind jene nach Giuseppe Mercalli und jene nach Charles Richter. Die Mercalli-Skala orientiert sich an den beobachtbaren, wahrnehmbaren Auswirkungen eines Bebens. Eine Abschätzung der Erdbebenstärke ist somit auch für den Laien ohne Messgerät möglich. Die Richter-Skala ist eine logarithmische Skala, die auf den Messwerten von Seismographen beruht. Theoretisch ist die Richter-Skala nach oben offen; in der Praxis wurde aber noch nie ein Beben der Stärke 9 registriert, da Gesteine zerbrechen, bevor sich eine dafür notwendige Energie aufbauen kann. Eine direkte Umrechnung zwischen den beiden Skalen ist nicht möglich, da sich die eine auf Wahrnehmungen, die andere auf Messwerte bezieht. In einem menschenleeren, unverbauten Gebiet ist eine Abschätzung nach Mercalli nicht möglich.

SKALA NACH MERCALLI:

Stärke 1:	Nicht zu spüren. Wird nur von Seismographen aufgezeichnet. Entspricht etwa 2,5 Richter.
Stärke 2:	Wird nur von wenigen Menschen gespürt.
Stärke 3:	Erschütterungen werden von vielen Menschen gespürt, aber nicht immer als Erdbeben erkannt. Entspricht etwa 3,5 Richter.
Stärke 4:	Kann in den Häusern gespürt werden. Einige lokale Schäden können auftreten. Entspricht etwa 4,5 Richter.
Stärke 5:	Wird von fast allen Menschen bemerkt. Nachts wachen viele davon auf. Bäume und Masten beginnen zu schwanken.
Stärke 6:	Alle Bewohner bemerken das Beben. Möbel können sich verschieben. Es entstehen leichte Schäden. Entspricht etwa 6 Richter.
Stärke 7:	Leicht gebaute Häuser können schwer beschädigt werden. Menschen geraten in Panik und laufen aus den Häusern. An massiven Bauwerken treten leichte Schäden auf. Entspricht etwa 7 Richter.
Stärke 8:	Auch „erdbebensichere" Gebäude und Konstruktionen werden leicht beschädigt. Andere Bauwerke stürzen ein. Felsen stürzen, Erdrutsche treten auf.
Stärke 9:	Alle Gebäude werden schwer beschädigt. Die Fundamente verschieben sich. Im Erdboden erscheinen sichtbare Risse.
Stärke 10:	Viele Gebäude sind völlig zerstört. Im Boden treten breite Risse auf. Entspricht etwa 8 Richter.
Stärke 11:	Fast alle Gebäude, Brücken etc. stürzen ein. Im Erdboden und auf Straßen bilden sich breite Spalten.
Stärke 12:	Völlige Zerstörung. Alle Bauwerke stürzen ein. Menschen und Autos stürzen in breite Erdspalten. Entspricht etwas 8,5 Richter oder darüber.

FALLGESCHWINDIGKEIT VON NIEDERSCHLÄGEN

Hydrometeor / Fallgeschwindigkeit in m/s			
Wolkentröpfchen	0,01–0,25	Schneesterne	0,3–0,7
Sprühregentröpfchen	0,25–2,0	Schneeflocken	1,0–2,0
Regentropfen	2,0–9,0	Graupel	1,5–3,0
		Hagel	5,0–30,0

SYMBOLE

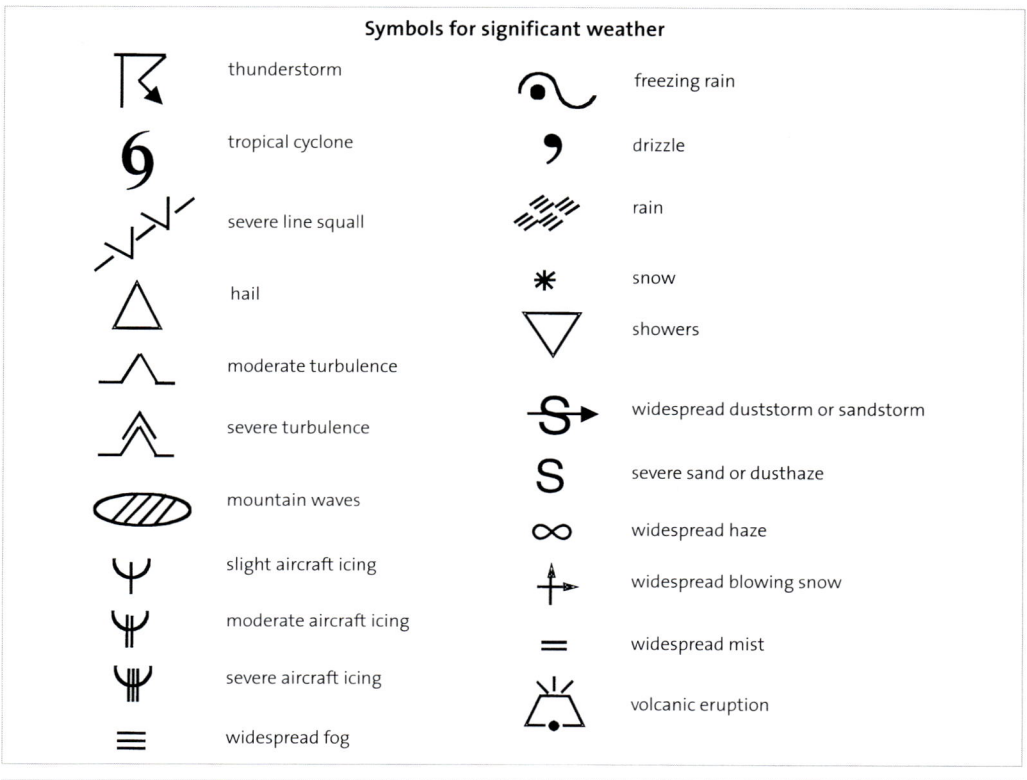

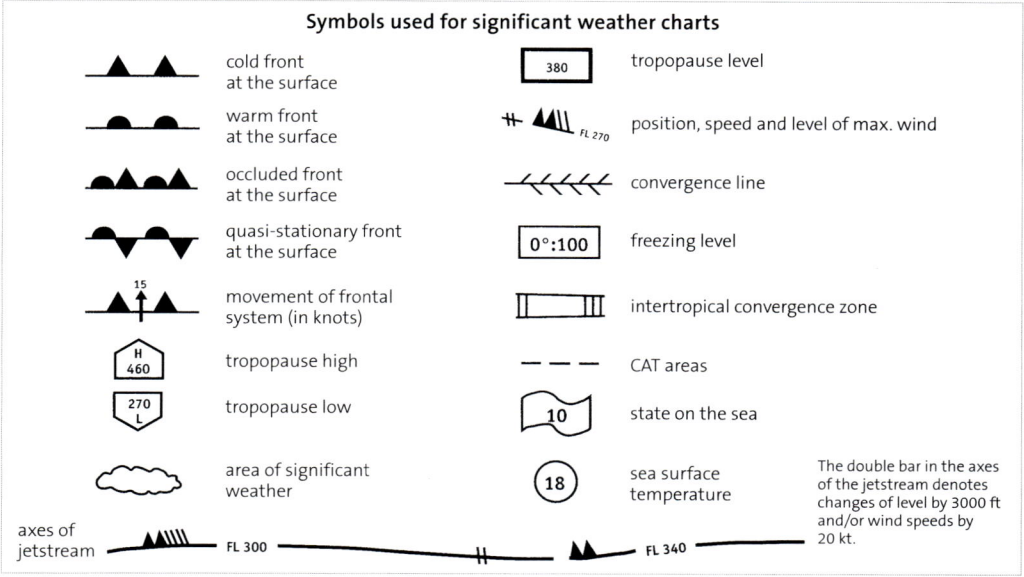

Symbols for significant weather

Symbol	Meaning	Symbol	Meaning
↙R	thunderstorm	∼•	freezing rain
6	tropical cyclone	9	drizzle
↙↘↙	severe line squall	≡	rain
△	hail	✱	snow
⌒∧	moderate turbulence	▽	showers
⌒∧∧	severe turbulence	-S→	widespread duststorm or sandstorm
⬭///	mountain waves	S	severe sand or dusthaze
Ψ	slight aircraft icing	∞	widespread haze
Ψ (double)	moderate aircraft icing	+→	widespread blowing snow
Ψ (triple)	severe aircraft icing	=	widespread mist
≡	widespread fog	🌋	volcanic eruption

Symbols used for significant weather charts

Symbol	Meaning	Symbol	Meaning
▲▲▲	cold front at the surface	380	tropopause level
⌒⌒⌒	warm front at the surface	⫞◀◀◀ FL 270	position, speed and level of max. wind
▲⌒▲⌒	occluded front at the surface	≺≺≺≺≺	convergence line
⌒▼⌒▼	quasi-stationary front at the surface	0°:100	freezing level
▲⌒↑15▲⌒	movement of frontal system (in knots)	⫞▥▥▥⫞	intertropical convergence zone
⬡ H 460	tropopause high	– – –	CAT areas
⬡ 270 L	tropopause low	⌐10	state on the sea
☁	area of significant weather	○18	sea surface temperature
axes of jetstream ▲▥▥▥ FL 300 ⫞⫞ ▲▲ FL 340			The double bar in the axes of the jetstream denotes changes of level by 3000 ft and/or wind speeds by 20 kt.

DECODING OF SIGNIFICANT PRESENT AND FORECAST WEATHER

- light	leichte Intensität
+ heavy	starke Intensität
no indicator (moderate)	kein Vorzeichen (mäßige Intensität)
VC in the vicinity	in der Umgebung (ca. 8 km Umkreis)
MI – shallow	flach
BC – patches	in Schwaden
PR – partial	teilweise
DR – low drifting	fegend
BL – blowing	treibend
SH – shower(s)	in Schauerform
TS – thunderstorm	Gewitter
FZ – freezing	gefrierend
DZ – drizzle	Nieseln
RA – rain	Regen
SN – snow	Schnee
SG – snow grains	Schneegriesel
IC – ice crystals	Eiskristalle
PL – ice pellets	Eiskörner
GR – hail	Hagel
GS – small hail	Graupel
BR – mist	feuchter Dunst
HZ – haze	trockener Dunst
FG – fog	Nebel
FU – smoke	Rauch
VA – volcanic ash	vukanische Asche
DU – dust	Staub
SA – sand	Sand
PO – dust devils	Staubteufel (Kleintrombe)
SQ – squall	Böe
FC – funnel cloud (tornado or waterspout)	Tornado, Wasserhose
SS – sandstorm	Sandsturm
DS – duststorm	Staubsturm

Examples:
+TSRAGR	heavy thunderstorm with rain and hail
+SHRA	heavy showers of rain
TSGS	moderate thunderstorm with small hail
FZDZ	moderate freezing drizzle

CAVOK (CLOUD AND VISIBILITY OK)

Reported when: Visibility is 10 km or more; no CB or TCU and no cloud below 5000 ft (1500 m) or below highest minimum sector altitude whichever is greater; no significant weather to aviation.

COLOR-CODE FOR MILITARY AIRPORTS

Color-Code	Ceiling	Visibility
blu+ (blue-plus)	20000 ft	8 km
blu (blue)	2500 ft	8 km
wht (white)	1500 ft	5 km
grn (green)	700 ft	3700 m
ylo (yellow)	300 ft	1600 m
amb (amber)	200 ft	800 m
red	blw 200 ft	blw 800 m
black	Airport not available	

RUNWAY STATE GROUP ($D_RD_RE_RC_Re_Re_RB_RB_R$)

DRDR runway designator
50 – is added in case of parallel runways to the right runway
99 – old report, a new is not available
88 – all runways

ER – type of deposit
0 – clear or dry
1 – damp
2 – wet or wather patches
3 – rime or frost coverd<1mm
4 – dry snow
5 – wet snow
6 – slush
7 – ice
8 – compacted or rolled snow
9 – frozen ruts or ridges

CR – extend of runway contamination
1 – less than 10% of runway
2 – 11%–25% of runway
5 – 26%–50% of runway
9 – 51%–100% of runway
/ – no report (in case of runway cleaning)

eReR – height of deposit
00 – less than 1 mm
01 – 1 mm
02 – 2 mm
etc.
90 – 90 mm
92 – 10 cm
93 – 15 cm
94 – 20 cm
95 – 25 cm
96 – 30 cm
97 – 35 cm
98 – 40 cm or more
99 – runway closed due to deposit
// – heigt of deposit not significant

BRBR – friction coefficient braking action
> 0,40	95 good
0,39–0,36	94 medium/good
0,35–0,30	93 medium
0,29–0,26	92 medium/poor
< 0,25	91 poor
	99 unreliable
	// Breaking action not reported, Runway closed

(31 ... means friction coefficient 0,31)

ABBREVIATIONS

Clouds
AC	=	Altocumulus
AS	=	Altostratus
CB	=	Cumulonimbus
CC	=	Cirrocumulus
CI	=	Cirrus
CS	=	Cirrostratus
CU	=	Cumulus
NS	=	Nimbostratus
SC	=	Stratocumulus
ST	=	Stratus
TCU	=	Towering Cumulus

Amount
SKC	=	sky clear (0/8)
FEW	=	few (1/8 to 2/8)
SCT	=	scattered (3/8 to 4/8)
BKN	=	broken (5/8 to 7/8)
OVC	=	overcast (8/8)

CB only
ISOL	=	isolated
OCNL	=	occasionally
FRQ	=	frequent
EMBD	=	embedded

Abbreviations
BECMG	BECOMING
BTN	BETWEEN
CAT	CLEAR AIR TURBULENCE
CLD	CLOUD
CONS	CONTINUOUS
CUF	CUMULIFORM
DUC	DENSE UPPER CLOUD
EMBD	EMBEDDED
ENRT	EN ROUTE
FBL	LIGHT
FCST	FORECAST
FM	FROM
FRQ	FREQUENT
GND	GROUND
HVY	HEAVY
INC	IN CLOUDS
INTSF	INTENSIFYING
INTST	INTENSITY
ISOL	ISOLATED
JTST	JETSTREAM
LOC	LOCALLY
LYR	LAYERED
SQL	SQUALL LINE
MOD	MODERATE
MON	ABOVE MOUNTAINS
MOV	MOVING
NC	NO CHANGE
NOSIG	NO SIGNIFICANT CHANGE
NSC	NO SIGNIFICANT CLOUDS
NSW	NO SIGNIFICANT WEATHER
OBS	OBSERVED
OBSC	OBSCURED
OCNL	OCCASIONALLY
OTLK	OUTLOOK
PROB	PROBABILTIY
SEV	SEVERE
SFC	SURFACE
STF	STRATIFORM
TEMPO	TEMPORARY
TL	TILL
VAL	IN VALLEYS
WDSPR	WIDESPREAD
WKN	WEAKENING
WS	WINDSHEAR

REGISTER UND ABKÜRZUNGEN

AAL (Above aerodrome level) 134
Abbaustadium (dissipating state) 117
Abgesetzter Niederschlag 56
Absinkinversion 25
Absolute Feuchte [g/m³] 39
Absolute Höhe (absolute altitude) 32
AC s. Altocumulus
Adiabatisches Absinken 97
Adiabtische Zustandsänderung 40
Advektion 27, 52
Advektionsnebel 52
Aerodynamische Erwärmung 46, 103 f., 108
AIRMET 149–154
ALPFOR 162 f.
ALTIMETRIE 31
Altocumulus (AC) 44, 46
Altocumulus castellanus (castellatus) 48, 120
Altocumulus flocus 48, 120
Altocumulus lenticularis (AC lent) 46, 96
Altostratus (AS) 44, 46, 72, 109
AMD (amendment, inhaltliche Berichtigung) 143, 160
Anafront 74
Änderungsgruppe(n) (TAF) 143 f.
Anemometer 87
Aneriod- oder Dosenbarometer 28
Anti-Icing (Verhindern der Vereisung) 110
Antizyklonen (s. auch Hochdruckgebiete) 65 f., 76 ff.
Äquatoriale Luftmassen 69
Äquatoriale Tiefdruckrinne 62, 82
Äquatorialer Jetstream 92
Äquatorialklima 82
Arktikfront 71
Arktische Luftmassen (Arktikluft) 65, 69 ff., 78
Arktisches Klima 84
AS s. Altostratus
Aspirationspsychrometer 39
Atmosphäre (Atm) 14–42
Atmosphärenaufbau 15, 24
Auf- und Abwärtsblitz 118

Auf- und Abwinde 34, 41, 43 f., 46, 56, 58, 96, 100, 103, 106, 109, 111, 114, 116 f., 120 f.
Aufbaustadium (initial state) 106, 116
Auffangwirkungsgrad (droplet catch) 103, 105
Aufgleitinversion 25
Aufgleitniederschläge 79
Aufgleitprozesse 106
Auftriebsverlust 103, 108
Aufwind s. Auf- und Abwinde
Aufwindgeschwindigkeit 103
Azorenhoch (Subtropenhoch) 65, 77, 84 f., 90 f., 94

Baguio 100, 177
Barisches Windgesetz 89
Barometrische Höhenstufe 30
BC (patches) 188
Beaufort, Sir Francis (1774–1857) 87
Beaufort-Skala 87
BECMG s. becoming
Becoming (BECMG) 142, 144
Bergeron-Findeisen Effekt 56 f.
Bergstationen 87, 132, 163
Berg-Talwindsystem 32, 99
Bermudahoch 92
Bimetallthermometer 23
BKN (broken, 5/8 to 7/8) 190
BL (blowing) 126, 188
Blauthermik 111 f.
Blitze 118, 120, 152, 175
Blitzentladung 118, 175
Blitzortung (Austrian Lightning Detection & Information System, ALDIS) 121, 175
Blitzschlag 73
Blocking-Lage 67
Blowing sand (BLSA) 125
Bodendruck 34, 64 f.
Bodeninversion 24, 45, 51, 66, 123
Bodensicht 51, 73, 125 f., 130, 158
Bodenwetterkarte 31, 76 f., 79
Bodenwind (magn. Nord) 113, 129 f., 138, 151

Böen (gusts) 96 f., 111, 117, 120, 130, 152, 160
Böenlinien 73, 115 f., 131, 190
Bora 85, 96 f., 177
BR (franz.: bruille, engl.: mist) s. feuchter Dunst
BTN (between) 190

CAT s. Clear Air Turbulence
CAVOK 129 f., 136 f., 141, 145 ff., 189
CB s. Cumulonimbus
CC s. Cirrocumulus
Ceilometer 49, 132 f.
Celsius (° C) 32
Celsius, Anders (1701–1744, schwedischer Astronom) 32
Central European Weather Radar Network (CERAD) 171
Chamsin 96, 98, 178
CHARLIE = C (clear, frei / nur nationale Verwendung) 162
Chemische Enteiser 108, 110
Chinook 97, 178
CI s. Cirrus
Cirrocumulus (CC) 44, 46, 96
Cirrostratus (CS) 44, 46, 72
Cirrus (CI) 27, 44, 6, 72, 167
CLD (cloud, Wolke/n) 190
Clear Air Turbulence (CAT) 111, 113 f., 156, 187
CONS (continuous) 190
COR (correction, formelle Berichtigung)
Coriolisbeschleunigung 61, 63, 71, 88 ff., 93
Corioliskraft 63, 88, 90
CS s. Cirrostratus
CU s. Cumulus
CUF (cumuliform) 44, 190
Cumulonimbus (CB) 447, 47, 100, 111
Cumulus (CU) 40 f., 47, 112, 116

Dampfdruck [hPa] 37 f., 43, 183
De-Icing (Entfernung von vorhandener Vereisung) 110
DELTA = D (difficult, schwierig) 161
Dichtehöhe (density altitude) 32, 35
Diesige Luft 51
Diffuse Himmelsstreuung 20

Divergenz 62, 89
Downburst 115, 121
DR (low drifting) 188
Drift (Westwindband) 90
Drifting sand (DRSA) 125
Druckabweichung 33
Druckgefälle 63, 66
Druckgradient(kraft) 63, 88 f., 100
DS (duststorm) s. Staubsturm
DU (dust) s. Staub
DUC (dense upper cloud) 190
Dunst 36, 38, 46, 50, 96, 107, 125 f., 131, 162
Dunsthorizont 25
DZ (drizzle) 188

Easterly Waves 90
Einfallswinkel 19, 26, 167, 175
Einstrahlwinkel 81
Eiskeime 46, 56
Eiskörner (PL) 56 ff, 59, 126, 131
Eiskristalle (Hydrometeore) 17, 50 f., 56 ff., 59, 104, 107
Eisnadeln (IC) 57 ff., 126, 131
Eisnebel 84
Eiswolken 43
Ekliptik 20
Elevation s. Flughafenhöhe
Elmsfeuer 118
EMBD (embedded) 190
Emissionsvermögen 25 f., 165
ENRT (en route) 190
Enteisung 107 f., 110
Erdblitz 118
Erdstrahlung (langwellige) 21
Etesien 96, 98
European Cooperation for Lightning Detection (EUCLID) 175
Exosphäre 15, 17
Extreme Turbulenz 112, 120

Fahrenheit (F) 23
Fallgeschwindigkeit 57, 186
Fallstreifen („virga") 121
Fallwind (Föhn) 97, 114, 120 f.
FC (funnel cloud, tornado or waterspout) 188

Register und Abkürzungen

FCST (forecast) 190
Ferrel-Zelle 61 f.
Feuchtadiabatische Prozesse 40, 95
Feuchter Dunst (mist, BR) 36, 50, 125
FEW (few: 1/8 to 2/8) 132, 190
FG (fog, Nebel) 188
Flugflächen (flight levels) 31, 33, 156
Flughafenhöhe (e, elevation) 31 f.
Flugplatz-Wetterwarnungen (MET WARN, WO) 152
Flugsicht 46, 51
Fluor-Chlor-Kohlenwasserstoff (FCKW) 19
Flüssigwassergehalt (LWC = liquid water content) 106
FM s. from
Föhn 21, 46, 49 f., 76, 95–98, 112, 114, 124, 178
Föhnmauer 95 f.
From (FM) 142, 144, 190
Frontalzonen 16, 70, 73
Fronten 21, 41, 62, 67, 69–74, 76, 78, 91, 109, 114 ff., 124, 156, 170
Frontgewitter (frontal thunderstorms) 119
Frontnebel 53
FRQ (frequent) 188, 190
FU (smoke) s. Rauch
Fujita-Pearson 101
FZ (freezing) 188

GAFOR (General Aviation Forecast) 158–161
GAMET 160
Gebirgseffekte 81
Gefrierender Niederschlag (FZDZ, FZRA) 47, 57 ff., 79, 103, 109 f., 124, 152, 162
Gefrierender Regen (FZRA) 58 f., 106, 124
Gefrierkeime 104
General Aviation Forecast s. GAFOR
Geostationäre Satelliten 165 f.
Geostrophische Wind 88 f.
Gewitter 47 f., 59, 66 f., 70, 72 ff., 79, 83, 93 f., 101, 106, 112, 114, 116–121, 131 f., 134, 151 f., 162, 168–175, 183, 185
Gewitterbildung 116, 124
Gewitterboten 48
Gewitterherde (MCS = mesoscale convective systems) 73
Gewitterlinie 21

Gewitterwolken (CB) 41, 43, 45 f., 117 f.
Gewitterzellen 67, 83, 99, 122, 172
Ghibli 96, 98, 178
Glashauseffekt 21
Globale Drucksysteme 64
Globale Frontalzonen 16, 70
Globale Strömungen 60–67
GND (ground) 190
GR (hail) 188
Gradientwind 88 f.
Graupel (GS) 35, 56–58, 76, 79, 126, 131, 186
Gravitationsbeschleunigung 165
Gray out 84
Großtromben (Tornados) 122
GS (small hail) 180

Haarhygrometer 39
Hadley-Zelle (thermische Zirkulation) 61 f.
Hagel (GR) 35, 55 ff., 59, 73, 116 f., 120 f., 126, 131, 151 f., 162, 170 f., 185 f.
Hangauf- und -abwind 99
Harmattan 93, 125, 179
Hauptwolkenuntergrenze (ceiling) 133, 189
Height (h) 32, 189
Height of condensation (Hc) 38
Hektopascal 28, 140
High-Index 77
Hinderniswellen (Föhnströmung) 112
Hitzetief 65, 67, 93 f.
Hochdruckgebiet 16, 25, 33, 65 f., 69 ff., 76–79, 82, 84, 89
Hochdruckgürtel 62, 77, 82, 85, 92
Hochdruckkeil 67
Hochdrucklagen 24
Hochdruckrücken 91
Hochdruckwetter 85
Hochdruckzellen 65, 90
Hochnebel 27, 45, 51, 57 f., 65 f., 124, 166, 170
Hochnebeldecke 126
Hohe Wolken (CI, CC, CS) 44, 46
Höheninversion 25, 123
Höhenkarte 63, 66, 77, 79
Höhenkeil 67
Höhenmesser 28 f., 31–34, 84
Höhenmessfehler 33 f., 96

Höhenströmung 34, 66, 73, 77, 79, 88
Höhentief 66, 79, 115
Höhentrog 66 f., 74, 78, 91
Höhenwetterkarte 77 f.
Höhenwind 77, 87, 154
Homosphäre 18
Horizontale Sichtweite 25, 126, 151, 160 f.
Horizontale Windkomponente 87
Horizontale Windscherungen (horizontal windshear, HWS) 21, 91, 114 f.
Horizontaler Luftdruckunterschied 87 f.
Horizontaler Temperaturunterschied 91, 100, 119
Horizontaler Transport 22, 52
Horizontalgeschwindigkeit 62
Hurrikan (Taifun) 67, 83, 94, 99 f., 179, 181, 185
Hurrikan-Skala 100
Hydrometeor 50, 55, 186
HZ (haze) s. Trockener Dunst

IC (ice crystals) 188
ICAO-Ortskennung (location indicator) 129
ICAO-Standard(Normal)atmosphäre (ISA) 16, 28, 30–33
INC (in clouds) 190
Indifferente Schichtung 41
Infrarot-Enteiser 110
Infraroter Spektralbereich (IR) 168
Infrarotstrahlung 27, 166 f.
Innertropische Konvergenzzone (ITC) 62, 83, 156
International Civil Aviation Organisation (ICAO) 16, 141, 148, 151–154
INTSF (intensifying) 190
INTST (intensity) 190
Inversion 24 f., 27, 40 f., 45, 96, 114 f., 123, 172
Inversionswetterlage 25, 47
Ionosphäre 17, 118
Islandtief 64 f., 77
Isobaren 63, 67, 76, 88
Isohypsen 63, 65 f., 77 f., 88 f., 114
ISOL (isolated) 190
Isotachen 91
Isotherme 91, 118, 183
Isotherme Schicht 24 f.

Jetcore 91
Jetstreaks 91
Jetstream (Strahlströme) 16, 46, 91 f., 112 ff., 123, 156, 170, 187, 190
Jetstream-Achse 112
JTST (jetstream) s. Jetstream

Kalte Antizyklonen 65
Kältehoch 64 ff., 79, 93 f.
Kaltfront (KF) 25, 59, 63, 71–76, 79, 109, 115 f., 119, 124
Kaltfrontgewitter 119
Kaltfrontokklusion 75
Kaltluftkörper 64, 73
Kaltluftschlauch 121
Kaltluftsee 21, 25, 47, 51, 73, 109, 113, 115, 124
Kaltlufttropfen (cut-off low) 66, 79
Katafront 74
Kelvin (K) 23
Kelvin, William, Lord of Largs, brit. Physiker 23
Klareis (clear ice) 106 f., 109, 120
Klartextzusätze 136, 140
Kleintrombe (dust devil) 122 f., 190
Klimaelemente 81
Klimafaktoren 81
Klimatologie 58, 80–85
Klimazonen 82, 84
Knoten (kt) 87, 130
Koagulation 55, 120
Koaleszenz 55
KO-Index 174
Kompressor-Stall 118
Kondensation 27, 36 ff., 40 f., 52 f., 55 f.
Kondensationskeime 17, 25, 55 f.
Kondensationskerne 36, 43, 51, 55
Kondensationsniveau 41, 44, 53, 173 f.
Kondensationswärme 36, 40, 99 f., 119
Kontinentales Kältehoch 65
Konvektion 21 f., 44, 57, 62, 67, 90, 98, 106, 109, 111, 113, 119, 162, 170
Konvergenz 67, 89
Konvergenzlinien 73, 116, 119, 156
Konvergenzzone 62, 83
Kurzfristprognosen (nowcasting) 142, 170
Kurzwellige Sonnenstrahlung 17–21, 27

Labile Schichtung 40 f., 48, 70, 72, 116 f., 119
Laminare Strömung 111
Landewettervorhersage (TREND) 142
Land-Seewind 22, 85, 98
Langwellige Abstrahlung 18, 20, 27, 62, 165
Langwellige Ausstrahlung 21, 27, 52
Langwellige Erdstrahlung s. Erdstrahlung
Leetief 67
Leewellen 46, 49, 96, 111, 114, 124, 151, 162
Linné, Ernst C. von 23
Lithometeore 50, 125
LOC (locally) 190
Location indicator 143, 158, 179
Lokale Kaltfront 115
Lokalwindsysteme (orographische) 94, 177
LONG-TAF 147
Low-Index 77
Luftdichte (Flughöhe) 32, 35, 104, 123
Luftfeuchtigkeit 25, 27, 35, 36–39, 55, 81, 85, 105, 108, 116 f., 125, 183
Luftmasse 16, 22, 27, 44 f., 51 f., 62, 66, 68–79, 82, 88 f., 91 f., 111, 119, 121, 173
Luftmassengewitter (air mass thunderstorms) 119
Luftmassengrenze 64, 69 ff., 91 f.
Luftmassenklassifikation 69
Luftmassenwechsel 22, 69
Luftströmung 27, 63, 103, 107, 173
Lufttemperatur (T) 16, 18 f., 22–27, 31, 36, 38, 57, 66, 84, 103 ff., 133, 173
Luftvolumen 37, 40, 99, 130
Luftzusammensetzung 17
Luv (Stau) 49, 81, 95 f., 124
LYR (layered) 190

Macroburst 115, 121
Meeresniveau (MSL, NN) 23, 28, 30 ff., 38
Meerestromben 85
Meltemi 96, 98, 180
Mercalli-Sieberg-Skala 101, 186
Mesocale convective systems (MCS) 67, 73
Mesosphäre 15, 17
MET REPORT (MET REP) 123, 134, 138–142, 151
MET REP-Warnungen 151

METAR (Meteorological Terminal Aerodrome Report) 38, 57, 129–132, 134, 146, 148 ff., 142 f., 154, 174
Meteosat Second Generation (MSG) 166
Meter Per Second (MPS) 87, 130
MI (shallow) 188
Microburst 115, 121
MIKE = M (marginal, kritisch) 161
Millibar (mb) 28
Mischeis (mixed ice) 107
Mischungsnebel 52
Mischungsverhältnis [G/KG] 18, 37, 41
Mischwolken 43, 106
Mistral 85, 96 f., 179
Mittelhohe Wolken (AC, AS) 44, 46
Mittelmeerklima 85
Mittelmeertief 67, 79, 98
Mittlere Bodendruckverteilung 64 f.
Mittlerer vertikaler Temperaturgradient 24
Molekularbewegung 22
MON (above mountains) 190
Monsune 93 f.
Mountain waves (MTW) 69, 124, 140, 148, 150 f., 153, 160, 187
MOV (moving) 190
MSL (altitude) 28, 30 ff., 34, 136, 141, 151, 160, 163
Multi cell 116, 119

Nachwettererscheinung 134, 140
National Oceanic and Atmospheric Agency (NOAA) 93, 165 f.
Natürlicher Treibhauseffekt 28
NC (no change) 190
Nebel 25, 27, 36 ff., 42–53, 65 f., 107, 124, 126, 131, 133, 162, 166, 168, 170, 185
Niederschlagsbelag 134 f., 174
Niederschlagsbildung 55 f., 66
Niederschlagsmessgerät (Ombrometer) 59
Nieseln, Sprühregen (DZ) 35, 57, 59, 126, 131, 162, 171
Nimbostratus (NS) 44, 47, 72, 190
Nordatlantikluft 79
Nordföhn 79, 95 f.
Nordwetterlage 78
NOSIG (no significant change) 142, 190
NS s. Nimbostratus

NSC (no significant clouds) 145, 190
NSW (no significant weather) 142, 190
Nullgradgrenze (NUL) 173 f.

OBS (observed) 190
OBSC (obscured) 190
OCNL (occasionally) 190
Okklusion 63, 71, 74 f.
Okklusionsgewitter 119
Ombrometer 59
Omega-Lage 67
Orkantief 66
Orographische Gewitter 119
Orographische Hebung 73, 106, 124
Orographische Hindernisse 114
Orographische Winde 124
Orographischer Nebel 53
Ortskennung 129, 158
OSCAR = O (open, offen) 160
Ostwetterlage 79
OTLK (outlook) 149, 190
OVC (overcast: 8/8) 190
Ozon 19, 21
Ozonschicht 15 f.

Pascal 28
Passat (trade winds) 61 f., 82, 90, 93
Passatzirkulation 65
Piezo – Elektronische Drucksensoren 29
PIREP 114, 153
Pistenbezeichnung 134
Pistensichtweite (RVR) 130 f., 138
Pistenverunreinigung 134 f.
Pistenzustandsgruppe 134
PL (ice pellets) s. Eiskörner
Planetary Boundary Layer (PBL) 16
PO (dust devils) 122 f., 188
Polar low 67, 71
Polare Kaltluft 62, 66, 77
Polare Luftmassen (Polarluft) 70 ff., 78
Polare Zelle 61 f.
Polarfront 16, 62, 66, 70 f., 82, 91
Polarfront-Jetstream 16, 91 f.
Polarfronttheorie 71
Polarumlaufende Satelliten 165
PR (partial) 188
Pressure altitude (Druckhöhe) 32

PROB (probability) 144, 190
PROB-Gruppen 144 f, 147, 190, 192

QFE, QFE-Schwellenwert 31 f., 34, 140 f.
QFF 32
Q-Gruppen 31 f.
QNE 31 f.
QNH 31 f., 34, 129, 133, 140 f.
Quasistationäre Antizyklonen 65
Quellwolken (Cumuliforme Wolken, TCU, CB)
    34, 41, 44 f., 47, 49, 70, 90, 111, 113

RA (rain) s. Regen
Radar-Wettermeldung (RAREP) 121, 141
Radio Detecting And Ranging (RADAR) 170
Radiosondenmessungen (TEMPs) 173
Rauch (FU) 125, 131
Raueis (rime ice) 106, 109
Raureif (hoar frost) 107
Réaumur (R) 23
Réaumur, R. A. Ferchault de 23
Rechtsablenkung (NHK) 63
Reduktion des Luftdrucks 30 f.
Reflexionsvermögen („Albedo") 21, 167
Regen (RA) 35, 37, 51, 55–58, 65, 67, 93 f.,
    96, 98 f., 106, 118, 120, 124, 126, 131 f.,
    134, 163, 171, 186, 188
Regenklima 82
Regenschauer 57, 59, 82, 121, 126, 171
Regenwolke 53
Regenzeit 83, 94
Regional Area Forecast Center (RAFC) 154
Reibung 63, 71, 88 f., 104, 108, 111, 113,
    115, 134, 136
Reibungskoeffizient (oder Bremswirkung)
    134, 136
Reif (frost) 36, 56, 58, 103, 107, 124, 135
Reifestadium (mature state) 117, 120
Relative Luftfeuchte [%] 31, 50
Richter, Charles 186
Richter-Skala 186
Roaring Forties 91
Rossbreiten (horse latidudes) 90
Rossby, C. G. 90
Rossby-Wellen 77, 90, 92
Rotationsgeschwindigkeit 53, 123, 165
Rückseite 74 ff.

Register und Abkürzungen

Rückseitenwetter 74, 79
RVR-Anlage 130
RVR-Meldung 131

SA (sand) s. Sand
SA (Surface Actual) 129
Saffir-Simpson (1970) 100
Sand (SA) 93, 98, 125, 131, 187 f.
Sandfegen (DRSA) 125
Sandsturm (SS) 85, 93 f., 124 f., 131, 148, 187 f.
Satellitenmeteorologie 164
Sättigungsdampfdruck 38 f., 43
Savannenklima 94
SC s. Stratocumulus
Scherungen 91, 96, 114
Schichtwolken (stratiforme Wolken) 44, 47, 57, 106
Schmelzpunkt 23
Schnee (SN) 26, 35, 55, 57 ff., 67, 78, 96, 103, 109 f., 116 f., 124, 126, 131, 133 ff., 152, 162, 166 ff., 170 f., 174, 183
Schneefegen (DRSN) 84, 126
Schneeflocken 51, 56–58, 118, 186
Schneegrieseln(SG) 57, 131, 188
Schneeklima 84
Schneeregen (SNRA) 57, 59, 132
Schneeschauer (SHSN) 57, 59, 124, 126, 188
Schneestern 57, 186
Schneetreiben (BLSN) 84, 126, 134
Schrägsicht 25
Schwere Turbulenz 112
Scirocco 69, 96, 98
SCT (scattered: 3/8 to 4/8) 190
Seebrise (sea breeze) 98, 115
Seitentrog 67
Sekundärtief 74
SFC (surface) 190
SG (snow grains) s. Schneegrieseln
SH (shower/s) 188
Sibirisch(-russisch)es Kältehoch 65, 74, 94
Sicht 25, 46 f., 50, 69 f., 72 f., 76, 84, 96, 120, 125 f., 129, 132 f., 136, 138, 140, 142, 160
Sichtbarer Spektralbereich (VIS) 167
Sichtbeeinträchtigung/-rückgang 124 ff.
Sichtweite 50, 125, 132, 151, 160 f.
Siedepunkt 23, 39

SI-Einheit (international gültige Grundeinheit) 23
SIG-Charts 114, 154, 156, 163
SIGMET 148–152, 154
Single cell 116
SKC (sky clear: 0/8) 145, 190
Smog 25
SN (snow) s. Schnee
Snowtam 134, 174
Sommermonsun 65, 67, 94
Sonnenenergie 19, 21, 61 f., 81
Sonnenstrahlung 16, 18–22, 26, 165, 167
SPECI 129, 142
Special Airep 114, 148, 153
Spezifische Feuchte [g/kg] 37, 39
SQ (squall) 188
SQL (squall line) s. Böenlinie, Konvergenzlinie
SS (sandstorm) s. Sandsturm
ST s. Stratus
Stabile Schichtung 40
Stabilitätsklassen 41
Standardatmosphäre s. ICAO-Standardatmosphäre
Stationsdruck 30
Staub (DU) 17, 36, 43, 50, 69, 93 f., 96, 98, 118, 125, 131
Staubfegen 132
Staubsturm (DS) 132
Staubteilchen (Lithometeore) 50, 125
Steaming Fifties 91
STF (stratiform) 44, 107, 190
Stormscope (Blitzdetektor) 121
Strahlströme s. Jetstreams
Strahlungsenergie 20, 26
Strahlungsnebel 51
Stratocumulus (SC) 44, 47, 190
Stratosphäre 15 f., 19, 37, 91 f., 123
Stratus (ST) 47, 57 f., 190
Streuung 20 f., 50, 125, 171
Strömungslagen 77
Strömungsmuster 61, 67, 77, 94
Sturmtief 66
Sublimation 36, 56, 107
Subtropenhoch s. Azorenhoch
Subtropen-Jetstream 16, 62, 71, 92
Subtropenklima 85

Subtropikfront 16, 62, 71
Subtropische Hochdruckzellen 65, 90
Subtropische Luftmassen 69
Südföhn 95 f.
Südhalbkugel (SHK) 62, 64 f., 90 f.
Südwestwetterlage 79
Superzelle (super cell) 115–118, 120, 122
Synoptische Wetterabläufe 25
Synoptische Windsysteme 99

TAF s. Terminal Aerodrome Forecast
Talauswind (Bergwind) 99
Tau 35 f., 55 f.
Taupunkt [° C] (DP für engl. duepoint) 36, 38 f., 41, 129, 133, 139, 173
Taupunktdifferenz 49, 105
TCU s. Towering Cumulus
Temperatureinheiten 23
Temperaturgradient 24, 40, 90, 95
Temperaturschichtung 24, 30 f.
Temperaturskala 23
TEMPO s. temporary
Temporary (TEMPO) 142, 144, 190
Terminal Aerodrome Forecast (TAF) 57, 143, 145, 147, 154
Thermik 22, 41, 162
Thermikablösung 114 f.
Thermische Advektion 22
Thermische Enteiser 110
Thermische Konvektion 22, 119
Thermische Sperrschichten 25
Thermische Zirkulationssysteme 62, 98
Thermodynamischer Föhnmechanismus 95
Thermo-Hydrograph 27
Tiefdruckausläufer 67
Tiefdruckentwicklung 67, 74 f.
Tiefdruckgebiete 16, 33, 63 f., 66 f., 71, 73, 76 f., 79, 89, 117
Tiefdruckkerne 67, 116
Tiefdruckrinne 62, 67, 82, 90
Tiefdrucksystem 78
Tiefdruckwirbel 70, 170
Tiefdruckzone 62
Tiefe Schichtwolken (ST, SC, NS) 47, 53
TL (till) 142, 190
Toluolthermometer 23
Topographische Lage 27

Tornado 67, 85, 101, 116, 118, 120 ff., 181
Tornado-Skala 101
Torro-Skala 101
Towering Cumulus (TCU) 34, 44, 47, 57, 75, 109, 112, 115 f., 132 f., 136, 139 f., 160, 169, 189 f.
Trajektorien 103, 149
Transition altitude 31, 34
Transition level 31, 34
Trendvorhersage (Trend) 129, 142, 170
Trockenadiabatische Prozesse 40
Trockenadiabatischer Temperaturgradient 95
Trockener Dunst (haze, HZ) 50, 125
Tromben 122
Tropfengröße 103, 105
Tropische Luftmassen (Tropikluft) 69
Tropische Wirbelstürme (s. auch Hurrikane) 83, 94, 99 f.
Tropisches Klima 83
Tropopause (TR) 15 f., 21, 31, 41, 43, 45, 62, 73, 83, 91 f., 94, 96, 100, 123, 156, 173, 187
Tropopausenhöhe 154
Troposphäre 15 f., 21, 24, 63, 90, 92, 111, 165, 169, 171
True altitude (wahre Höhe) 32
TS (thunderstorm) 188
Turbulenz 21, 46 f., 73 f., 91 f., 96 f., 111 ff., 116 f., 120, 124, 140, 151, 156, 162, 170
Turbulenz-Intensität 111
Turbulenzzonen 112 f., 124

Überadiabatische Schichten 114, 122
Überziehgeschwindigkeit (stalling-speed) 108
UV-Strahlung 19

VA (volcanic ash) 188
VAL (in valleys) 190
V̱b-Wetterlage 79
Verdunstung 26 f., 36 f., 40, 51 f., 81, 121, 183
Verdunstungskälte 36
Verdunstungsnebel 52
Vereisung 36, 44, 46 f., 59, 73, 96, 103–106, 108 ff., 120, 124, 140, 151, 156, 162, 170, 173

Register und Abkürzungen

Vereisungsarten 103
Vereisungsfaktoren 103, 106
Vereisungsgefahr 46 f., 105 f., 117
Vereisungsintensitäten 103, 105 ff., 109
Vereisungszone 46 f., 109, 124
Vergaservereisung 108
Vergraupelung 56, 120
Vertikalbewegung 41, 118
Vertikale Schichtung 69, 73
Vertikale Windscherung (vertical windshear, VWS) 91, 112, 114 f., 118, 152
Vertikalgeschwindigkeit 62, 72, 74, 106
Vertikalsicht (vertical visibility) 132 f.
Verunreinigungen 17, 25, 50, 118
Vorhaltezeit (hold-over-time, HOT) 110
Vorhersagen 57, 79, 81, 120, 142 f., 147, 149, 158, 161, 163, 169 f.

Warm- und Kaltluftadvektion 27
Warme Antizyklonen 65
Wärmegewitter 67, 119
Wärmeleitung (direkte) 21, 26, 71
Warmfront (WF) 25, 46 ff., 59, 63, 71–76, 109, 124
Warmfrontgewitter 119
Warmfrontokklusion 75
Warmfrontvorbote 48
Warmluftkörper 65
Warmluftmasse 33, 72
Warmsektor 69, 71, 73 f., 76
Warnungen 148, 151 f., 170
Wasserdampfgehalt 17, 37 f., 40, 49, 169
Wasserdampfmenge [g] 49
Wasserkreislauf 37
WDSPR (widespread) 190
Westwetterlage 78
Wetterbeobachtung 49, 128–163
Wetterkarten 32, 59, 70, 76, 87, 121, 154, 185

Wetterlagen 16, 45, 67, 77 ff.
Wetterradar 121, 141, 151, 170 f.
Wetterschlüssel 128–163
Wettersturz 79
White out 64
Willy-Willies (Taifune des südlichen Pazifiks) 100, 182
Wind 21, 27, 34, 51, 53, 67, 70, 74, 76 f., 81, 87 ff., 94 f., 97, 115, 125 f., 130, 138, 151
Wind chill (temperature) 22
Windscherungen (WS) 21, 111–115, 117 f., 124, 129, 134, 140, 148, 151
Windsysteme 22, 90, 93 f., 98 f., 119, 125, 177
Wintermonsun 64
Wirbelschleppen 113
Wirbelzöpfe 113
WKN (weakening) 190
Wolken 21, 27, 35 f., 40 f., 42–53, 56 f., 70, 72, 74, 76, 95, 100, 105, 109, 122, 132 f., 136, 142, 160, 165–168
Wolkenarten 44, 133, 139
Wolkenbildung 38, 40 f., 62, 95, 111, 113
Wolkenhöhenmesser s. Ceilometer
Wolkenscheinwerfer 49 f.
Wolkenuntergrenze 49, 27, 86, 132 f., 139, 158, 160 f.
World Area Forecast Center (WAFC) 154
WS (windshear) s. Windscherungen
Wüstenklima 85

X-RAY = X (closed, geschlossen) 161

Zenitalregen 82
Zentrifugalbeschleunigung 88, 165
Zirkulationszellen 61 ff.
Zyklonen (s. auch Tiefdruckgebiete) 62 f., 65 ff., 69, 71 ff., 75, 77, 79, 84, 100

Quellen:

Archiv Josef Struber
Archiv Weishaupt Verlag
Austro Control GesmbH (ACG)
Dipl.Met. Björn Beyer
Deutscher Wetterdienst (DWD)
Geophysikalischer Dienst (Militärwetterdienst)

Engelbert Kohl
Meteo France
Meteo Swiss
NOAA
University of Dundee
© by den jeweiligen Rechteinhabern.

WEISHAUPT VERLAG

Gerd Zipper
Falkenhorst
Die Geschichte der Scheibe-Flugzeuge
ISBN 3-7059-0059-5; 21,5 x 30 cm; 200 Seiten; 200 teils farb. Abb.; geb.; € 49,90

Egon Scheibe hat als richtungweisender Pionier im Leichtflugzeugbau die Entwicklung von Segelflugzeugen u. Motorseglern maßgebend mitgeprägt. Sein Lebenswerk wird nachgezeichnet, alle je gebauten Flugzeugtypen sind erstmals vollständig mit Fotos, Rissen und technischen Daten dokumentiert.

Ulrich Grill
free,
„Der freie Flug" in Bild und Text
ISBN 3-7059-0047-1
25,5 cm x 32,5 cm; 160 Seiten; 170 Farbfotos; geb.; € 49,90

Ulrich Grill zeigt uns in einzigartigen Bildern die Welt des Paragleitens und Drachenfliegens: in Amerika, Australien, Neuseeland, in den Alpen, Streckenflug, Wettkampf, Kunstflug ... Zehn Weltklassepiloten berichten von besonderen Flugerlebnissen und vermitteln das, was Fliegen immer sein wird: *Freiheit!*

Herbert Weishaupt (Hg.)
Das große Buch vom Flugsport
ISBN 3-7059-0033-1
3. Aufl./Neuauflage
21,5 x 30 cm; 336 Seiten; über 500 großteils farbige Abb.; geb.; € 45,–

Ballonfahren (W. Gruber), Drachenfliegen (G. Heinrichs), Paragleiten (O. Guenay), Fallschirmspringen (F. Wegerer), Hubschrauber (J. Gartlgruber), Heißluft-Luftschiff (K. L. Busemeyer), Modellfliegen (H. Prettner), Segel- u. Motorsegelfliegen (J. Ewald), Motorfliegen (B. Pfendtner) u.v.a.

Das Buch über den gesamten Flugsport!

Gustl Bartl/Heinz Krebs
... es ist mal wieder Hammerwetter
Heiteres und Satirisches aus dem Fliegerleben
ISBN 3-900310-43-2
21,5 x 22,5 cm; 64 Seiten; 37 Abb.; geb.; € 14,50

Dieses Buch ist geschrieben und illustriert von Fliegern für Flieger und ein Streifzug durch das Reich der Piloten. Humorvolle Selbsterkenntnis und herzhafte Satire gehen Hand in Hand und beschreiben Menschen, wie sie in jedem Fliegerclub zu Hause sind.

Gustl Bartl
Weh' dem, der fliegt ...
ISBN 3-7059-0106-0
14 x 21,5 cm; 176 Seiten; 10 Illustrat.; geb.; € 17,90

In diesem Buch zeichnet der Autor mit lustigen Kurzgeschichten ein buntes Mosaik aus jenen Tagen, als der Flugbetrieb nur in der Gemeinschaft einer Fluggruppe funktionierte, die dem Traum von der fliegerischen Freiheit im lautlosen Fluge verfallen war. Wenn ihm dabei gelungen ist, in dem einen oder anderen Piloten Erinnerungen zu wecken, könnte dieses Buch dazu beitragen, die Fliegertradition weiterleben zu lassen.

Weishaupt Verlag, A-8342 Gnas
Tel.: 03151-8487, Fax: 03151-84874
e-mail: verlag@weishaupt.at
e-bookshop: www.weishaupt.at